Crise écologique, Crise de Dieu

Vol. II

Patrick Mégarbané

Crise écologique, Crise de Dieu

Vol. II - Réinterpréter les Écritures pour sortir de l'impasse

Édition : BoD · Books on Demand GmbH, In de Tarpen 42,
22848 Norderstedt (Allemagne)
Impression : Libri Plureos GmbH, Friedensallee 273,
22763 Hamburg (Allemagne)

ISBN : 978-2-3225-5110-1
Dépôt légal : Octobre 2024

Introduction

Les défis écologiques et sociaux auxquels nous sommes confrontés sont colossaux et sans précédent. Ils mettent à l'épreuve notre capacité, en tant qu'êtres humains, à assumer la responsabilité de nos actions cumulées. Ils défient nos répertoires conceptuels et moraux, qui se révèlent incapables de nous aider à nous situer face aux problèmes qui se posent et à progresser vers la responsabilité qui nous incombe[1].

Il est vrai que tout un ensemble de propositions ont été formulées en vue de faire évoluer nos cadres de pensée et de rendre nos modes d'existence plus efficaces sur le plan écologique. Éthiques environnementales, écologies de la nature, théories du milieu, spiritualités vertes, toutes ces élaborations, que nous avons examinées dans le premier volume de cette étude, sont riches de potentialités et d'enseignements décisifs. Mais toutes présentent de regrettables limites, et soulèvent des objections fondamentales, que nous avons également soulignées dans le premier volet de notre travail. Ces élaborations donnent notamment lieu à de nouvelles confrontations idéologiques, susceptibles de compliquer davantage la recherche d'une issue à la crise que nous traversons. Une difficulté commune à toutes ces propositions réside dans leur incapacité à passer de la théorie à la pratique, à convertir les mentalités et les cœurs aux visions du monde et aux manières d'être qu'elles préconisent.

Derrière notre difficulté à renouveler nos modes d'existence et nos cadres de pensée se cache un problème essentiel lié à la question de Dieu. En effet, nous avons montré que les réponses apportées à cette question par nos traditions religieuses actuelles et par nos grandes doctrines philosophico-théologiques sont incompatibles avec l'essor d'une authentique responsabilité écologique. Le théisme, l'athéisme, le panthéisme, le nouveau matérialisme… tous nos systèmes de croyance sont dépassés. Chacun d'entre eux induit des biais préjudiciables à l'engagement effectif et prédispose l'homme à des modes d'être qui ne sont pas pleinement proportionnés aux exigences d'une transition juste et inclusive vers la durabilité. Il semble qu'il y ait là une faille qui menace notre capacité à penser, à agir et à vivre au siècle de l'anthropocène.

Pourtant, nos analyses nous ont aussi invariablement conduits à la conviction que Dieu est nécessaire, et que nous ne pourrons pas réellement sortir de l'impasse actuelle et nous remettre sur la voie d'un avenir durable sans renouveler notre rapport au divin. Sans une relation vivante à Dieu, l'homme contemporain resterait enlisé dans son isolement égocentrique, ne se préoccuperait pas réellement des générations futures et des plus démunis, ne se sentirait pas personnellement concerné par les injustices structurelles et les dégâts environnementaux de masse auxquels il contribue, et ne chercherait pas à restaurer des liens constitutifs avec la nature et les autres formes de vie. Sans Dieu, l'humanité continuerait à sombrer dans la conformité imposée par l'ordre techno-économique dominant, à se complaire dans le divertissement et la consommation, et à détruire le monde par ses excès productivistes et militaristes.

En explicitant les raisons pour lesquelles une référence vivante à Dieu peut être nécessaire pour sortir de l'impasse actuelle, et les limites que posent les conceptions communément admises sur le divin, nous avons indirectement établi un ensemble de conditions que ce Dieu – dont nous éprouvons la nécessité mais dont l'idée ne s'accorde avec aucun de nos systèmes philosophiques et religieux actuels – devrait satisfaire pour être réellement salutaire. Ces conditions sont les suivantes :

(i) inciter à un engagement résolu, tourné vers le monde et soucieux d'un avenir solidaire et durable, qui reste lucide sur la gravité de la catastrophe écologique, mais continue de croire en la nécessité de la réforme radicale et en une issue possible en dépit de toutes les épreuves ;
(ii) donner aux valeurs morales de la sobriété, de la solidarité, de la justice et de la gratuité un poids comparable aux valeurs matérielles actuellement dominantes de l'utilitarisme et de l'individualisme, et maintenir les deux pôles de valeurs en tension dialectique ;
(iii) contrecarrer les appétits de puissance et les désirs de domination qui sous-tendent les activités techniques et économiques, les transfigurer et les réorienter vers des fins plus hautes ;
(iv) permettre une compréhension renouvelée de l'autonomie de l'homme, qui soit propice à l'approfondissement de la vie démocratique, à l'engagement des individus, et au rétablissement des liens rompus entre pratique politique et éthique ;
(v) ouvrir un point de vue non-anthropocentrique, conférer une valeur intrinsèque aux autres existants et réinscrire l'homme au sein du vivant, tout en marquant l'absolue dignité de la créature humaine et la charge de responsabilité qui lui incombe ;

(vi) soutenir l'émancipation de la femme et ouvrir à une compréhension hospitalière et édifiante de la différence sexuelle, qui favorise la rencontre entre les partenaires du couple humain et leur épanouissement à l'épreuve de l'altérité ;

(vii) accompagner l'homme dans l'épreuve de la limite, les drames de la sécession, l'expérience de la violence, et les événements de rupture et de renouvellement.

À ces critères s'ajoute une condition-cadre fondamentale : la référence à Dieu doit permettre la mise en tension productive des perspectives contraires de l'humanisme anthropocentrique, de l'écologisme écocentré et de la dialectique du milieu.

La figure de Dieu qui répondrait à l'ensemble de ces requêtes serait bel et bien salvatrice, dans la mesure où elle serait proportionnée à des formes d'activité qui conspirent au développement intégral de l'humain et à la consolidation d'un monde socialement et écologiquement durable.

L'approche suivie dans le présent ouvrage

Ce second volume entend montrer que l'idée désirable de Dieu, que nous avons circonscrite à l'aide de critères par l'analyse rationnelle, n'est pas une simple projection théorique. Cette idée ne correspond pas à la compréhension qu'en donnent les traditions monothéistes établies et que rejettent et combattent les athées. Elle ne s'accorde pas davantage avec le Dieu Amour que professe le christianisme. Mais elle pourrait être réappropriée et rendue significative pour le plus grand nombre par une relecture critique et sans concession des Écritures.

Pour le montrer, nous engageons deux travaux parallèles, l'un sur le christianisme officiel, et l'autre sur la prédication coranique.

D'une part, nous interrogeons les principes du christianisme romain, en examinant notamment l'écologie intégrale portée par le Pape François dans son encyclique *Laudato si' sur la sauvegarde de la maison commune*[2]. Nous commençons par récapituler les grandes orientations de la lettre encyclique (première partie). Nous constatons que les clarifications théologiques apportées par le souverain pontife ne suffisent pas à dissiper les objections communément formulées à l'encontre de la pensée catholique et de ses partis pris dogmatiques (deuxième partie). Nous entamons ensuite une analyse plus approfondie. Nous reprenons un à un les critères que nous avons énoncés sur l'idée salutaire de Dieu, et nous montrons que la conception du christianisme latin n'y répond pas. Autrement dit, la doctrine officielle du christianisme, telle qu'elle est proclamée dans la lettre encyclique du Pape, n'est pas pleinement ajustée aux enjeux socio-écologiques actuels (troisième partie).

Ce qui rend le christianisme officiel impropre à servir de référence au combat écologique, ce sont ses clôtures dogmatiques, son unilatéralisme, son essentialisme, et sa manière de traduire la foi en Jésus-Christ Fils de Dieu en un savoir acquis et définitif. En contraste, l'idée de Dieu dont notre monde a besoin devrait résister à la tentation du savoir absolu et interdire toute vérité arrêtée sur le transcendant. Elle ne pourrait prendre sens que dans le cadre d'une herméneutique du témoignage, en vertu de laquelle chaque homme serait sollicité comme sujet d'une affirmation authentiquement responsable.

Toutefois, l'idée salutaire de Dieu n'est pas à inventer ou à développer. Elle est à retrouver, à penser et à vivre. Or, il se trouve que cette idée, que nous avons caractérisée par les reconfigurations qu'elle doit rendre possibles, puis précisée par certains traits essentiels sur le plan théologique, correspond précisément à celle qui émerge du travail d'exégèse que j'ai entrepris par ailleurs sur le Coran et présenté dans un récent essai, *Le livre descendu.*

Aussi, en contrepoint de notre critique du christianisme officiel, et en contraste avec ses positions, nous développons le point de vue coranique sur Dieu, en montrant qu'il satisfait aux critères que nous avons formulés.

La lecture du texte coranique que nous présentons est radicalement différente des interprétations offertes par les traditions dominantes de l'Islam, et de celles proposées par l'orientalisme. Les choix qui commandent cette lecture, et les raisons qui en justifient le bien-fondé, sont exposés brièvement à la fin de cette introduction. À l'évidence, le cadre de la présente étude ne nous permet pas d'entrer dans le détail de mon interprétation du Coran ni de fournir les preuves textuelles qui la soutiennent. Pour chacun des thèmes abordés, nous nous contentons de développer les grandes lignes de l'instruction coranique, en renvoyant aux pages de mon essai où se trouvent de plus amples explications et toutes les justifications nécessaires. Cependant, nous proposons en annexes trois études détaillées et argumentées, portant respectivement sur l'idée coranique de Dieu, la question de la filialité divine de Jésus, et la conception coranique du rapport à l'animal. Ces annexes permettraient au lecteur qui ne pourrait pas se reporter à mes précédents travaux d'apprécier, sur des points essentiels, la richesse et la complexité aujourd'hui occultées du texte coranique, et de juger de la pertinence de l'interprétation que je propose.

À mesure que nous avançons dans l'analyse comparative de la doctrine chrétienne et de la prédication coranique, nous constatons que la seconde réussit parfaitement là où la première échoue : l'idée coranique de Dieu remplit toutes les conditions que nous avons énoncées et peut être considérée comme salutaire d'un point de vue écologique et social.

Toutefois, le Coran ne s'oppose ni à la Torah ni à l'Évangile. Comme il l'affirme lui-même, il s'attache à rétablir le sens solennel et la vérité enfouie des livres qui l'ont précédé. D'où notre conclusion : la figure salutaire de Dieu – celle qui permettrait d'écarter les obstacles profonds qui pèsent sur les mentalités contemporaines et empêchent le développement d'une véritable dynamique de transition vers un monde durable – est précisément celle que les Écritures instruisent. Il est donc crucial de se réapproprier cette idée à l'encontre des interprétations historiques qui l'ont dénaturée. Je pense être parvenu à accomplir une avancée décisive en ce sens dans le travail exégétique que j'ai accompli sur le Coran.

Signalons que les Écritures, lorsqu'elles sont interprétées avec rigueur, n'autorisent pas de savoir absolu sur l'être et le monde, pas plus qu'elles ne délivrent d'instruction normative simple qui pourrait être suivie sans risque ni implication personnelle. Leur valeur réside dans leur capacité à instruire les hommes dans la foi, et à les éclairer sur les réalités du témoignage auquel ils sont appelés, sans se substituer à leur place. En respectant l'altérité de la Transcendance, les Écritures replacent les hommes au seuil d'un engagement décisif, pour qu'ils deviennent eux-mêmes, à la suite des prophètes, les vecteurs d'une affirmation inspirée par Dieu et responsable devant lui.

Dès lors, notre proposition n'a pas besoin d'introduire de postulat métaphysique, ni d'épouser un quelconque parti pris théologique. En contribuant à redonner lisibilité à des textes fondateurs, elle entend encourager la reprise d'une histoire salvatrice aujourd'hui en souffrance ; elle espère favoriser l'approfondissement d'une herméneutique du témoignage, qui verrait des hommes se lever, reconfigurer leur expérience à la lumière de Dieu moyennant des déplacements parfois considérables, et répondre de leur irréductible responsabilité devant lui. Nous aurons à cœur de montrer que ceux qui s'élèveraient à une telle exigence pourraient concrétiser leurs possibilités les plus solennelles, en travaillant à l'édification d'un monde durable, pluriel et fraternel.

La nouvelle perspective que nous offrent les Écritures pourrait inspirer, bousculer et mobiliser un grand nombre de personnes. Elle rendrait l'idée salutaire de Dieu existentiellement opérante pour la multitude, et pourrait produire des changements de mentalités et d'attitudes susceptibles d'ouvrir un avenir différent. La nouvelle perspective parlerait potentiellement à tous : aux croyants et aux athées, aux nantis et aux plus défavorisés, aux aires culturelles dominées par le monothéisme, et aux autres civilisations. Elle pourrait être le ferment d'une espérance vierge de toute fraude, une source de renouveau pour chaque personne, et le catalyseur d'une responsabilité à la hauteur des enjeux auxquels notre monde est confronté.

Cependant, il n'est pas certain qu'une relecture sérieuse des Écritures puisse être menée à bien et diffusée largement, car cela suppose d'aller à l'encontre d'idées profondément ancrées, de combattre des intérêts puissamment établis, et de renoncer à des manières d'être sujet du monde communément valorisées. Mais l'entreprise pourrait être facilitée parce qu'elle est rationnelle de part en part, et libre de tout préjugé métaphysique réducteur, parce qu'elle fait appel à l'esprit critique, à la probité intellectuelle et au désir de vérité, et plus que tout, parce qu'elle vise à reconquérir, à partir de textes fondateurs reconnus par tous, une idée émancipatrice de Dieu dont nous avons individuellement et collectivement besoin.

- I -

Mon approche du texte coranique

Avant de nous lancer dans l'étude comparée des doctrines chrétienne et coranique, il convient d'exposer brièvement les choix qui ont déterminé mon approche du Coran et les raisons qui justifient la lecture que je compte présenter.

La recherche contemporaine a remis en question la compréhension que l'Islam a de ses origines et de son texte fondateur. Elle considère que les sources arabes anciennes (récits, chroniques, commentaires, etc.) qui parlent du Coran, du prophète et de son temps, et sur lesquelles reposent les traditions musulmanes actuelles, ne sont pas fiables sur le plan historique. Ces sources, composées bien après la période de la prédication de Muhammad, sont suspectées d'être des constructions culturelles tardives, qui ont peu à voir avec la réalité des origines de l'Islam (cf., par exemple, Amir-Moezzi et Dye, 2019).

Or, les informations données par l'archéologie et les documents datant de l'époque de Muhammad sont si limitées que, si l'on fait abstraction des sources arabes, on se retrouve dans une situation d'obscurité presque totale, dans l'incapacité de dire quoi que ce soit sur le milieu où est né le Coran, sur son (ou ses) auteur(s), et sur les modes de vie et de pensée de ses premiers auditeurs[3]. En écartant les apports de la tradition arabe et les lectures conventionnelles du texte, on se trouve également confronté à la formidable complexité de l'écriture coranique et à son apparent désordre, à un texte qui semble à première vue « décousu, désordonné, déconcertant et obscur » (Dye, 2019 : I,741).

Les dévoiements de l'école révisionniste

Si une partie des études contemporaines reste fidèle à l'Islam traditionnel, à ses sources et à ses élaborations exégétiques, une autre partie, de plus en plus influente, a choisi de faire table rase des témoignages de l'histoire arabe, et s'est lancée dans des spéculations plus ou moins hasardeuses sur les origines de l'Islam. Ce courant, souvent qualifié de « révisionniste », avance l'idée que le Coran serait un recueil de fragments hétérogènes qui auraient été composés dans différents contextes et intégrés au cours d'une histoire mouvementée dans un codex devenu par la suite inviolable. La preuve offerte à l'appui de ces allégations est le caractère jugé chaotique du texte : la fragmentation de l'œuvre, ses répétitions continuelles, ses contradictions incessantes, et les disjonctions de tous ordres qui la structurent, seraient le produit d'un processus chaotique de compilation, et la preuve qu'il y a bien, dans le Coran, une multiplicité de sources, d'auteurs et d'écritures. Ainsi, Patricia Crone et Michael Cook, qui comptent parmi les pionniers de cette thèse, estiment que le Coran est « étonnamment dépourvu de structure globale, souvent obscur et sans conséquence, tant au niveau de la langue que du contenu, superficiel dans sa mise en relation de matériaux disparates, et enclin à la répétition de passages entiers suivant des versions différentes. Sur cette base, on peut raisonnablement affirmer que le livre est le produit d'une édition tardive et imparfaite de matériaux provenant d'une pluralité de traditions » (1977 : 18).

Cette thèse a été étayée par de nombreux travaux et a acquis le statut de dogme dans certains milieux académiques[4]. Mais elle ne tient pas la route, pour des raisons assez simples. En premier lieu, les contradictions, les discontinuités et les répétitions dans le texte coranique sont trop manifestes pour être rapportées à un processus de réécriture. Il est difficile d'imaginer que les Arabes, maîtres du langage et de la poésie, aient pu laisser leur texte saint avec de telles distorsions. S'ils avaient compilé des matériaux disparates, n'auraient-ils pas tout fait pour gommer les raccords, les marques de rajouts et les traces de réécritures ?

De plus, il paraît inconcevable que des manipulations aussi nombreuses et contradictoires aient pu être réalisées sur un texte considéré comme sacré, au cours d'une période assez courte, qui ne dépasse pas quelques décennies[5], et au moment même où l'Islam se répandait d'Espagne en Inde, sans provoquer de graves remous et l'implosion de l'empire en cours de constitution. N'est-ce pas plutôt parce que les premiers Musulmans partageaient une récitation commune du texte, cautionnée par les témoins directs de la révélation, qu'une cohésion a pu être maintenue en dépit des divisions politiques, et qu'un empire a pu naître sur l'expansion fulgurante des débuts ?

Enfin, les contradictions, les ruptures de rythme, les voltes-faces rhétoriques et les autres éléments de discontinuité, que les tenants des thèses révisionnistes perçoivent comme étant les indices d'une pluralité d'auteurs et de sources, sont si nombreuses et systématiques dans le texte coranique, qu'il est difficile de les considérer autrement que comme des choix délibérés en vue d'un objectif précis. En fait, ce qui apparaît comme un désordre du texte relève d'un formidable travail de la langue, qui ne prend sens que pour un regard différent de celui que l'on pose habituellement sur le Coran.

Une lecture « sémitique » et « existentialiste » du Coran

Dans une série d'articles et d'ouvrages bien connus, Michel Cuypers (2007 et 2012a) a entrepris de relire les sourates coraniques à la lumière de la rhétorique sémitique[6]. En appliquant au texte sacré de l'islam des procédés d'analyse structurelle qui ont prouvé leur pertinence pour la Bible, il a montré que l'écrit coranique obéissait à une construction rigoureuse, loin du caractère désordonné et confus qu'on lui trouve d'ordinaire. Là où le regard, conditionné par la rhétorique grecque, ne voit qu'un texte chaotique et plein d'associations d'idées discordantes, se tient en réalité un écrit minutieusement ordonné, selon une construction concentrique sur plusieurs niveaux. Michel Cuypers a montré que, sans forcément le savoir, les lecteurs actuels du Coran appliquent au texte qu'ils ont entre les mains des règles de rhétorique différentes de celles qui le régissent[7].

Je pense que le problème mis en évidence par Cuypers ne se limite pas à une question de forme rhétorique ; il se pose de façon analogue s'agissant du contenu. Ceux qui lisent et étudient aujourd'hui le Coran – qu'ils soient traditionnalistes ou révisionnistes, croyants ou analystes critiques – adoptent de façon inconsciente des aprioris d'interprétation, préjudiciables à la réalité de l'œuvre qu'ils entendent approfondir. Tous pensent trouver dans l'écrit coranique un enseignement clos, définitif et logiquement consistant, qu'ils essaient de traduire ou de retranscrire en un système de pensée non-contradictoire. Dès lors, à chaque fois qu'ils rencontrent dans le texte une contradiction, ils s'efforcent de la résoudre de manière à parvenir à une interprétation d'ensemble qui soit cohérente et sans ambiguïté. Cette façon d'aborder le texte, que je qualifie d'« essentialiste », est conforme à des préjugés de logique et de métaphysique hérités de la philosophie grecque[8].

Or, la réalité du texte coranique est tout autre. Comme nous le verrons, le Coran répugne à la totalisation du savoir et refuse la clôture. Il ne délivre pas de vérités inconditionnées sur Dieu, ni de règles immuables concernant le culte qu'il convient de lui rendre. Aiguisant sans cesse un paradoxe déroutant sur le divin et la condition humaine, il s'évertue à instruire ses lecteurs pour qu'ils puissent répondre à leur tour, à la suite des prophètes, de la responsabilité unique qui leur incombe devant Dieu. La révélation dernière ne prend sens et valeur que dans le cadre d'une herméneutique du témoignage.

Dans ces conditions, pour lire le Coran à sa juste valeur, il faut se défaire de l'esprit de système et de l'influence qu'exercent sur nos pensées les principes de métaphysique et de logique hérités des Grecs. Il faut aborder le texte avec un regard « existentialiste », en faisant place à la pensée de la complexité, à la vision tragique du monde, et à l'intelligence du paradoxe. Une fois cette approche adoptée, le texte coranique, qui semblait chaotique et sans portée philosophique, prend soudain sens et découvre une force inouïe. Tout ce qui pose difficulté aux lecteurs contemporains – la fragmentation du texte, son ambiguïté, ses contradictions, ses répétitions, ou encore l'enchevêtrement des formes et des discours – retrouve une raison d'être et une signification supérieure. L'œuvre se découvre d'une puissance telle, que son origine divine peut être posée en dehors de toute religiosité superstitieuse ou ignorantiste.

Ainsi, comme je l'ai montré dans mon essai d'exégèse *Le livre descendu*, il suffit de corriger la méprise commune d'interprétation dans laquelle sont tombées les traditions musulmanes et la recherche universitaire contemporaine, pour dégager une compréhension renouvelée et féconde du message coranique, et faire retentir à nouveau dans l'aujourd'hui de notre monde l'appel d'espérance que le texte avait jadis fait lever.

Quels sont les critères de la juste interprétation ?

Mais comment peut-on s'assurer de la pertinence de l'interprétation obtenue ? Quels arguments peut-on avancer en faveur d'une lecture particulière plutôt que d'une autre ? Il me semble que si l'on exclut l'arbitraire de l'autorité (qui laisse la vérité aux mains d'une instance exclusive) et le relativisme radical (qui conduit à la conclusion que « tout se vaut »), alors on serait amené à retenir trois critères à même de discriminer entre la bonne interprétation et celles qui ne le sont pas.

Le premier critère réside dans la fidélité au texte. Une interprétation est préférable à d'autres, si elle se montre plus fidèle à la matérialité du texte qu'elle étudie et plus rigoureuse dans ses analyses. Ainsi, mon exégèse fait valoir des caractéristiques inhérentes à l'œuvre coranique, d'ordre rhétorique, sémantique, conceptuel ou poétique, qui sont matériellement incontestables, mais aujourd'hui négligées, occultées ou oubliées. En m'appuyant sur ces propriétés, sans me départir du sens obvie des versets, je parviens à dégager un sens philosophique, théologique et existentiel substantiellement plus puissant que les interprétations actuelles. Et c'est là un point d'importance. En effet, il est toujours possible de réduire un texte aussi complexe que le Coran par des approches erronées, en n'en présentant qu'une vision partielle ou anecdotique, comme le font, d'une manière ou d'une autre, les traditions musulmanes dominantes et la recherche orientaliste contemporaine. En revanche, il est impossible de découvrir dans le texte des dimensions de pensée et de signification parfaitement articulées, comme j'ai pu le faire grâce à une relecture rigoureuse, à moins que celles-ci aient été voulues par l'auteur, et perçues par ses premiers destinataires. Ainsi, la lecture que je propose nous permettrait d'accéder à une compréhension plus originelle du Coran.

Le second critère a trait à la tradition. On ne peut prétendre lire un texte ancien à sa juste valeur, et en proposer une interprétation nouvelle, que si celle-ci s'inscrit dans le prolongement d'une tradition reconnue qui la confirme. Ma lecture trouve sa légitimité dans la validation que lui accordent deux éminents noms de la poésie arabe. Comme je l'ai montré dans des ouvrages récents[9], les œuvres et les trajectoires de vie d'al-Mutanabbî (915-965) et d'al-Ma'arrî (973-1057) s'inscrivent dans la continuité de la prédication coranique et la confirment. Le témoignage de ces hommes – qui ont été consacrés par l'histoire arabe elle-même comme les plus grands – nous fait part d'une expérience de Dieu tout à fait analogue à celle du prophète mecquois, telle qu'elle ressort de mon exégèse du Coran. Ainsi, mon interprétation ne rompt avec les conceptions dominantes de l'Islam que pour mieux retrouver une tradition arabo-musulmane plus haute, plus féconde, et dont l'autorité est incontestable – même si celle-ci demeure largement incomprise de nos jours.

Le troisième critère tient à l'actualité de l'interprétation proposée. La mienne redonne aux vieilles Écritures leur force native et un sens qui est à la hauteur de notre temps. Elle permet de rétablir la cohérence et le lien vivant qui unit les différentes révélations du Livre, mais surtout, comme nous allons le montrer, elle offre une compréhension de Dieu et une vision de la foi dont nous avons absolument besoin si nous voulons répondre aux bouleversements géo-écologiques en cours, les limiter par des réformes d'envergure et les traverser en ouvrant des perspectives d'avenir.

Un retour aux origines ?

La lecture que je préconise nous permettrait d'atteindre une compréhension plus originelle du texte coranique, la manière dont celui-ci avait été reçu et compris, avant que le monde musulman ne connaisse, avec les Omeyyades, puis surtout avec les Abbassides, un mouvement extrême d'hellénisation. L'assimilation de la métaphysique grecque et de sa logique formelle a été utile à l'Islam pour consolider une culture califale centralisée et intégrer les populations allogènes ; elle lui a aussi fourni des moyens efficaces pour lutter contre les hérésies et soutenir les controverses qui l'opposaient aux autres religions du Livre ; elle a été également à l'origine d'un renouveau de la philosophie et des sciences et de leur diffusion jusqu'en Occident latin. Mais tout cela a conduit à un changement de paradigme de pensée et à une lecture essentialiste du Coran, sur laquelle s'est construit un système cohérent de connaissances et de pratiques répondant aux exigences de la civilisation disparate de l'Islam médiéval. Les aprioris de cette compréhension se sont enracinés et continuent d'influencer de nos jours les différents pôles de la communauté musulmane, par-delà les différends qui les opposent.

Les chercheurs contemporains n'ignorent pas que les lectures traditionnelles du Coran sont le fruit d'une construction culturelle tardive. Mais ils croient savoir qu'avant l'intégration de l'héritage grec et la consolidation de l'empire califal, la pensée arabe et islamique stagnait dans le conditionnement tribal et le fidéisme plus ou moins aveugle. Or, cette opinion doit être révisée au vu de la puissance de pensée que l'on trouve incorporée dans le texte coranique et les œuvres d'al-Mutanabbî et d'al-Ma'arrî. Il ne fait pas de doute qu'il ait existé, en amont de la pensée islamique d'inspiration néo-platonicienne, puis en rivalité avec elle, une conception existentialiste du monde, de facture sémitique, infiniment plus mature et consciente d'elle-même qu'on ne l'imagine de nos jours. Le Coran serait né au creuset de cette tradition, laquelle se serait maintenue encore pendant quelques siècles, notamment au sein de certaines populations arabes, en trouvant à s'exprimer dans la poésie, et non dans la dialectique ou la prose philosophique. Al-Mutanabbî et al-Ma'arrî en seraient les dernières figures éminentes.

Dans cette histoire, on ne saurait ignorer l'affinité particulière qu'entretient la langue arabe avec le type de pensée que l'on trouve dans le Coran et chez les grands poètes arabes.

Certes, le langage est une réalité polyvalente et évolutive, qui ne peut être référée à un type de pensée ou de philosophie en particulier. Mais les structures fondamentales de la langue arabe – le mouvement singulier de l'esprit qu'elle privilégie, et le style particulier avec lequel elle découpe le réel et l'exprime dans ses antinomies fondamentales – s'avèrent plus conformes à une disposition de pensée « existentialiste » qu'à une vision néo-platonicienne du monde. Cette originalité distinctive de l'arabe a été souvent relevée par les analystes. Farid Jabre (1970), par exemple, après avoir analysé les spécificités de la pensée scolastique arabe, estime que « les lignes de force de la langue arabe ne sont pas identiques à celle d'une philosophie de l'être. [...] L'esprit [arabe] ne saisit l'être qu'à travers la conscience qu'il a de son action. Autrement dit, dans la pensée arabe, c'est la valeur qui est d'abord affirmée, l'être vient en second ».

La rencontre entre la pensée sémitique et la philosophie hellénistique a produit de remarquables effets[10]. Mais il convient aujourd'hui d'en corriger les excès, afin de retrouver la situation de fluidité herméneutique qui prévalait pendant la période originelle de la prédication. Cette démarche est à la portée du regard éduqué par la philosophie moderne. Elle suppose de s'affranchir des conditionnements de pensée issus du néo-platonisme hellénistique et du néo-aristotélisme médiéval. Elle implique de briser le carcan du logos grec, de rompre avec le principe général de non-contradiction, et de redonner au Dieu de l'Écriture sa physionomie originelle et paradoxale. C'est ce que j'ai entrepris de faire dans la lecture du Coran que je présente ici en contraste avec la doctrine du christianisme latin.

Ma lecture du Coran bouscule les traditions musulmanes installées et repliées sur elles-mêmes, mais aussi les discours orientalistes qui sont focalisés sur l'archéologie du texte, et dévoyés par de mauvais présupposés d'interprétation. Elle va aussi à l'encontre de convictions profondément ancrées, qui touchent à des domaines bien plus larges que ceux des études arabes. Mais ces remises en cause sont la condition d'un véritable renouveau, qui nous donnerait accès à une compréhension de Dieu dont notre monde a absolument besoin. En conclusion du présent ouvrage, j'évoquerai les obstacles qui pourraient entraver la réception de mon travail et j'insisterai sur la nécessité d'en prolonger l'effort.

Ces quelques précisions étant faites, nous pouvons maintenant entamer notre parcours critique, en commençant par rappeler les grandes lignes de l'écologie intégrale prônée par le Pape François dans son encyclique *Laudato si'*.

- II -

L'écologie intégrale chrétienne

Consciente du bouleversement écologique en cours, et de sa part de responsabilité dans l'émergence de la crise actuelle, l'Église catholique travaille depuis plusieurs décennies à un rééquilibrage de ses positions[11]. Mobilisant les ressources de la théologie et de la tradition[12], elle cherche à proposer une compréhension de la foi chrétienne qui soit plus fidèle aux Écritures et mieux à même de répondre aux défis écologiques et sociaux de notre époque[13].

Dans ce processus, l'encyclique *Laudato si'* marque un point d'orgue et un aboutissement. Elle fait passer les considérations écologiques au centre du message de l'Église, tout en s'inscrivant dans la continuité du magistère officiel[14]. La place toute particulière accordée à Saint François d'Assise est emblématique à cet égard, ce dernier étant présenté comme « l'exemple par excellence de la protection de ce qui est faible et d'une écologie intégrale vécue avec joie et authenticité »[15]. Le Pape lui-même a choisi son nom pontifical en hommage au saint franciscain, le considérant « comme guide et inspiration au moment de [son] élection en tant qu'Évêque de Rome » (2015 : §10)[16].

Une analyse en accord avec l'écologie radicale

François commence son encyclique en donnant « un bref aperçu des différents aspects de la crise écologique actuelle » et de ce qu'il considère être « les causes les plus profondes » de la situation alarmante dans laquelle se trouve notre monde (*LS* 15). Dans l'ensemble, ses analyses rejoignent celles de l'écologie radicale, et recoupent des thèmes que nous avons nous-mêmes développés dans le premier volume de notre étude. Le Pape met en avant « l'intime relation entre les pauvres et la fragilité de la planète ; la conviction que tout est lié dans le monde ; la critique du nouveau paradigme et des formes de pouvoir qui dérivent de la technologie ; l'invitation à chercher d'autres façons de comprendre l'économie et le progrès ; la valeur propre de chaque créature ; le sens humain de l'écologie ; la nécessité de débats sincères et honnêtes ; la grave responsabilité de la politique internationale et locale ; la culture du déchet et la proposition d'un nouveau style de vie » (*LS* 16).

La véritable « innovation de *Laudato si'* », estime Bruno Latour, c'est d'« associer le cri des pauvres au cri de la Terre », de rattacher l'idée que notre planète gémit et s'émeut sous l'action des humains, à la préoccupation apostolique du christianisme, à « cette longue histoire de l'Église prenant parti pour les pauvres » (2019). « Il n'y a pas, écrit ainsi le Pape, deux crises séparées, l'une environnementale, l'autre sociale, mais une seule et complexe crise socio-environnementale » (*LS* 112) ; « Tout est lié, et la protection authentique de notre propre vie, comme de nos relations avec la nature, est inséparable de la fraternité, de la justice ainsi que de la fidélité aux autres » (*LS* 70). Aux yeux du Pape, la lutte écologique reste indissociable des exigences de justice et de charité ; elle commande la défense des droits humains fondamentaux (*LS* 93-95), le respect des cultures locales et indigènes (*LS* 143-146), la responsabilité à l'égard des générations futures (*LS* 159-162) et l'accueil des plus vulnérables (*LS* 43, 48, 117…). Cet idéal a été incarné par François d'Assise de manière remarquable : « En lui, on voit à quel point sont inséparables la préoccupation pour la nature, la justice envers les pauvres, l'engagement pour la société et la paix intérieure » (*LS* 15).

Or, le comportement de la plupart de nos contemporains est aux antipodes de l'idéal prôné par le saint franciscain. L'obsession du profit matériel, l'approche utilitariste de l'environnement, la foi inébranlable dans le solutionnisme technique, ainsi que l'indifférence aux pauvres, aux générations futures et aux non-humains, génèrent de l'exclusion et une pollution environnementale toujours plus importante (*LS* 16, 22, 49). François relie cette situation déplorable aux dérives de notre modèle techno-économique dominant : il dénonce « la soumission de la politique à la technologie et aux finances » (*LS* 54), et fustige « les ''mythes'' de la modernité (individualisme, progrès indéfini, concurrence, consumérisme, marché sans règles) fondés sur la raison instrumentale » (*LS* 210).

Par suite, le Pape appelle à de profonds changements. Il considère que « l'humanité a besoin de changer », qu'elle est face à un « grand défi culturel, spirituel et éducatif qui supposera de longs processus de régénération » (*LS* 202). Nos sociétés, écrit-il, doivent « avancer dans une révolution culturelle courageuse » (*LS* 114), elles sont tenues d'adopter « un autre style de vie » (*LS* 203), « une autre attitude » (*LS* 219), « un autre paradigme culturel » (*LS* 108), « de nouvelles habitudes » (*LS* 209). François insiste sur « la nécessité de réaliser des changements de style de vie, de production et de consommation » (*LS* 23), et en particulier « de limiter la technique, de l'orienter, comme de la mettre au service d'un autre type de progrès, plus sain, plus humain, plus social, plus intégral » (*LS* 112).

Bien entendu, le Pape n'entend pas « juger de questions scientifiques », ni « se substituer à la politique » (*LS* 188). Il ambitionne de rouvrir les voies de la transcendance dans un monde qui souffre de son « enfermement asphyxiant dans l'immanence » (*LS* 119). Il considère qu'un renouveau de la foi est non seulement indispensable pour stimuler les initiatives existantes en faveur de la paix, du respect de la nature, du développement durable et des droits de l'homme (*LS* 222-232), mais que la foi est plus fondamentalement requise pour donner une âme aux changements culturels à entreprendre dans les domaines de la pensée, de la création artistique et de la recherche scientifique (*LS* 143-6). Seule la foi, estime le Pape, peut inspirer aux hommes les vraies valeurs qui empêchent le progrès techno-économique de se retourner contre eux (*LS* 199-201). Seule « une profonde conversion intérieure », individuelle et communautaire, pourrait produire « un dynamisme de changement durable » et salvateur (*LS* 217, 219).

Le diagnostic posé par François sur la situation actuelle, son appel à entreprendre des changements culturels profonds, et sa conviction que la relation à la transcendance est la clé de la crise actuelle, rejoignent nos propres analyses. Nous avons nous-même soutenu que le renouvellement de notre compréhension de Dieu et de nos rapports avec lui est indispensable à la consolidation d'une véritable dynamique de transition. Mais la question cruciale demeure : les perspectives de maturation humaine et théologique défendues par le Pape offrent-elles un cadre adéquat à l'essor d'une authentique responsabilité écologique ? L'idée de Dieu que défend le christianisme officiel, le paradigme de croyance qu'il instaure, et la spiritualité de solidarité globale qu'il promeut, satisfont-ils aux conditions que nous avons énoncées dans la première partie de notre travail ? Avant de tenter de répondre à ces questions, il convient de préciser le contenu théologique de l'encyclique *Laudato si'*.

Le contenu théologique de *Laudato si'*

La vision de l'écologie intégrale du Pape François repose sur quelques convictions théologiques fondamentales.

- *Premièrement, le Dieu unique et trinitaire est amour*

Le Pape ne manque pas de rappeler dans son encyclique la doctrine trinitaire de l'Église catholique et sa conviction que le Dieu unique est amour : « Le Père, écrit-il, est l'ultime source de tout, fondement aimant et communicatif de tout ce qui existe. Le Fils, qui le reflète, et par qui tout a été créé, s'est uni à cette terre quand il a été formé dans le sein de Marie. L'Esprit, lien infini d'amour, est intimement présent au cœur de l'Univers en l'animant et en suscitant de nouveaux chemins » (*LS* 238).

Le Dieu chrétien n'est pas le monarque transcendant et omnipotent prôné par le théisme traditionnel ; c'est un Père aimant, dont la toute-puissance est celle de l'amour qui se donne jusqu'au bout[17]. La révélation de Jésus-Christ et la foi en sa filialité divine sont décisives à cet égard. En acceptant de mourir en serviteur sur la croix, Jésus manifeste le visage infiniment aimant de Dieu. Il nous révèle que l'amour n'est pas seulement présent d'une certaine façon en Dieu, mais que, par sa nature même, Dieu est amour, il est l'Amour.

- *Deuxièmement, en tant qu'expression de l'amour divin, la nature nous appelle à la communion universelle avec toutes les créatures.*

Dans la compréhension chrétienne authentique, la nature n'est pas un simple environnement matériel, qui fournit à l'espèce humaine un cadre de vie et des ressources, ni « un système qui s'analyse, se comprend et se gère » (*LS* 76). La nature, estime François, est une « création » : elle est comprise dans les récits bibliques de la genèse (*LS* 62-67), dans les appels des prophètes, dans la loi juive, comme dans le chant des psaumes (*LS* 68-74), en « rapport avec un projet de l'amour de Dieu », « comme un don qui surgit de la main ouverte du Père de tous » (*LS* 76)[18].

Or, ajoute le Pape, si « la terre nous précède et nous a été donnée », alors nous ne sommes pas ses propriétaires mais ses « hôtes » (*LS* 67). Nous n'avons pas le droit de nous ériger en maîtres souverains de la nature ni d'abuser des richesses de la terre. Nous devons recevoir la création comme un « don de Dieu », « en faire usage dans le respect de l'intention primitive, bonne, dans laquelle elle a été donnée » (*LS* 115), et veiller à ce que les fruits qu'elle produit bénéficient à tous (*LS* 93).

Par suite, le Pape se livre à une critique virulente des comportements prédateurs, des mentalités technocratiques et des habitudes consuméristes qui sont indifférents à la nature et ruinent la terre (*LS* 101-136). Insistant sur les valeurs de l'interdépendance, de la gratuité et de la sobriété – qui, toutes, naissent et se renforcent dans le rapport à Dieu –, il exhorte les hommes à « sauvegarder » le don qu'ils ont reçu, à préserver la terre en tant que « maison commune » et à en faire fructifier les ressources dans l'intérêt de toutes les créatures vivantes (*LS* 12).

Aux yeux du Pape, « chaque créature est l'objet de la tendresse du Père » (*LS* 77), et en chacune « habite son Esprit vivifiant » (*LS* 88). À huit reprises, il souligne que chaque entité créée possède « une valeur et une signification » en propre, qui va au-delà de son appropriation instrumentale, et que toutes ont des qualités qui les rendent dignes de respect et d'émerveillement (*LS* 75-77). « Cela ne signifie pas que tous les êtres vivants sont égaux, ni ne retire à l'être humain sa valeur particulière » (*LS* 90) ; cela veut simplement dire que chaque créature bénéficie de la sollicitude de Dieu et constitue un lieu de « révélation continue du divin » auquel il faut prêter attention (*LS* 85)[19]. En considérant toutes les réalités créées comme des signes de Dieu, et en accordant à chacune une valeur et une place en propre, le Pape stimule « en nous le développement des "vertus écologiques" », et nous incite à nous comprendre et à nous construire « en relation avec les autres créatures » (*LS* 88).

Car l'homme, souligne le Pape, n'a pas été façonné indépendamment du reste de la création. Il a été placé au milieu des autres êtres vivants, dans une nature « belle » et originellement « bonne » (*LS* 1.115), au sein de laquelle les éléments ont vocation à « se compléter mutuellement au service les uns des autres » (*LS* 87). L'homme ne peut donc s'épanouir que dans l'interrelation avec les autres créatures et avec Dieu (*LS* 240) : il doit respecter les « rythmes inscrits dans la nature par la main du Créateur », et promouvoir les liens et les assemblages qui constituent la réalité interconnectée du monde qu'il habite (*LS* 71)[20].

« Tout est lié » se plaît alors à répéter le Pape (*LS* 16, 70, 91...), nous invitant à former avec les autres créatures « une belle communion universelle » (*LS* 220). Reprenant le langage lyrique de Saint François d'Assise, il nous engage à demeurer « unis comme des frères et des sœurs » (*LS* 92), et nous rappelle que la terre, notre « maison commune », « est aussi comme une sœur, avec laquelle nous partageons l'existence, et comme une mère, belle, qui nous accueille à bras ouverts » (*LS* 1). À quatre reprises, il utilise le langage de la « fraternité » pour exhorter les hommes à former une « communion universelle » avec l'ensemble des êtres créés : « Quand le cœur est authentiquement ouvert à une communion universelle, rien ni personne n'est exclu de cette fraternité » (*LS* 92). Et le Pape de réitérer sa conviction : « Créés par le même Père, nous et tous les êtres de l'Univers, sommes unis par des liens invisibles, et formons une sorte de famille universelle, une communion sublime qui nous pousse à un respect sacré, tendre et humble » (*LS* 89).

- *Troisièmement : la création entière sera arrachée à la violence et renouvelée au jour de la résurrection dernière.*

En contemplant la nature comme « un tissu de relations » « créé selon le modèle divin » (*LS* 240), ou comme « une réalité illuminée par l'amour qui nous appelle à une communion universelle » (*LS* 76-7), François ne perd pas de vue le caractère déchu, inique et brutal de notre monde. Il insiste d'ailleurs longuement sur la situation sociale et écologique désastreuse qui est la nôtre. Comme nous l'avons signalé, il dresse un constat lucide de l'état de la planète et analyse avec acuité les ressorts de la crise systémique actuelle. Il reconnaît que « nous n'avons jamais autant maltraité ni fait de mal à notre maison commune qu'en ces deux derniers siècles » (*LS* 53). Il ajoute : « Les prévisions catastrophistes ne peuvent plus être considérées avec mépris ni ironie » (*LS* 161). « Si la tendance actuelle continuait, ce siècle pourrait être témoin de changements climatiques inédits et d'une destruction sans précédent des écosystèmes, avec de graves conséquences pour nous tous » (*LS* 24). Et le Pape conclut la première partie de son encyclique par un constat terrible et désolant : « Si le regard parcourt les régions de notre planète, il s'aperçoit immédiatement que l'humanité a déçu l'attente divine » (*LS* 61).

Mais fidèle à la profession de foi trinitaire, et confiant en l'amour de Dieu pour l'homme, François reste convaincu que le monde, sorti des mains du Créateur, retournera à lui après avoir été racheté par le Christ : « L'aboutissement de la marche de l'Univers se trouve dans la plénitude de Dieu, qui a été atteinte par le Christ ressuscité, axe de la maturation universelle » (*LS* 83). Aussi, le drame écologique est réinterprété à l'horizon de la rédemption, comme une épreuve nécessaire à l'accouchement d'un monde nouveau, qui appelle l'homme à un engagement vertueux : « Beaucoup de choses que nous considérons mauvaises, dangereuses ou sources de souffrances, font en réalité partie des douleurs de l'enfantement qui nous stimulent à collaborer avec le Créateur » (*LS* 80). L'être humain est exhorté à coopérer avec l'action rédemptrice de Dieu, pour poursuivre l'œuvre du commencement, la parfaire, et la parachever.

Mais que penser du fait que l'homme a failli, et faillira sans doute encore, dans sa vocation ? Eh bien, nous assure le Pape, « le Créateur ne nous abandonne pas, jamais il ne fait marche arrière dans son projet d'amour » (*LS* 13). « Dieu ne nous abandonne pas, il ne nous laisse pas seuls, parce qu'il s'est définitivement uni à notre terre, et son amour nous porte toujours à trouver de nouveaux chemins » (*LS* 245). Son Esprit, ajoute le Pape, qui est tendresse continue et amour inconditionnel, fera refleurir le désert et apportera la réconciliation entre l'homme et son Créateur, entre l'humanité et la terre. Cette vérité peut être obscurcie, ou rendue illisible par le mal cultivé par la créature, mais elle resplendira sans aucun doute à la fin des temps : « À la fin, nous nous trouverons face à face avec la beauté infinie de Dieu », dans « la maison commune du ciel » et l'« émerveillement partagé » de la vie éternelle (*LS* 243).

Cependant, le Pape apporte une clarification déterminante à la théologie de la rédemption. La résurrection de la chair n'est plus promise exclusivement à l'humanité, indépendamment du reste de la création. En contraste avec la tradition chrétienne dualiste, François ne divise pas les créatures en deux catégories distinctes : celles qui auraient vocation à rejoindre Dieu et ses anges dans les cieux éthérés, et celles qui sont inextricablement liées à la terre et à sa réalité éphémère. Puisque l'être humain est un esprit incarné, et qu'il ne peut se réaliser hors de son environnement connaturel, la nature et le reste du monde vivant doivent, par nécessité ontologique, participer à la plénitude dernière. Ainsi, l'eschatologie acquiert une signification cosmique : tout ce qui est créé, maintenu et habité par l'Esprit Saint, la terre et tous ses habitants, sont associés au salut et seront récapitulés à la fin des temps.

Le Pape renouvelle alors la promesse de la résurrection dernière en y impliquant l'ensemble de la création. Il considère que les créatures, appelées dès à présent à former une fraternité universelle, cheminent toutes ensemble, et chacune selon sa nature propre, vers l'éternité du Père : « Oui, nous voyageons vers le sabbat de l'éternité, vers la nouvelle Jérusalem, vers la maison commune du ciel ». Oui, nous assure le Pape, nous avançons avec les autres êtres vivants sur la voie du salut, au terme duquel la création entière sera arrachée à l'iniquité, à la pollution et à la violence. Notre maison commune, la terre, sera alors entièrement renouvelée selon une économie durable, et chaque créature, transfigurée et resplendissante, y prendra la place qui lui revient : « La vie éternelle sera un émerveillement partagé, où chaque créature, transformée d'une manière lumineuse, occupera sa place et aura quelque chose à apporter aux pauvres définitivement libérés ». « Entre-temps », il nous faut nous unir avec tous les vivants, et « prendre en charge cette maison qui nous a été confiée, en sachant que tout ce qui est bon en elle sera assumé dans la fête céleste » (*LS* 243-4).

- *Quatrièmement : l'homme doit se mettre au service de la création et contribuer à la reconduire à sa perfection originelle, dans l'attente de la résurrection dernière.*

À la lumière de la foi, et en vertu de l'idéal de fraternité qu'il professe, François s'emploie à clarifier le sens de la vocation de l'homme. Il entreprend notamment d'expliquer la signification des injonctions génésiques qui semblent entériner la domination de l'homme sur la nature – injonctions qui, comme nous l'avons signalé, ont valu au christianisme latin l'accusation d'être la « religion la plus anthropocentrique que le monde ait connue » (White, 1967).

Il convient de rappeler à ce propos que les chapitres introductifs de la Genèse enchevêtrent trois perspectives distinctes sur l'être humain et sa vocation[21]. La première met l'accent sur la domination, plaçant l'homme au sommet de la création et lui octroyant un pouvoir absolu sur une nature qu'il peut exploiter à sa guise[22]. La seconde met en avant la fonction de l'intendance, assignant à l'homme la responsabilité de garder et de cultiver une nature qui est bonne en soi et digne de respect[23]. Enfin, la troisième composante de la Genèse insiste sur le service fraternel : l'homme, façonné dans la même argile que les autres créatures, est encouragé à prendre soin de la terre et à développer des liens constitutifs et fraternels avec l'ensemble du créé[24]. C'est ce dernier sens que Saint François d'Assise retient lorsqu'il se réfère au soleil comme à son « frère » ou à l'eau comme à sa « sœur » (*LS* 11).

Le Pape rejette fermement l'interprétation qui prône la domination. Il considère que seule une lecture erronée de la Bible a pu conduire à cautionner l'exclusivisme humain et l'exploitation instrumentale du monde : « Il a été dit que, à partir du récit de la Genèse qui invite à "dominer" la terre, on favoriserait l'exploitation sauvage de la nature en présentant une image de l'être humain comme dominateur et destructeur. Ce n'est pas une interprétation correcte de la Bible, comme la comprend l'Église. S'il est vrai que parfois, nous, les Chrétiens, avons mal interprété les Écritures, nous devons rejeter aujourd'hui avec force que, du fait d'avoir été créés à l'image de Dieu et de la mission de dominer la terre, découle pour nous une domination absolue sur les autres créatures. Il est important de lire les textes bibliques (…) et de se souvenir qu'ils nous invitent à "cultiver et garder" le jardin du monde » (*LS* 67).

François ne conteste pas la primauté de l'être humain sur le reste de la création, ni les exhortations bibliques adressées à Adam pour qu'il domine la nature, soumette les animaux, croisse et se multiplie. Mais il replace ces éléments dans la lumière de la foi, et les réinterprète en fonction de la mission d'intendance, de soin et de charité qui est confiée à l'homme. Dès lors, il ne considère plus la supériorité de l'être humain « comme un motif de gloire personnelle ou de domination irresponsable », mais « comme une capacité différente, lui imposant une grave responsabilité qui naît de sa foi » (*LS* 220).

Cette façon de comprendre le texte biblique tire sa légitimité de l'enseignement du Christ. C'est Jésus qui donne le sens ultime de la souveraineté du maître et la bonne manière d'exercer le pouvoir : « Vous m'appelez Maître et Seigneur, et vous avez raison, car vraiment je le suis. Si donc moi, le Seigneur et le Maître, je vous ai lavé les pieds, vous aussi, vous devez vous laver les pieds les uns aux autres » (Jn 13,13-14). À l'exemple de Jésus, le Chrétien est invité à exercer le pouvoir de domination qui lui est dévolu en se mettant au service de son prochain. Loin des fantasmes d'exploitation ou de toute-puissance, il est invité à interpréter l'ascendant qui lui est donné sur la nature à la lumière de l'amour qui vient de Dieu, comme un devoir qui l'oblige à la sollicitude envers son prochain et les autres créatures.

Tout à l'opposé, se trouve l'homme pécheur qui se rebelle contre Dieu et refuse de reconnaître ses limites. Cet homme comprend la souveraineté qui lui est accordée comme un droit inconditionnel de jouissance et d'exploitation. Par ses agissements, il corrompt l'ordre originellement harmonieux de la création et sème la violence. Le Pape explique en ce sens que « l'harmonie entre le Créateur, l'humanité et l'ensemble de la création a été détruite par le fait d'avoir prétendu prendre la place de Dieu, en refusant de nous reconnaître comme des créatures limitées. Ce fait a dénaturé aussi la mission de "soumettre" la terre (Gn 1,28), de "la cultiver et la garder" (Gn 2,15). Comme résultat, la relation, harmonieuse à l'origine entre l'être humain et la nature, est devenue conflictuelle (Gn 3,17-19) » (*LS* 66).

Bien entendu, l'homme pécheur conserve la liberté de revenir vers Dieu, de corriger son inconduite et d'œuvrer dans une perspective de fraternité et de résurrection. Au lieu d'être le fossoyeur de la nature, il peut choisir d'en redevenir le gardien et le cultivateur. Ainsi, il pourrait vivre, à l'instar de Saint François d'Assise, en « harmonie avec toutes les créatures », retrouvant « l'état d'innocence » d'avant la rupture du péché (*LS* 66).

Le Pape invite donc les hommes à suivre l'exemple du saint franciscain, à contribuer par leur engagement fraternel à ramener la création entière à la perfection dans laquelle elle a été créée et pour laquelle elle est programmée : « La fin ultime des autres créatures, ce n'est pas nous. Mais elles avancent toutes, avec nous et par nous, jusqu'au terme commun qui est Dieu, dans une plénitude transcendante où le Christ ressuscité embrasse et illumine tout ; car l'être humain, doué d'intelligence et d'amour, attiré par la plénitude du Christ, est appelé à reconduire toutes les créatures à leur Créateur » (*LS* 83). C'est au titre de cette mission – celle d'entraîner par sa médiation la création entière vers la communion mutuelle et avec Dieu – que l'homme est finalement reconnu supérieur aux autres créatures et placé au cœur du projet divin.

Ainsi, le christianisme ne suscite plus d'attitudes hostiles ou indifférentes à l'écologie. À rebours de la passivité dans laquelle se réfugient certains croyants (*LS* 217), la foi chrétienne commande de recevoir la nature comme un don, de la cultiver dans un esprit d'équité envers les plus vulnérables et les générations à venir, enfin de l'administrer avec amour et de vivre en relation de communion avec elle, afin qu'elle s'accomplisse selon la splendeur que Dieu a voulu lui donner dans son dessein originel : « Nous sommes appelés à être les instruments de Dieu le Père pour que notre planète soit ce qu'il a rêvé en la créant, et pour qu'elle réponde à son projet de paix, de beauté et de plénitude » (*LS* 53). Cette façon de concevoir l'exceptionnalité de l'homme et sa mission peut sembler utopique ; elle n'en offre pas moins un horizon de sens et des considérations fécondes pour une action humaine responsable d'un point de vue écologique et social.

- *Cinquièmement, nous devons œuvrer pour la civilisation de l'amour et contre la culture de mort qui imprègne nos sociétés*

Les recommandations du Pape se veulent « fidèle[s] à l'identité et au trésor de vérité reçu de Jésus-Christ » (*LS* 121). Toutes se résument dans le commandement de l'amour : « Pour rendre la société plus humaine, plus digne de la personne, il faut revaloriser l'amour dans la vie sociale – au niveau politique, économique, culturel –, en en faisant la norme constante et suprême de l'action » (*LS* 231). En tant qu'il est le propre du regard de Dieu sur la création, l'amour doit être la priorité spirituelle de l'homme, et la force motrice qui le guide dans les divers domaines de son existence.

Aux yeux du Pape, seul l'amour peut offrir une issue universelle à l'impasse dans laquelle se trouve notre monde. Lui seul peut changer radicalement nos façons de penser et d'agir, actuellement dominées par « la culture du relativisme » (*LS* 123), « du consumérisme » (*LS* 184) et « du déchet » (*LS* 16). Lui seul peut soutenir une « révolution culturelle courageuse » (*LS* 114) et instaurer un « nouveau paradigme concernant l'être humain, la vie, la société et la relation avec la nature » (*LS* 215). « C'est pourquoi, l'Église a proposé au monde l'idéal d'une "civilisation de l'amour" » (*LS* 231).

La civilisation de l'amour fait prévaloir l'interdépendance sur l'autosuffisance, la diversité sur l'uniformité, la sobriété sur l'intempérance, et l'esprit de communion sur l'instinct de dévoration. Elle privilégie la relation généreuse sur le rapport contractuel, la sollicitude fraternelle sur la logique de l'intérêt, et la gratuité sur le calcul mesquin de la raison mercantile. Elle se préoccupe donc naturellement des pauvres, des générations futures et de toutes les créatures, tout comme elle étend spontanément sa sollicitude à l'inconnu, à l'étranger et même à l'ennemi. Pour toutes ces raisons, le Pape estime que l'amour est « la clé d'un développement authentique » : « Joint à l'importance des petits gestes quotidiens, l'amour social nous pousse à penser aux grandes stratégies à même d'arrêter efficacement la dégradation de l'environnement et d'encourager une culture de protection qui imprègne toute la société » (*LS* 231, 179, 211, 228...). L'amour ouvre la voie à une culture de la vie partagée, et du respect de tout ce qui nous entoure, à un développement socialement équitable et écologiquement durable (*LS* 213). Lui seul peut apporter la paix qui régnera entre toutes les créatures à la fin des temps.

Il est difficile de ne pas saluer l'éloquence du Pape, ses analyses lucides, son espérance radicale, et les éclaircissements qu'il apporte à la théologie chrétienne. François a raison de penser que la morale évangélique de la fraternité, sur laquelle il fonde son écologie intégrale, est essentielle au progrès de la paix et à la préservation de notre habitat commun et que, sans elle, il n'y a pas d'alternative possible au règne de l'économie dominatrice et au déploiement effréné de la volonté de puissance qui ruinent l'homme et la nature. À juste titre, il affirme que « si nous nous approchons de la nature et de l'environnement sans cette ouverture à l'étonnement et à l'émerveillement, si nous ne parlons plus le langage de la fraternité et de la beauté dans notre relation avec le monde, nos attitudes seront celles du dominateur, du consommateur ou du pur exploiteur de ressources, incapable de fixer des limites à ses intérêts immédiats » (*LS* 11). François a également raison de croire que la promotion de l'amour universel et son approfondissement supposent que l'humanité retrouve le chemin de Dieu, loin de l'arrogance solitaire dans laquelle elle se complaît. Ce ne sera donc pas pour contester l'importance cruciale de la foi, de l'espérance et des valeurs de fraternité que nous allons maintenant critiquer l'écologie intégrale du Pape François, mais pour dénoncer l'essentialisme, le dogmatisme et l'unilatéralisme écologiquement préjudiciables de la théologie chrétienne.

- III -

La pierre d'achoppement du mal

La première objection que l'on est en droit d'adresser à l'écologie intégrale du Pape François – objection ancienne, que les traditions sceptiques et athées ont toujours opposées aux affirmations du christianisme – est de défendre une idée de Dieu inaccordable avec la réalité du mal. Si, comme l'affirme le Pape dans sa lettre encyclique, Dieu est un Créateur bon et tout-puissant, paternel et aimant, comment expliquer le scandale que représentent la tyrannie, la guerre, le crime, les maladies, et la perversité que chaque homme nourrit en son sein, et la mort qui n'excepte rien ni personne ? « Que devons-nous faire, demande ainsi Stephen Williams (2020), de l'objection de longue date selon laquelle il existe des caractéristiques de l'ordre naturel, des formes de cruauté, de gaspillage ou d'absence de but, qui semblent incompatibles avec l'attribution du pouvoir, de la bonté et de la beauté au Créateur divin de l'Univers ? (…) Pourquoi un Dieu à qui l'on attribue la puissance et la bonté – et *Laudato si'* fait grand cas de ces attributions – devrait créer un tel monde ? » La réalité du mal est telle qu'on ne peut pas professer l'existence d'un Dieu créateur – nécessairement responsable du mal qu'il n'aurait pas pu ou voulu empêcher – sans aussitôt contredire ses qualités de bonté et de toute-puissance[25].

Dans ce qui suit, nous commencerons par rappeler la position de l'Église catholique sur la question du mal, et les objections qui lui sont adressées par les traditions sceptiques et athées. Puis, nous verrons que les arguments du christianisme et de l'athéisme, du Pour Dieu et du Contre Dieu, sont également réducteurs, et que c'est par leur mise en présence que la question du mal pourrait trouver une réponse plus satisfaisante. Par là-même, se dessinera une idée différente de Dieu, qui serait proportionnée au mystère d'iniquité et plus en phase avec les enjeux écologiques et sociaux actuels. Nous montrerons que cette idée correspond à celle défendue par le Coran.

La réponse chrétienne au problème du mal

La théologie chrétienne lie l'existence du mal à la liberté de l'homme. Elle considère que Dieu, le Créateur radicalement bon, n'a pas instauré un ordre vicié par la corruption, la division ou la violence. C'est l'homme, en choisissant le péché, qui se détourne du bien et déchoit de sa dignité native. C'est la rébellion de l'homme, précise le Pape dans sa lettre encyclique, qui a fait que « la relation, harmonieuse à l'origine entre l'être humain et la nature, est devenue conflictuelle » (*LS* 66). S'inscrivant dans le prolongement des discours apologétiques de la théodicée, François exonère Dieu du mal et lui rend hommage en dépit du scandale d'iniquité[26].

Toutefois, la tradition chrétienne reconnaît que la situation de violence et de mensonge dans laquelle notre monde est empêtré implique quelque chose qui excède l'histoire du sujet humain et de sa libre volonté, une dimension supra-individuelle qui rend compte de la radicalité de la déchéance et de la condition globalement pécheresse de l'humanité. Dans l'expérience du mal, l'homme est tenté par un Autre que lui, et en cédant à la sollicitation du Tentateur, il cultive un mal préexistant, énigmatique et puissant, qui affecte chaque être dans son rapport à Dieu. C'est précisément ce que raconte le mythe adamique de la chute, et que retranscrit conceptuellement la doctrine du péché originel : « Le mythe adamique révèle cet aspect mystérieux du mal, à savoir que si chacun de nous le commence, l'inaugure (…), chacun de nous aussi le trouve, le trouve déjà là, en lui, hors de lui, avant lui ; pour toute conscience qui s'éveille à la prise de responsabilité, le mal est déjà là ; en reportant sur un ancêtre lointain l'origine du mal, le mythe découvre la situation de tout homme : cela a déjà eu lieu ; je ne commence pas le mal ; je le continue ; je suis impliqué dans le mal ; le mal a un passé ; il est son passé ; il est sa propre tradition » (Ricœur, 1969).

La reconnaissance de la radicalité du mal ne conduit pas pour autant le christianisme à remettre en cause les attributs de la puissance et de la bonté de Dieu ; elle l'amène plutôt à renouveler l'annonce de l'Évangile du salut et la justification apportée par Jésus-Christ. Le socle de l'espérance chrétienne, et le dernier mot qu'elle oppose à l'objection du mal, est d'affirmer que Dieu, en son Fils, se révèle non pas spectateur mais victime et triomphateur du mal ; c'est d'affirmer que Dieu a manifesté son amour suprême pour l'humanité en partageant la condition du juste souffrant jusqu'à subir la passion la plus violente. Jésus Christ éclaire d'un nouveau jour le mystère d'iniquité, en révélant le visage inouï d'un Dieu Amour qui refuse le mal de toute éternité, par son engagement dans le monde aux côtés des victimes.

« Ainsi, explique Michel Fédou (1991), le mystère du Juste souffrant, sans résoudre le problème du mal, répond aux exigences contemporaines d'une réflexion sur le tragique. Avec lui, l'affirmation de Dieu n'est pas manière de contourner l'épreuve du mal (puisque le Fils de Dieu est lui-même victime de cette épreuve), de même qu'inversement l'expérience du mal ne constitue plus une objection contre l'affirmation de Dieu (puisque la Passion du Christ, démentant à jamais nos images d'une divinité indifférente ou lointaine, nous révèle le visage jusque-là inconnu d'un Dieu crucifié). Il faudrait aussitôt ajouter qu'une telle révélation est inséparablement le lieu de l'espérance : si Dieu s'est engagé dans le monde jusqu'à être victime des hommes et des femmes tragiquement atteints par les diverses formes du mal, c'est que le mal va irrémédiablement à sa perte et que ses victimes se voient offrir un avenir en Dieu – l'avenir même qui, pour le Chrétien, se trouve déjà inauguré par la Résurrection de Jésus ».

La réponse du christianisme au problème du mal est indéniablement puissante et féconde. Mais elle ne dissipe pas pour autant les objections sceptiques ou athées à son encontre. Car si elle réfute la perspective du Dieu cruel qui tolère la souffrance de ses créatures ou s'en réjouit, elle proclame, avec le Dieu crucifié, une idée encore plus déconcertante et scandaleuse pour la raison[27].

Les limites du discours chrétien sur le mal et le divin

On est bien forcé de reconnaître que le discours chrétien, en dépit de ses mérites et de l'éclairage précieux qu'il projette sur la question du mal, n'est pas acceptable comme tel pour la raison moderne. Défendre, comme le fait encore le Pape, l'idée d'une création originellement bonne, qui aurait été dénaturée par la faute de l'homme, mais qui, restant sous-tendue par la force de l'amour divin, serait invinciblement orientée vers un accomplissement plénier, contraste avec les savoirs scientifiques et philosophiques de notre temps. Il n'est pas soutenable, à l'aune de la connaissance, et au regard de l'esprit critique, de ramener le mal dans ses formes naturelles, sociales, physiques ou psychologiques à une simple expression de la désobéissance humaine, fût-elle induite par la tentation. Il n'est pas acceptable non plus de réduire le mal, dans le cadre d'une pédagogie divine, à une manifestation « des douleurs de l'enfantement » qui nous stimuleraient à collaborer avec le Créateur dans l'accouchement d'un monde en route vers sa perfection ultime (*LS* 66). Enfin, il n'est pas tolérable de résorber le scandale de l'iniquité en invoquant l'amour crucifié de Dieu qui prendrait sur lui l'offense au lieu de la punir (*LS* 100). Le mal est trop profondément ancré dans la réalité, et prend trop souvent des formes incompréhensibles, injustifiables et révoltantes, pour être simplement mis en relation avec le projet d'un Créateur bon et tout-puissant qui, tout en ayant créé l'homme libre de choisir le bien, l'aurait déjà racheté par le sacrifice de son propre fils.

Dans un esprit critique comparable, Stephen Williams (2020) estime que l'encyclique du Pape « ferme les yeux sur beaucoup de choses dans le cosmos et incline vers une vision trop romantique, voire borgne, pour remplacer la raison perspicace »[28]. « On peut en trouver la preuve dans l'assertion que "tout est comme une caresse de Dieu" ou dans l'affirmation du Pape Benoît selon laquelle "chacun de nous est le résultat d'une pensée de Dieu" ». « Comment, poursuit le critique, cela sonne-t-il aux oreilles de ceux qui ont été victimes de l'ordre naturel ou qui sont la cause vivante de la violation du corps d'une femme ? ». Le danger que signale Williams est qu'à trop vouloir exonérer Dieu du mal, et à trop vouloir adopter une rhétorique lénifiante sur le salut du monde, on risque de perdre de vue la tragédie du mal, de ne plus ressentir l'horreur du scandale d'iniquité, de ne plus entendre le cri des victimes.

Ces objections sont anciennes. Elles sont celles que la tradition sceptique et athée a toujours opposées aux affirmations du christianisme et aux « preuves » rationnelles avancées en faveur du Dieu trine et amour. Comme le rappelle Paolo Flores d'Arcais, dans son débat avec Joseph Ratzinger (le futur Benoît XVI), « les objections de la tradition sceptique et athée descendent jusque dans le détail » ; elles sont

« banales et de bon sens », mais « capables de réfuter toutes les démonstrations de la théologie naturelle » (2006 : 143). Ces objections signifient l'impossibilité de justifier le Créateur face au mal présent dans le créé et, partant, l'impossibilité de fonder ontologiquement les valeurs morales, d'endosser l'immortalité de l'âme, de cautionner la filialité divine de Jésus, et de garantir la promesse de la vie éternelle.

Or ces objections, déplore Flores d'Arcais, n'ont jamais été discutées sérieusement par le christianisme : « L'Eglise et la culture catholique », alors qu'elles prétendent fonder leur enseignement sur la connaissance et continuent à défendre la rationalité de leurs articles de foi, « éludent désormais systématiquement les objections sceptiques ou athées élaborées par la modernité ». « Elles n'essaient même plus de contre-argumenter, de "démonter" [les critiques qui leur sont faites], pour en montrer l'erreur. De répliquer, en somme, sur le terrain de la vérité en tant qu'objet d'argumentation rationnelle ou critiquo-empirique » (2006 : 134). L'Église, poursuit Flores d'Arcais, se calfeutre dans un regrettable confinement dogmatique : elle anticipe et neutralise les possibles réponses dérangeantes à la demande du sens en déployant une stratégie d'« immunisation », de « mithridatisation contre les questions à risques », de « prophylaxie contre le désenchantement » (2006 : 178).

Les signes que Dieu donne de lui-même dans le monde

L'athéisme pose un défi rationnel au christianisme. Ses objections reviennent à dire que les thèses chrétiennes seraient contraires à la connaissance que l'on peut avoir de Dieu à partir des signes qu'il donne de lui-même dans le monde. La contemplation de la nature, de l'ordre qui la régit, des dynamiques qui la traversent, et de la catastrophe écologique qui la menace, n'oppose-t-elle pas un démenti aux conceptions providentielles du christianisme ?

La catastrophe et la pensée de Dieu

La crise écologique actuelle jette une lumière vive sur les limites de la conception chrétienne du mal et du divin, dans la mesure où elle remet en question l'idée selon laquelle le Créateur est innocent du mal qui corrompt sa création, et la créature coupable des malheurs qui l'affectent.

En effet, le basculement environnemental en cours ne peut être entièrement imputé à l'homme, puisqu'il met en jeu des déterminismes, des processus et des limites de différents ordres qui relèvent, non de la créature, mais de l'économie globale du vivant. La catastrophe implique aussi, par sa démesure, quelque chose – destin, malheur ou transcendance – qui surdétermine la responsabilité de l'homme, sans pour autant la réduire. Dans ces conditions, il est théologiquement impossible de ne pas mettre le Créateur dans la chaîne des causes et des conséquences du drame actuel. Puisque Dieu a créé le monde, que ce monde contient la catastrophe, et que la catastrophe excède la seule responsabilité de la créature, alors on est bien obligé d'inclure le mal radical dans les desseins de Dieu.

Le bouleversement écologique met également à mal l'idée promue par le christianisme d'une création consacrée à l'homme et conçue en vue de son développement. Parce qu'il engendre des désordres globaux et potentiellement dévastateurs, et parce qu'il aggrave aussi les inégalités sociales et historiques existantes, le dérèglement écologique révèle à l'homme l'altérité de la planète et la précarité de ses positions. Il lui fait prendre conscience – pour utiliser quelques formules citées dans la première partie de notre travail – que la nature peut être « totalement indifférente à [ses] desseins et à [ses] finalités » (Chakrabarty, 2009), qu'elle constitue « un agencement chatouilleux de forces indifférentes à [ses] raisons et à [ses] projets » (Stengers, 2009). L'horizon de la catastrophe découvre à l'homme la fragilité du contexte dans lequel il s'est développé, et rend manifeste la vanité des discours qui le placent au centre du monde et le considèrent comme la fin du créé.

Le drame écologique ébranle en profondeur le plaidoyer chrétien du Pour Dieu. Il met en doute l'assurance morale du christianisme, la conception édifiante de la création qu'il propose et l'image exclusivement positive du divin qu'il défend. La gravité du désastre écologique réveille le soupçon que le Maître des mondes puisse être arbitraire, indifférent et cruel, et qu'il puisse vouloir utiliser la nature comme un instrument de dévastation. Cette idée, si contraire à l'éducation chrétienne de la foi, rejoint par ses corollaires les thèses de l'absence de Dieu et de l'athéisme[29].

Cependant, si la pensée de la catastrophe bouscule les convictions de la foi chrétienne, elle n'autorise pas de consacrer la perspective contraire du désenchantement et de l'absurde. Puisque l'horizon du désastre va toujours de pair avec la possibilité d'entreprendre des réformes, de mener à bien de nécessaires transformations et de reconquérir une nouvelle intégrité, puisque la vie elle-même déploie toutes sortes d'activités pour remédier aux menaces essentielles auxquelles elle est confrontée, on ne peut pas en rester au réquisitoire du Contre Dieu, en plaidant dans le sens d'une créature aliénée, d'un désastre inéluctable et d'une fin malheureuse. Au regard de la possibilité toujours ouverte de bâtir un monde réconcilié et durable, on pourrait encore défendre, à la suite du Pape, l'idée que la création est originellement bonne, qu'elle a vocation à le redevenir, et qu'elle le redeviendrait si l'homme adoptait une vie fondée sur l'amour plutôt que de s'obstiner dans le péché. Cette suite de considérations redonne du crédit à l'interprétation optimiste du christianisme et à ses thèses édifiantes sur Dieu.

En somme, la pensée de la catastrophe, lorsqu'elle ne galvaude pas la réalité inintégrable du basculement en cours, fait droit à des considérations opposées et également défendables. D'une part, suivant la crainte d'un désastre définitif, que l'imagination inquiète ne cesse d'envisager et de projeter, ce sont les arguments de l'athéisme et du Contre Dieu qui s'imposent. Mais d'autre part, ce sont les thèses du christianisme et du Pour Dieu qui prévalent en vertu de l'espérance d'un renouveau possible, que l'imagination fervente sans cesse conçoit et reconstitue.

L'ambivalence du livre de la nature

Au même titre que la pensée de la catastrophe, la contemplation de la création peut être riche d'enseignements sur Dieu et sur sa volonté. Ainsi, le Pape nous invite à considérer la nature comme un livre qui, lu attentivement, révèle ce que Dieu est et ce qu'il désire : la nature est « une révélation continue du divin » (*LS* 85), un livre « unique et indivisible » (*LS* 6) « dans lequel Dieu nous parle et nous révèle quelque chose » d'inouï sur lui-même et le sens de la vie (*LS* 12). « La contemplation de la création nous permet de découvrir à travers chaque chose un enseignement que Dieu veut nous transmettre » (*LS* 85).

Daniel Castillo (2017) nous avertit toutefois que « si la nature est un livre qui peut et doit être lu », ce livre offre « un texte très ambigu », qui doit être interprété avec précaution, et peut être lu de manière très différente. Le débat entre Joseph Ratzinger et Paolo Flores d'Arcais, que nous avons évoqué, nous montre justement deux protagonistes exprimer des points de vue divergents sur le livre de la nature. Pour sa part, Ratzinger discerne la présence de Dieu et son amour rédempteur dans la formidable architecture de l'Univers, dans la continuelle régénération du monde, dans la richesse et la diversité créatrice de la vie, dans les expressions parfois admirables de charité, de liberté ou de créativité dont l'homme est capable, enfin, dans le témoignage des prophètes et la vie de pur amour dont Jésus a donné l'exemple. En contraste, Flores d'Arcais voit dans l'excès de la violence, dans le règne implacable de la nécessité, et dans l'affinité de la croyance religieuse avec l'illusion, autant d'objections à l'existence d'un Créateur omnipotent et bon. D'un côté, Ratzinger conclut que le dernier mot sur la vérité du mystère de Dieu dans l'histoire humaine doit être laissé à la puissance de l'amour, et que la fin que Dieu recherche dans la dispensation de sa grâce n'est autre que notre bonheur. De l'autre côté, Flores d'Arcais arrive à la conclusion désenchantée que la mort est le dernier terme de toutes choses et que, s'il existe, Dieu agit d'abord dans l'intérêt de sa propre gloire.

Nous pensons que le livre de la nature donne raison autant au chrétien qu'à l'athée. L'erreur se trouve dans l'unilatéralisme ; elle est de s'arrêter à l'une ou à l'autre des interprétations contraires. Ainsi, le christianisme, en s'en tenant au sens plein, déraisonne : en décryptant le réel avec la seule clé trinitaire, il en vient à affirmer, comme le fait le Pape dans son encyclique, avec un lyrisme débridé et contraire à la raison, que « tout l'univers matériel est un langage de l'amour de Dieu, de sa tendresse démesurée envers nous » (*LS* 84). L'erreur de l'athéisme est symétrique. En s'arrêtant à l'absence de Dieu, et en concluant au non-sens, il soutient, comme le fait Flores d'Arcais, avec une ironie désenchantée qui boucle sur elle-même, que « sur le plan empirique et rationnel, il n'y a jamais eu d'[autre] réponse [que le non-sens] – parce qu'il ne peut y en avoir ! » (2006 : 165).

Contre les simplifications réductrices du christianisme et de l'athéisme, il s'agirait de reconnaître que la condition de l'homme et de la nature, étant soumise aussi bien à l'influence de la grâce qu'à la loi de la mort, échappe à toute élucidation définitive, et qu'il est donc erroné de s'en tenir aux lectures unilatérales. On ne peut pas – sauf à galvauder les signes que Dieu manifeste de lui-même dans le monde – se limiter à la perspective de l'espérance (qui privilégie la confiance en Dieu et les promesses de l'éternité), ou en rester à celle du désenchantement (qui s'arrête à la défiance envers Dieu et aux contraintes de la finitude).

La nécessaire mise en tension des interprétations contraires

Les interprétations du christianisme et de l'athéisme, quand elles sont prises isolément, ne présentent pas seulement une vision réductrice du monde et de la nature ; elles induisent également une distorsion du sens de l'homme, de sa condition et de sa responsabilité.

De son côté, le plaidoyer chrétien fait porter à l'homme la pleine responsabilité du mal, mais pour aussitôt le conforter en lui garantissant la perspective d'une rédemption déjà acquise. En consacrant un avenir radieux, le christianisme atténue la nécessité de s'investir dans le monde. Pour sa part, le réquisitoire athée restaure l'innocence principielle de l'homme, en le libérant de la culpabilité, mais pour l'enfermer aussitôt dans l'horizon du désenchantement et la clôture de la finitude. En concluant au néant de tout, l'athéisme conforte les comportements de repli et d'individualisme. Ainsi, par des biais différents, le Pour Dieu et le Contre Dieu empêchent l'émergence de sujets authentiquement responsables. Tous deux ferment également la voie à une véritable confrontation entre l'homme et Dieu, l'un en disculpant le Créateur, l'autre en l'accablant, alors qu'il est justement vital que cette confrontation ait lieu.

Si les interprétations réductrices du Pour Dieu et du Contre Dieu s'avèrent préjudiciables lorsqu'elles sont défendues de façon unilatérale, chacune apporte néanmoins un éclairage précieux sur le réel, et appuie des exigences essentielles qui ne sauraient être ignorées. On peut en conclure que la tension entre les perspectives adverses de l'espérance et du désenchantement, du christianisme et de l'athéisme, est non seulement nécessaire d'un point de vue phénoménologique, mais qu'elle est aussi stimulante et féconde sur le plan existentiel, notamment au regard de la responsabilité écologique et sociale que l'homme doit assumer. C'est d'ailleurs sur cette même constatation que nous avions achevé le tout premier chapitre de notre étude, en prônant une alliance entre l'optimisme foncier de la croyance et le pessimisme radical de l'incroyance.

En fin de compte, et comme nous le verrons plus précisément tout au long de notre examen, la seule position de principe qui serait cohérente avec une pensée exigeante de la catastrophe, avec une lecture rigoureuse du livre de la nature, et avec une juste configuration de la responsabilité que l'homme est appelé à endosser à l'ère de l'anthropocène, serait de tenir en tension le point de vue du christianisme et les objections athées qui lui sont adressées.

Une telle démarche aurait pour corrélat de revêtir le divin de traits contradictoires de charité et de cruauté, de bienveillance et de courroux, de miséricorde et de suffisance, sans les réintégrer dans une résolution non-contradictoire. L'arbitraire de Dieu ne serait plus résorbé sous l'intitulé de la justice, ni sa colère dissoute dans l'infini de sa grâce. L'unique et tout-puissant Créateur resterait complice d'un mal contre lequel il lutte de toute éternité[30].

Cette façon de comprendre le divin scellerait l'impossibilité de parvenir à une explication totalisante ou systématique du mal – lequel garderait, dans la relation même qu'il entretient avec Dieu, une dimension radicalement énigmatique et nocturne. Mais le mystère d'iniquité ne serait alors maintenu que pour mieux inciter les hommes à confronter le mal de façon effective et concrète.

Nous allons montrer que cette façon de concevoir Dieu et la condition humaine, par-delà le christianisme et l'athéisme, est précisément celle que défend le Coran lorsqu'il est lu avec rigueur et dans le respect des paradoxes qu'il énonce. Cette compréhension se retrouverait dans les textes de la Torah et de l'Évangile s'ils étaient appréciés avec la même attention. Autrement dit, nous pensons que les religions établies ont perdu le véritable sens du divin en commettant dans leur interprétation du livre de Dieu, la même erreur réductionniste que dans leur lecture du livre de la nature.

L'instruction coranique et la question du mal

Rappelons qu'il ne s'agit pas de faire ici l'exégèse du texte coranique. Nous nous contenterons de présenter les positions du Coran sans en faire la démonstration, mais en renvoyant le lecteur aux analyses et aux justifications textuelles qui se trouvent dans mon essai, *Le livre descendu.* Toutefois, trois annexes, portant sur des questions fondamentales, permettront à ceux qui ne pourraient pas se reporter à mes précédents travaux d'apprécier la pertinence de l'interprétation proposée et sa fidélité au texte révélé. Le lecteur aurait d'ailleurs intérêt à consulter dès à présent ces annexes, pour se familiariser avec la nature ambivalente de la prédication du Coran, et prendre la mesure de la cohérence paradoxale de son enseignement.

Le trait remarquable de la révélation coranique est de formuler un indépassable paradoxe sur Dieu et sur la condition humaine. Les annexes I et II présentent les aspects essentiels de cette formulation. La première explore l'idée coranique de Dieu et les lignes prédicatives rivales qui la structurent. La seconde examine la position du Coran sur la question cruciale de la filialité divine de Jésus. Les paragraphes qui suivent reprennent les éléments les plus déterminants de ces problématiques, qui ont essentiellement trait à la question centrale du rapport entre le bien, le mal et le divin.

- *L'inapaisable interrogation sur le mal*

Le Coran n'a de cesse d'interroger la réalité du mal, sa raison d'être et son origine. Tout ce qui apparaît comme négatif, et qui dénature le monde, est-il un moyen que le Créateur utilise pour administrer sa création et parvenir à ses fins ? Est-il une menace terrifiante ou une alternative obscure à laquelle Dieu recourt quand bon lui semble ? Représente-t-il un développement que le Seigneur désapprouve, un accident qu'il n'a pas désiré, et un donné contre lequel il lutte ? Ou forme-t-il plutôt un obstacle qui lui résiste, voire une sombre possibilité qui le tente ? Désigne-t-il alors une puissance agissante et corruptrice qui pourrait prévaloir et tout engloutir ?

Le questionnement coranique sur le mal est intimement lié à une méditation sur la mort sacrificielle du Christ, une réflexion qui s'exaspère et se noue sur le silence que Dieu garde devant le supplice du Crucifié. Le mutisme de Dieu face à l'immolation de l'innocent, est-il une marque souveraine de patience, un repliement de souffrance, ou une marque d'indifférence, voire d'impuissance ? Le fils de Marie a-t-il été élevé au Ciel par un Dieu paternel et miséricordieux, ou aurait-il été abandonné par un Seigneur distant, faible ou impassible ? En montant sur la croix, Jésus était-il résigné à sa disparition, ou tranquillisé à l'idée de sa résurrection ? Était-il rejeté dans l'extrême délaissement et la solitude de la mort, ou rassuré à travers le silence même de Dieu, par la communion de l'amour qui se passe de toute communication ?

Le Coran ne tranche pas ces questions lancinantes. Il ne met pas fin à l'interrogation et au scandale suscités par la profondeur de la déchéance, par le destin de mort qui gouverne le créé, par la souffrance des justes, des innocents et des animaux. Il ne réduit pas le conflit insoluble qui existe entre l'inouï de la miséricorde et le scandale de la mort, entre les incessantes bénédictions de la grâce qui renouvelle la vie, et le déferlement d'iniquité qui semble lui faire échec. Il nous laisse en prise avec un insondable mystère d'iniquité, et avec l'impossibilité de savoir, une fois pour toutes, si notre existence est mensongère ou éternelle. Cette incertitude renvoie à l'incapacité du témoin coranique à justifier la folie de la Croix.

- *Les deux faces de Dieu*

Loin de constituer un ensemble de propositions univoques sur le divin, le Coran recourt à l'analogie, crée des oxymores, et aiguise les paradoxes. Dessinant le chiasme d'une double hyperbole, il exalte, d'un même élan, la bienveillance de Dieu et son arbitraire, son ubiquité et son retrait, sa proximité imposante et son altérité irréductible aux perspectives humaines.

D'une part, le Coran nous invite à croire en la miséricorde de Dieu et en l'infaillibilité de sa force résurrectionnelle. Il nous assure que la charité excuse tout, et que la grâce divine ne manquera pas devant le mal qui déferle sur la création. Faisant valoir la possibilité de l'inouï, il embrasse de façon ostensible le parti pris de la confiance, fait de Jésus le révélateur de la pensée divine, et ravive l'espérance du salut pour tous les hommes. Hasardant d'admirables hyperboles, il exalte la générosité inépuisable de Dieu, célèbre l'élévation du Christ, et redonne force et crédibilité à l'histoire de la rédemption.

Mais, en même temps, le Coran met l'accent sur la crainte et déconstruit le discours de l'espérance. La mécréance étant massive, les croyants divisés, et la réalité sur terre plus cruelle que jamais, comment ne pas questionner les promesses évangéliques et l'efficace de la résurrection du Christ ? Inclinant au doute, le témoin coranique souligne l'arbitraire du maître des mondes, montre le gouffre de l'impardonnable où l'humanité est plongée, et met en question, sinon la capacité de Dieu, du moins son désir de relever les hommes et de les juger à la fin des temps. Il laisse finalement entendre que le fils de Marie a pu être abandonné à un supplice ignominieux.

Tout compte fait, le Coran maintient la tension entre l'absolu de l'optimisme et l'absolu du pessimisme. Son discours mêle, sans réconciliation possible, deux composantes opposées, dont l'une défend, à la lumière de l'espérance, une vision édifiante du théisme, tandis que l'autre esquisse, sur fond de désenchantement, une vision sombre qui confine à l'athéisme. Cette élaboration traduit la compréhension que le prophète arabe avait de sa situation et de son propre vécu avec Dieu.

Cependant, le Coran ne prône aucunement un agnosticisme tiède ou renonciateur. Au contraire, il entreprend de nous passionner pour Dieu, et nous incite à prendre langue avec lui, à espérer en lui et à le craindre. Mais le Coran veut que nous croyions sans nous bercer d'illusions, sans nous diminuer, sans nous abêtir. Il nous invite donc à reconnaître Dieu, non seulement dans ses attributs glorieux de justice, de charité et de beauté, mais également dans les effroyables prédicats de l'arbitraire, de la suffisance et de la colère aveugle (cf. *Le livre descendu* : t.1, pp. 209-237).

- *Une lecture ambivalente du livre de la nature*

En accord avec sa prédication contradictoire du divin, le Coran déploie une double lecture du livre de la nature, enchevêtrant deux présentations opposées, dont l'une épouse le parti pris de la grâce, et l'autre celui du scandale.

De façon positive, le Coran s'applique par diverses sortes d'inférences analogiques et de développements lyriques, à acheminer la diversité conflictuelle du monde vers l'unité d'une origine et d'un accomplissement communs. Voyant partout la même force circuler, et le même absolu parler, il imagine le monde pris dans un mouvement qui le transforme et l'accomplit. Alors, toutes les communautés vivantes qui peuplent la maison commune de la terre sont déclarées bénies de Dieu. Toutes les créatures, les anges, les bêtes, les plantes, absolument toute la création est promise à renaître pour être présentée devant le Maître des mondes.

Mais, suivant une démarche contraire, le Coran s'emploie à conjurer les nostalgies idéales et mystificatrices de l'unité. Par des retranchements critiques et apophatiques, il défait les fausses doctrines de l'identité, laisse apparaître les désaccords qui persistent au cœur du réel, et insiste sur l'emprise des lois de l'instinct et de la corruptibilité. Il donne à voir l'absurdité d'un devenir irrépressible et la perspective d'une fin sans lendemain. Ce faisant, les créatures sont rendues égales par le nivellement vers le bas : les hommes et les anges sont déclassés en êtres biologiques plus ou moins perfectionnés, et le corps formé par la communauté des croyants est dépossédé de son caractère mystique. La terre n'est plus un édifice lumineux ; c'est un temple en ruine, ou une maison dangereuse qui menace de s'écrouler sur ses habitants.

En somme, le Coran découvre un monde double, à la fois corseté de raisons et arraché à l'emprise de la raison, rempli de Dieu et déserté par Dieu, organisé et détraqué, humanisé et invinciblement avili. Cette présentation, comme nous le verrons, va de pair avec une conception aporétique de la temporalité, qui laisse le devenir suspendu entre sens et non-sens, hésitant entre la cyclicité du temps cosmique et l'accomplissement messianique.

En s'abstenant de lever l'énigme de l'existence et du divin, le Coran n'entend pas encourager la confusion et l'indécision, mais inciter l'homme à répondre devant Dieu de sa responsabilité dans l'ordre du créé (cf. *Le livre descendu* : t.3, pp. 147-176).

- *Par-delà les réductionnismes juif et chrétien*

En aiguisant une compréhension paradoxale, le Coran renvoie les Chrétiens et les Juifs de son époque dos à dos. Il reproche aux premiers de prêcher l'espérance aux dépens de la crainte, d'exalter la confiance au détriment de la loi, et d'ordonner la miséricorde au mépris des logiques de justice et d'équivalence. Pour lui, le tort de ceux qui se disent chrétiens est de se considérer déjà rachetés par la mort rédemptrice de Jésus, en s'en tenant à l'idée que l'amour est plus fort que la mort. À ceux qui judaïsent, le Coran fait le grief contraire : leur pharisaïsme juridique, leur communautarisme étriqué, leur conception exclusiviste du salut, leur culte de la loi et des principes de réalité, tout cela montre qu'ils tiennent pour acquis que la mort est plus forte que l'amour. Pour sa part, le messager arabe ne tranche pas le débat : il célèbre la toute-puissance de l'amour de Dieu, qui est capable de vaincre la mort, tout en préservant l'entière liberté de Dieu, qui peut décider d'abandonner sa créature au néant.

Au fond, le Coran reproche aux Juifs et aux Chrétiens de s'en tenir, chacun de leur côté, à une conception particulière des choses divines, de commettre la même erreur, le même vice d'association, en sacralisant des attributions arrêtées sur Dieu ou des conditions déterminées à remplir pour répondre de l'alliance avec lui. De tels procédés dénaturent grandement l'épreuve de la foi. Ils conduisent à toutes sortes de dérives et d'hypocrisies, avec pour résultat d'aggraver les oppressions, les illusions et les manques du monde ancien.

Dès lors qu'il s'oppose aux résolutions réductrices, le Coran refuse d'accoler à Jésus la qualité de fils de Dieu par nature, et d'en faire une personne divine dans le cadre d'une théologie de la trinité. Il s'emploie plutôt à détruire les raccourcis théologiques, en présentant ensemble l'affirmation selon laquelle Dieu s'est donné un fils en Jésus par qui s'ouvre le chemin de la résurrection, et la négation qui dénie à l'homme toute affiliation divine, au risque de sanctionner le non-sens de la vie. Le double discours n'annule pas la révélation du fils de Marie, ni l'éminence qui lui est accordée, mais lui donne une teneur paradoxale, celle d'être la parole de Dieu et son mystère.

En mettant en question le statut filial du Christ, le Coran nous exhorte à ne pas interrompre la réflexion, mais à approfondir l'effort de compréhension et de témoignage. Il considère qu'il serait délusoire et tout à fait présomptueux que des croyants se prétendent élus ou enfants de Dieu, s'ils ne concrétisent pas leurs possibilités réelles dans le monde en travaillant à l'édification d'une communauté humaine plurielle et fraternelle. Pour le Coran, l'élévation du Christ est le symbole d'une épreuve de délivrance que les véridiques sont appelés à reprendre et à élargir, à l'horizon d'une renaissance d'ores et déjà commencée, sans assurance possible sur l'issue dernière. C'est à la faveur d'un tel engagement que la paternité de Dieu pourrait retrouver un sens dans le cadre de son secret maintenu (cf. *Le livre descendu* : t.3, pp. 29-73).

- *La lutte nécessaire contre le mal*

Le Coran ne se contente donc pas d'énoncer une antinomie. Dans la tension maintenue entre la religion de la confiance et l'irréligion du désenchantement, il développe une troisième ligne d'interprétation, en soulignant la nécessité d'engager un combat vital contre le mal. À partir de l'épisode christique, il esquisse la forme d'un drame cosmique, dans lequel les croyants sont appelés à lutter auprès de Dieu contre les forces adverses, dans les limites de la réalité historique.

Pour quelles raisons le Créateur serait-il contraint à une telle épreuve ? Parce qu'ayant fait le choix de la création, et ayant conféré, dans un geste étonnant, une prérogative essentielle aux fils d'Adam, il voit ses projets menacés et le rayonnement de son existence terni, par la faute d'hommes ingrats et disputeurs qui restent sourds à ses appels. Affecté par le sort de sa création, et souffrant du sort qui la tourmente, il est lui-même réduit à devoir affronter des puissances contraires de corruption, au risque d'échouer. Ce drame, où tout serait en danger, y compris l'affirmation créatrice de Dieu, exige que les croyants s'investissent dans un combat vital et tragique. Jésus lui-même n'aurait fait que cela : lutter héroïquement au nom de Dieu, selon l'orientation qui lui était propre, en conformant ses pensées et ses actes jusque dans la mort.

Dans cette nouvelle perspective, l'accent est mis à la fois sur l'inégalable puissance de Dieu, en tant qu'il renouvelle le don de vie, et sur la responsabilité que l'homme est sommé d'endosser dans l'ordre de la création.

Pourtant, il ne suffit pas de solliciter l'être humain et ses efforts les plus vigoureux, pour parvenir à modifier la condition ruinée dans laquelle il se trouve. Le mur d'injustice et de colère qui le sépare de Dieu, et l'énormité du péché accumulé, ne peuvent être surmontés par la seule initiative de l'homme, ni compensés par ses sacrifices. L'ancienneté du mal, sa persistance et son excès – et on peut en dire de même pour le bien – ne sont pas commensurables à la seule créature et à ses capacités. Aussi, l'antinomie première entre le Dieu cruel et le Dieu providentiel ne peut être dépassée. D'un côté, la complicité de Dieu avec le mal reste posée. De l'autre, son pouvoir inconditionnel de régénération et de pardon demeure la seule véritable source de salut. Dans ces conditions, la troisième ligne d'interprétation, et l'avancée offensive, tragique et sacrificielle qu'elle dessine, dans la tension entre l'espérance et la crainte, ne peuvent être considérées comme un couronnement de l'alliance avec Dieu. Elles ne fournissent pas la clé d'une synthèse totalisante, mais le dernier terme d'un paradoxe désormais indépassable sur le divin (cf. *Le livre descendu* : t.1, pp. 271-303).

- *L'indénouable paradoxe*

En fin de compte, le Coran ne propose pas une compréhension simple et sans ambiguïté de Dieu. Il enchevêtre trois lignes prédicatives concurrentes, qui font de Dieu, respectivement, un souverain omnipotent et juste, un maître suffisant et cruel, et un créateur bon, mais vulnérable aux forces du chaos. La première composante reprend les présupposés du théisme ; la seconde traduit l'hypothèse de l'athéisme ; la troisième confine au dualisme. Cette élaboration paradoxale, qui structure l'ensemble de la prédication, de ses polarités, de ses histoires et de ses recommandations, est expliquée sous forme narrative dans la parabole d'Alexandre dont nous donnons l'interprétation en annexe I (cf. *Le livre descendu* : t.1, pp.272-289)[31].

Comme il est aussi expliqué en annexe, l'élaboration paradoxale du Coran implique d'articuler, sans les réconcilier, les trois façons logiquement consistantes de réduire l'aporie du mal. Cette manière de traiter le mystère d'iniquité, sans le réduire, est la seule satisfaisante d'un point de vue phénoménologique. Elle permet de préserver l'imputabilité problématique du mal, sa réalité à la fois subjective et objective, ainsi que sa force équivoque de renouvellement et d'anéantissement (et il en est de même par symétrie pour le bien). Comme le rappelle Paul Ricoeur dans ses propres travaux, « le caractère aporétique de la pensée sur le mal » est le signe d'une réflexion existentielle supérieure et plus profonde ; elle témoigne de « l'effort même de penser plus et autrement » (2010 : 56).

- *Une herméneutique du témoignage*

À partir du moment où l'ombre du mal en Dieu n'est pas résorbée, et que les attributs les plus contraires de la sagesse et de la démesure, de la miséricorde et de l'indifférence, de la puissance et de la vulnérabilité, coexistent dans l'infini divin, il devient impossible d'atteindre une vérité globalisante et définitive. À tous les niveaux, le paradoxe du divin se répercute en considérations contradictoires, sans résolution synthétique possible, interdisant à l'homme toute possibilité de totaliser le savoir et, par là-même, de s'absolutiser lui-même comme sujet connaissant. C'est ce que nous ne manquerons pas de vérifier par la suite sur tous les sujets que nous aborderons.

Mais en développant une prédication pleine de significations et de rationalités en conflit, le Coran ne sanctionne nullement l'impossibilité d'une affirmation authentique et salutaire. Si le Dieu unique demeure aux yeux du messager arabe un mystère, ce Mystère absolu n'est pas indifférent à sa création : il se communique, comme il l'a fait à son peuple et à ses messagers, et il peut vouloir se révéler à tous ceux qui le cherchent, espèrent en lui et le craignent. En cela, le messager coranique veut croire et montrer que la vérité n'est pas ineffable ou illusoire, mais inépuisable et plurielle, parce qu'elle est sans cesse donnée et réappropriée dans l'expérience de Dieu. Aussi, en aiguisant le paradoxe, le prophète arabe s'emploie à replacer les croyants dans la situation où il se trouvait lui-même : il les met devant Dieu et dans l'obligation d'assumer sous son inspiration les décisions fondamentales qui concernent l'orientation de leur vie présente et à venir.

Ainsi, tout en refusant la prétention exorbitante du savoir absolu, le Coran s'inscrit résolument dans une herméneutique du témoignage. Il s'emploie à instruire ses auditeurs sur la façon authentique de vivre la foi et de cultiver un commerce non-idolâtre avec Dieu. Puis, il les appelle à mettre leurs pas dans ceux des prophètes. De même que Muhammad a lui-même repris l'enseignement des anciens messagers, embrassé leur épreuve et renouvelé leur témoignage, ainsi, chacun est convié à reconfigurer son expérience à la lumière des Écritures, à s'arracher aux lâchetés qui l'empêchent de répondre personnellement devant Dieu, et à embrasser, moyennant des efforts parfois conséquents, l'épreuve véridique qui peut le sauver. Dans la mesure où chacun, homme et femme, a désormais vocation à marcher sur les brisées du messager arabe, en se laissant guider par l'instruction riche et pleine d'énigmes qu'il apporte, Muhammad est présenté comme le sceau des prophètes (cf. *Le livre descendu* : t.2, pp. 458-463).

Mais l'itinéraire exemplifié dans le Coran ne consiste pas à suivre un savoir directif, ni à exécuter un programme déterminé. Le croyant est appelé à assainir sa relation à Dieu, et à conquérir un horizon de salut, en s'efforçant de répondre aux demandes rivales qui découlent du paradoxe. L'engagement véridique suppose alors un cheminement effectif dans la foi, et l'épreuve de l'indécidable qui nait de la confrontation avec la transcendance. Dans ce cadre, le secret de Dieu n'est maintenu que pour mieux solliciter l'homme comme sujet d'une affirmation responsable devant lui.

Or, c'est précisément dans la manière dont l'homme est mobilisé, dans la façon dont il se comprend et conçoit sa responsabilité – questions cruciales dans la perspective de la transition écologique que nous étudions – qu'une différence marquée va apparaître entre l'univers coranique et le christianisme officiel. Au fur et à mesure de nos investigations, nous verrons que la conception chrétienne du divin induit un ensemble de biais préjudiciables au développement d'une véritable responsabilité écologique, alors que la figure coranique de Dieu se découvre parfaitement proportionnée à cet effet.

- *La conquête d'un monde réconcilié et pluriel*

Avant de nous lancer dans une analyse détaillée, il peut être utile d'indiquer de façon succincte ce que la prédication coranique vise à atteindre en fin de compte. Si, de façon négative, l'épreuve du paradoxe auquel le Coran soumet les croyants tend à obscurcir l'intelligence des choses de Dieu, et risque de plonger la pensée en quête de sens dans un labyrinthe d'incertitudes et d'idées contradictoires, positivement, cette épreuve produit un ravage salutaire : elle force le croyant à élargir son regard, à se défaire de ses préventions, à lâcher ses certitudes consolatrices, comme à vaincre toutes sortes de conceptions respectées et aimées et, ainsi, à déjouer les mille et un stratagèmes de son orgueil et de sa mauvaise foi. L'épreuve du paradoxe ne délivre Dieu de ses associés que pour mieux solliciter l'activité la plus profonde du fidèle, en la surchargeant d'impératifs matériels et moraux[32]. Ainsi, l'approfondissement devant Dieu, s'il est sincère et fidèle à l'enseignement coranique, coïncide, tout à la fois, avec un redressement de la volonté, un éveil de l'intelligence, un accroissement de la charité, un parrainage de l'unité plurielle, et une incitation à l'engagement singulier.

J'ai montré dans mon essai d'exégèse, *Le livre descendu*, que l'islam coranique conspire à des itinéraires de foi pluriels et potentiellement divergents, mais qui ont cependant un point commun. Ceux qui répondent de l'appel coranique en se plaçant sur le terrain de la responsabilité devant Dieu sont entraînés sur les voies de la justice, de la liberté et de l'amour. À la faveur de ce dépassement existentiel, ils parviennent à donner forme à leurs possibilités propres et héroïques en conspirant à plus d'intégrité et de cohésion humaines.

Ainsi apparaît un lien entre la foi au vrai Dieu de l'Écriture, la réalisation de potentialités humaines plus hautes, et la conduite d'une existence authentiquement responsable. Ce lien signifie, en sens inverse, que la défection de l'homme contemporain face aux périls auxquels il est confronté mesure autant la distance qu'il a prise par rapport au vrai Dieu que l'écart qui le sépare de ses possibilités propres les plus solennelles.

- IV -

Les exigences de la transition écologique

Dans le premier volet de notre étude, nous avons établi une sorte de cahier des charges auquel l'idée de Dieu devrait répondre pour être en phase avec les défis de l'anthropocène et être considérée comme salutaire. Nous avons formulé sept exigences ayant pour thème (1) l'engagement, (2) les valeurs, (3) la volonté de puissance, (4) la liberté, (5) le rapport à l'animal, (6) la différence sexuelle et (7) l'épreuve de la violence. À ces exigences, s'ajoute une condition cadre : la relation à Dieu doit ouvrir à des visions contradictoires du monde (typiquement, à celles rivales du dualisme anthropocentrique, du monisme de la Nature et du matérialisme du milieu) et permettre leur dialectisation dans une expérience effective de lutte et de transformation.

Nous allons à présent reprendre ces critères un par un, et évaluer les positions chrétienne et coranique à leur aune. Nous verrons que le christianisme latin, tel qu'il est présenté dans l'encyclique *Laudato si'*, ne satisfait pas pleinement aux critères énoncés. Il échoue en raison de l'identification réductrice qu'il opère entre Dieu et la figure du Père bon et tout-puissant. En revanche, l'instruction coranique – qui préserve le mystère de Dieu en retrempant sans cesse l'idéal christique au feu des objections contraires – répond aux critères fixés, et s'avère propice au développement d'une véritable responsabilité écologique et sociale.

(1) L'engagement

La première condition que l'idée salutaire de Dieu doit satisfaire est d'inspirer des engagements tournés vers le monde et soucieux de l'avenir, qui ne relativiseraient pas la gravité de la catastrophe en cours, mais persévéreraient dans la réforme, en dépit de toutes les épreuves.

Le christianisme et les doctrines du mépris du monde

Comme nous l'avons souligné dans notre premier volume, le monothéisme traditionnel est impropre à servir la cause écologique parce qu'il situe le salut hors du monde et marque une opposition entre Dieu et les réalités terrestres. En consacrant un avenir eschatologique radieux, il déporte l'attention, le désir et l'ascèse des croyants hors du monde présent.

Jan Assmann (2007) situe l'origine de ce problème dans de ce qu'il appelle la « rupture mosaïque ». Il remarque que la figure biblique de Moïse combine deux personnages contrastés, « Moïse l'Égyptien », adepte du cosmo-théisme[33], et « Moïse l'Hébreu », partisan d'un monothéisme exclusif. Avec la sortie d'Égypte (pays qui symbolise l'idolâtrie du monde), le second Moïse s'affirme au détriment du premier : Israël se détache des cultes anciens et s'ouvre à la réalité exclusive du Dieu extra-mondain. « La sortie d'Égypte, explique Assmann, est l'acte fondateur d'une religion qui renonce à une patrie mondaine pour être proche de Dieu ». Cette religion, parce qu'elle exclut toutes les divinités au profit d'un Dieu unique, qui se tient à l'écart du monde, suscite le mépris envers les réalités terrestres : elle véhicule l'idée que, pour être proche de Dieu, il faut quitter le monde[34]. De plus, elle tend à produire de la violence, puisqu'elle commande de détruire les faux dieux et de convertir l'humanité au Vrai (Assmann, 2001).

Le Pape François aspire à affranchir le christianisme des doctrines du monothéisme exclusif dénoncées par Assmann. Comme nous l'avons rappelé, il entreprend, dans sa lettre encyclique, de réhabiliter la nature, la matière et le monde présent. Il insiste sur l'immanence de Dieu en toutes choses, et magnifie l'action continue que l'Esprit Saint exerce secrètement sur l'ensemble de la réalité naturelle. Il précise également le sens de la vocation de l'homme, qui est d'être un instrument de rédemption, et exhorte chacun à contribuer, selon ses capacités et sa situation, à la restauration de l'harmonie universelle dans le monde.

Le véritable Chrétien ne se désintéresse donc pas des réalités terrestres. Toujours au service de sa vocation, il s'investit dans le monde auquel il appartient, et œuvre pour y manifester l'amour de Dieu, en continuant ce que le Christ a commencé. Pour autant, le Chrétien ne s'installe pas dans le monde, ne souscrit pas à ses critères et ne se satisfait pas de ses gloires. Comme l'explique Benoît XVI (2014), il doit « toujours de nouveau faire l'effort de se détacher de sa "mondanité" pour s'ouvrir à Dieu », il doit prendre continuellement distance de son milieu, « se "dé-mondaniser" pour ainsi dire », pour correspondre à sa véritable tâche, et se conformer à l'idéal que le Christ lui propose. Mais « ceci ne signifie pas se retirer du monde », ajoute Benoît XVI. « Bien au contraire », si le croyant doit se dépouiller des fardeaux de la terre et de ses privilèges, c'est pour mieux œuvrer dans son environnement et servir son prochain.

Par conséquent, le christianisme ne rejette pas le monde, ni la nécessité de s'y impliquer. Il refuse simplement une certaine relation d'intérêt et de complaisance avec lui. La démondanisation qu'il suppose n'est que le premier temps d'une démarche qui doit conduire le croyant à s'ouvrir à la parole de Dieu et à s'investir dans son environnement. Autrement dit, le christianisme ne se résume pas à la rupture mosaïque théorisée par Assmann : dans la perspective chrétienne, Moïse l'Égyptien et Moïse l'Hébreu représentent deux facettes d'une même personnalité intégrative, celle du fidèle qui vit et agit dans le monde pour témoigner de l'autre monde en suivant les pas du Christ.

Le christianisme aurait-il ainsi rompu avec les doctrines du mépris du monde qui ont marqué son histoire ? Offrirait-il un cadre de référence pertinent pour la transformation radicale de nos sociétés ?

Il ne fait pas de doute que l'idéal évangélique promu par l'Église catholique puisse être fructueux d'un point de vue écologique et social. Travailler à transfigurer le monde par l'amour ne peut que le rendre plus juste et plus durable[35]. Cependant, les clôtures doctrinales du christianisme officiel – et notamment la façon dont il traduit l'amour victorieux du Christ en un savoir absolu – ont pour effet de dénaturer l'expérience de la foi et empêchent l'engagement du croyant de porter les fruits escomptés.

Ainsi, le Pape François nous invite à considérer la filialité divine de Jésus comme un fait avéré, et à y croire sans contredit ni réserve. Il affirme sur le ton du savoir dogmatique, et non comme une prière ou comme une espérance, que Jésus a déjà racheté notre infidélité, nos lâchetés et nos échecs (*LS* 100), que Marie prend soin de notre monde blessé avec affection et douleur maternelles (*LS* 241), que l'Esprit de vie est intimement présent au cœur de l'Univers et le dirige vers une finalité glorieuse (*LS* 238), enfin que notre Père céleste étendra sa rédemption à l'ensemble de la création (*LS* 243). L'enthousiasme religieux du Pape est certainement bénéfique dans le contexte actuel marqué par le pessimisme profond et une anxiété environnementale grandissante. Mais en mettant l'accent sur l'action salvatrice de la trinité dans le monde, en accordant une assise ontologique aux valeurs de fraternité et d'amour, et en proclamant la certitude du salut eschatologique, le christianisme ne risque-t-il pas d'alimenter secrètement les alibis de la défection, voire d'encourager un optimisme nuisible à l'investissement résolu que réclame la situation de notre monde ? Celui qui ne doute pas des articles de la foi en Christ Dieu serait-il vraiment enclin à assumer des choix de rupture et à œuvrer à des transformations radicales, en pensant que son combat engage son propre salut et celui des autres ?

Que dire des déclarations qui nous assurent que les désastres sociaux et écologiques auxquels nous contribuons ne sont qu'une étape dramatique vers la félicité éternelle (*LS* 66, 80) ? Que penser des proclamations qui nous certifient que la violence, l'iniquité et la mort corporelle – dont l'humanité aurait été préservée si elle n'avait pas péché – seront un jour vaincues, lorsque le salut, perdu par la faute de l'homme, lui sera rendu par son Dieu tout-puissant et miséricordieux (*LS* 243-244), mieux encore, que cette victoire a déjà été acquise par le Christ qui, en ressuscitant, a libéré l'homme de la mort par sa propre mort (*LS* 83, 221) ?

Quoiqu'on en dise, le déjà-donné de la filiation divine, et l'assurance du salut eschatologique, dévaluent l'ici-bas, soulagent l'appréhension face au désastre en cours, atténuent le sens de la gravité des offenses commises envers la terre, et mitigent la nécessité tragique de l'engagement.

Mais il y a davantage. Lorsque les croyants – et ils sont nombreux – s'engagent au service des pauvres et de la nature en voulant « collaborer en quelque manière avec le Fils de Dieu à la Rédemption » (*LS* 98), lorsque ces croyants, poussés par le désir de gratitude ou le sens de la culpabilité, luttent pacifiquement pour un monde fraternel et durable, que pensent-ils et que font-ils face à l'indifférence commune, à l'impénitence des criminels et aux scandales d'iniquité qui éclatent de toutes parts ? Ne voient-ils pas resurgir une opposition essentielle entre le Dieu de charité auquel ils croient, et le monde désespérément déchu qui le rejette ? Ne perçoivent-ils pas une contradiction irréductible entre les réussites du monde, ses critères et ses jeux politiques, d'une part, et leur Dieu, le commandement de l'amour et la pureté de cœur, d'autre part ? Alors de deux choses l'une : soit ils se résignent à la fatalité de la déchéance dans l'attente de la rédemption promise, soit, désireux de persévérer dans la voie du témoignage christique, ils arpenteront un chemin d'abnégation et de sacrifice, sur fond de rejet plus ou moins vindicatif du monde, en reconduisant le schéma fondamental de la rupture mosaïque.

Ainsi, non seulement le christianisme porte les croyants à relativiser la nécessité d'un engagement vital en raison de l'assurance de rédemption qu'il leur apporte, mais il tend aussi à favoriser les sentiments de désaffection pour le monde, à cause de l'opposition tranchée qu'il maintient entre Dieu et le mal qui règne ici-bas. Nonobstant ses efforts, le christianisme peine à intégrer les principes du cosmo-théisme et à se défaire du dualisme malsain dans lequel il a longtemps puisé. Tout compte fait, il ne répond pas au premier critère que nous cherchons à évaluer.

L'instruction coranique et l'impératif de l'engagement dans le monde

Pour devenir une véritable force de changement, le christianisme aurait besoin d'intégrer à son arsenal éthique les moyens et les vertus du cosmo-théisme. Il devrait pouvoir inciter ses fidèles à appréhender la réalité avec plus de clarté, à embrasser le monde avec plus de ferveur, et à affronter les vicissitudes de la vie présente avec plus de passion. Mais pour cela, il lui manque le pessimisme radical de l'incroyance ; il lui manque la crainte du désastre sans retour, de la damnation sans recours, de l'apocalypse sans royaume[36]. En comparaison, l'athéisme peut sembler une meilleure option, puisqu'il aiguise notre sens de la finitude et du réel mondain. Toutefois, nous savons que l'athéisme présente aussi de redoutables écueils : il conforte l'indifférentisme repu de la société de consommation, et se montre incapable de stimuler l'esprit d'espérance et de charité nécessaire au développement d'une véritable responsabilité. Sur ce dernier point, le christianisme peut se prévaloir de quelques avantages, puisqu'il condamne le narcissisme, fustige le divertissement dans le monde et prône la fraternité universelle.

En somme, et comme nous l'avons déjà établi, si l'on veut parvenir à une position de principe qui soit en phase avec les défis de notre temps, il faut mettre en tension les considérations opposées de l'espérance et du désenchantement. Et c'est précisément ce que fait le Coran.

- *Une intelligence aporétique de la temporalité*

En cohérence avec sa prédication ambivalente du divin, le Coran propose une compréhension aporétique du temps et du rapport au monde. D'une part, suivant l'impulsion de l'espérance, et conformément aux présupposés du Dieu juste, il cautionne la perspective d'un monde sorti du néant et voué à y replonger pour que s'ouvre l'horizon d'une éternité eschatologique. De l'autre, suivant l'inclination de la crainte, et en accord avec l'idée du Dieu arbitraire, il s'associe à la vision d'un monde démythologisé et en perpétuelle mutation.

Selon la première représentation, il est dit que le créé est tiré du néant par la volonté créatrice de Dieu, et qu'il évolue depuis lors, à travers un devenir réglé par ses desseins, vers une fin ultime. Les événements primordiaux – la genèse, l'apocalypse, le jugement dernier, l'enfer et le paradis – encadrent l'histoire humaine ; le temps du monde s'oppose à l'éternité de Dieu. Dans cette perspective, le croyant est appelé à rompre avec son environnement et à se tourner vers le monde à venir. Il est, pour ainsi dire, exhorté à se démondaniser et à prendre le chemin de la sortie d'Égypte.

Mais dans la logique de la seconde relation, les fragments coraniques consacré à l'origine et à la fin ne racontent plus les péripéties qui se déroulent en amont et en aval du temps du monde : ils offrent, sous forme symbolique, l'intelligibilité de l'histoire humaine et en retracent la trame sous-jacente. La genèse et l'apocalypse figurent les points de rupture de la dialectique brisée du devenir, tandis que le paradis et l'enfer décrivent les conditions de vie contrastées dévolues aux hommes ici-bas. Si l'on s'en tient à cette lecture, le devenir ne s'accorde plus avec une série temporelle linéaire, mais avec une cyclicité de créations et de recréations. Il n'y a plus de commencement absolu, ni de fin ultime, mais une évolution potentiellement infinie où, loin de s'opposer, le temps du monde et l'éternité se confondent. Dans cette perspective, le croyant est tenu de rester fidèle à la terre, aux lois de la nature et aux conventions du monde ; il doit inscrire son existence dans le cosmos et développer sa manière propre d'habiter le monde. Il doit se séculariser et s'épanouir en terre d'Égypte.

Les visions rivales, dont chacune complète puis offusque l'autre, ne sont pas présentées en juxtaposition dans le Coran. Elles sont cousues ensemble, tissées l'une dans l'autre, et rapportées dans un propos à double entente. Cette composition, qui redouble sans cesse l'optimisme radical et le pessimisme foncier l'un par l'autre, n'a rien d'artificiel. Elle exprime la respiration existentielle du témoin coranique dans toute sa complexité (cf. *Le livre descendu* : t.1, pp.99-169).

Dans le Coran, l'idée de création demeure elle aussi en suspens entre deux visions contrastées, dont l'une s'accorde avec le présupposé créationniste, et l'autre avec la vision d'un univers incréé en perpétuelle recréation. D'une part, Dieu s'impose en Créateur transcendant : il instaure d'un seul coup le monde et confère à la nature humaine une unité substantielle. D'autre part, cependant, Dieu se révèle un démiurge immanent, forgeant sans discontinuer un monde en perpétuelle évolution, où les cultures, les générations, et même les individus, relèvent d'instaurations entre lesquelles il n'y a pas forcément de commune mesure. La première représentation insiste sur la souveraineté créatrice de Dieu, défend son extériorité par rapport à l'univers et affirme sa liberté contre la permanence du créé, tandis que la seconde souligne le caractère continué de l'acte de création et sa fonction ordonnatrice, en marquant l'opposition entre Dieu et le monde chaotique. Si l'on s'en tient à la première perspective, l'ensemble de la prédication coranique pourrait être ramenée sous un intitulé théiste. Si l'on ne retient que la seconde, on parviendrait à une forme d'immanentisme, dont les ultimes conséquences seraient de nier Dieu.

À tout le moins, le propos coranique a pour conséquence de révoquer le déjà-donné du redressement eschatologique, en laissant le devenir en suspens entre sens et non-sens, entre l'accomplissement messianique et la cyclicité du temps cosmique. Positivement, le Coran suggère que la création originelle a pu être laissée en souffrance, comme en attente d'une confirmation immanente, que le devenir de la création n'a pas été définitivement ordonné et programmé dès les premiers instants, mais laissé ouvert en sollicitant la participation pleine et effective de l'homme (cf. *Le livre descendu* : t.1, pp.111-116).

Dès lors, le monde à venir devient à la fois une tâche à entreprendre ici-bas et une attente – sans garantie ultime – pour l'au-delà[37]. La résurrection est une promesse qui vaut autant pour le présent que pour l'au-delà du temps. Aussi, le Coran nous la montre se profilant dans la continuelle revitalisation de la nature, dans la transformation des sociétés, dans le renouvellement des mondes, dans chaque revigoration de l'âme et du corps. La résurrection a déjà eu lieu, elle est en train de se produire, et elle reste pour chaque croyant l'espérance d'une seconde naissance après la mort (cf. *Le livre descendu* : t.1, pp.164-169).

- *L'engagement à l'épreuve du paradoxe*

L'ambivalence du discours coranique a également pour effet d'induire des demandes éthiques contradictoires. D'une part, le Coran interdit aux hommes de mépriser le monde présent, ou de le fuir, sous prétexte qu'il y en aurait un autre « après ». D'autre part, il leur interdit de s'y résigner comme s'il était le commencement et la fin de toutes choses. Les croyants sont exhortés, tout à la fois, à s'insérer dans leur contexte et à rompre avec leur environnement déchu, à consentir à l'ici-bas et à mettre le cap vers l'au-delà. Il ne leur est laissé qu'une seule possibilité : articuler, comme Moïse l'a fait en son temps, et comme Muhammad l'aura entrepris à sa suite, le cosmo-théisme et le monothéisme, les exigences du monde présent et celles du monde à venir, dans une affirmation qui donnerait visibilité, ici et maintenant, aux promesses de l'éternité (cf. *Le livre descendu* : t.2, pp.138-144)[38].

Ainsi, sans cesser de mettre en présence les considérations contraires, le Coran appelle les hommes à avancer sur le chemin de la résurrection, mais selon l'idée qu'il n'y a pas de royaume de Dieu qui ne passe par cette terre, que la résurrection annoncée par Jésus n'a de sens que si elle commence à être vécue ici et maintenant, comme ouverture et préparation de ce qui pourrait venir par la suite. Le monde présent n'est plus alors un simple seuil de passage vers la plénitude de l'émerveillement auprès de Dieu ; il devient le champ grandiose et douloureux où se joue et se construit l'être éternel de chacun, en lien étroit avec le salut et le bonheur du cosmos tout entier.

Dans ces conditions, le croyant ne fuirait plus en-deçà de sa responsabilité. Confronté à la catastrophe, il n'en minimiserait pas la menace ; il lutterait contre elle, en dépit de toutes les épreuves, comme si elle était « le seuil positif entre [sa] finitude assumée et [son] désir et [sa] capacité d'infini » (pour reprendre l'expression de Frédéric Worms que nous avons citée dans notre premier volume). Un tel engagement, comme nous allons progressivement le montrer, serait soucieux de soi, des autres et de la création dans son ensemble ; il serait pleinement responsable, sur le plan écologique et social, au sens que nous avons donné à ce terme.

(2) Les valeurs

La seconde condition que doit remplir la relation à Dieu pour être considérée comme salutaire, au regard des défis qui se posent à notre monde, est de cautionner l'égale importance des valeurs matérielles et spirituelles, en suscitant leur dialectisation. L'objectif est de donner aux valeurs morales de la sobriété, de la solidarité, et de la gratuité, un poids comparable aux principes actuellement dominants de l'utilitarisme et de l'individualisme, afin de pouvoir réintégrer les dynamiques techno-économiques dans des considérations sociales et écologiques plus larges.

En simplifiant quelque peu, on pourrait établir une opposition entre le capitalisme libéral et les valeurs matérielles qu'il promeut, d'une part, et la religion morale et les valeurs spirituelles qu'elle prône, d'autre part. De fait, le capitalisme fait corps avec les principes matériels de l'utilité, de l'efficacité et de la satisfaction des besoins, et privilégie la logique de l'équivalence propre à l'échange, tandis que la religion morale exalte les vertus de la fraternité, de la sobriété et de la gratuité, donnant l'avantage à la logique du don et de la confiance. « D'un côté, le libre jeu des intérêts et du calcul égoïste propres au marché et à l'homo œconomicus ; de l'autre, l'exhortation morale à l'altruisme et au don pur et désintéressé » (Caillé et Insel, 2000). Au cœur de cette opposition se trouve l'antinomie théologique entre l'intérêt et le don, entre le travail et la grâce.

Nous allons montrer que le christianisme, en restant attaché à l'idée du Dieu paternel, prodigue et miséricordieux, est amené à promouvoir une théologie de l'esprit fondée sur la grâce et le don, et qu'il dévalue par conséquent les critères matériels, l'efficace du travail et la logique de l'intérêt. A fortiori, il ne parvient pas à surmonter le différend entre science économique et morale religieuse, ni à faire confluer les deux pôles de valeurs. En revanche, la prédication coranique, en appliquant au divin des attributs contraires, réussit à valoriser de manière égale les points de vue de l'esprit et de la matière, de la grâce et de l'agir, du don et de l'intérêt, de l'éthique et de l'économique. Elle offre un cadre propice à des ascèses pro-mondaines qui seraient à la hauteur des défis de notre temps.

L'incapacité du christianisme à intégrer le point de vue matériel

La pensée chrétienne a longtemps été sous l'emprise de préjugés dualistes hostiles au corps, à la matière et à la nature : « Ces dualismes malsains, écrit François dans son encyclique, en sont arrivés à avoir une influence importante chez certains penseurs chrétiens au long de l'histoire, et ont défiguré l'Évangile » (*LS* 98).

S'élevant contre les idéologies dualistes et contemptrices du corps, François appelle à une réconciliation de la pensée chrétienne avec la naturalité. Il estime que « le christianisme ne refuse pas la matière, la corporéité ». Jésus, « fait corps pour le salut du monde » (*LS* 235), « était loin des philosophies qui dépréciaient le corps, la matière et les choses de ce monde » (*LS* 98). Aussi, souligne le Pape, « la spiritualité », lorsqu'elle est bien comprise, « n'est déconnectée ni de notre propre corps, ni de la nature, ni des réalités de ce monde ; [elle] se vit plutôt avec celles-ci et en elles, en communion avec tout ce qui nous entoure » (*LS* 216). Et il ajoute : « Il faut reconnaître que notre propre corps nous met en relation directe avec l'environnement et avec les autres êtres vivants. L'acceptation de son propre corps comme don de Dieu est nécessaire pour accueillir et pour accepter le monde tout entier comme don du Père et maison commune ; tandis qu'une logique de domination sur son propre corps devient une logique, parfois subtile, de domination sur la création » (*LS* 155). Le Pape reconnaît ainsi que la volonté de domination sur la nature, qui est source de ruine environnementale, est liée à un ascétisme d'inspiration spirituelle qui assimile le corps et ses passions au mal, et commande leur répression.

Bien que ces clarifications soient bienvenues, on ne peut pas dire que le christianisme ait définitivement rompu avec le cadre dualiste traditionnel. En réalité, il continue de valoriser l'esprit au détriment de la matière, et il maintient l'idéal d'humanité dans une forme de victoire contre les servitudes de la chair, les attraits de la terre et l'animalité en nous. Ainsi, les puissances de la passion, les forces instinctuelles, les pressions de l'inconscient, les puissances du corps, les expédients de la violence, tout ce qui est usuellement associé à la naturalité ou à l'animalité en l'homme, continuent d'être connotés négativement par le christianisme et associés à l'égarement et au péché.

L'influence déterminante du préjugé spirituel est perceptible dans plusieurs principes fondamentaux de la doctrine chrétienne : dans le commandement exclusif de l'amour oblatif, qui suppose le détachement des vanités du monde et des biens temporels ; dans l'idéal de chasteté donné par Marie, qui associe la virginité à la disponibilité à Dieu ; dans l'idée que la conscience, lorsqu'elle se libère de l'emprise des passions et des forces aveugles de l'inconscient, devient une instance de vérité et un lieu de révélation divine ; ou encore dans la croyance en l'immortalité de l'âme et au caractère lumineux de la fête céleste promise aux fidèles pour la fin des temps[39]. Cet ensemble de convictions demeurent sans contradiction possible dans la pensée chrétienne, dans la mesure où l'idée du Père spirituel, aimant et salvateur, est divinisée.

Toutefois, il serait inapproprié de promouvoir une vision symétriquement opposée au spiritualisme, en faisant l'apologie de la naturalité, en donnant l'ascendant à la matérialité, ou en considérant l'animalité comme une innocence plus originelle ou plus pure. Il serait aussi malavisé de relativiser l'importance de la discipline spirituelle : la domination de soi, l'effort de maîtrise des passions, la résistance aux poussées instinctives, l'arrachement aux puissances de l'inconscient, restent essentiels à l'édification de l'homme et de la société. L'approche souhaitable serait de reconduire les principes spirituels du christianisme, en les redoublant par l'affirmation des principes concurrents du matérialisme. Cela rendrait possible une discipline de relèvement intégral, qui échapperait aux pièges de l'unilatéralisme et du dualisme – une discipline qui chercherait à contenir les énergies instinctuelles et pulsionnelles, libidinales ou agressives, pour les relier à des considérations éthiques, et les mettre au service de la conquête d'une vie plus épanouie et plus substantielle. Nous verrons que c'est précisément ce que le Coran cherche à faire, en prêchant une foi exempte d'idolâtrie.

- *L'économie chrétienne de la grâce et du don*

La primauté accordée par le christianisme à l'esprit sur la matière va de pair avec une théologie de la gratuité et de la grâce. L'événement christique dessine, en effet, ce qui apparaît dans le christianisme comme « un échange vraiment inégal » entre Dieu et les hommes : le premier acceptant de prendre sur lui les péchés des seconds et leur donnant sa gloire en partage (Benoît XVI, 2014). Mais l'homme peut-il présenter à Dieu autre chose que ses offenses et son impiété ? Peut-il ajouter quelque chose de positif au don de la transcendance ?

On le sait, les Églises réformées répondent par la négative. À travers la doctrine de la prédestination, elles soutiennent que Dieu est le seul pourvoyeur du don, et que sa grâce est pleinement suffisante. L'homme est jugé incapable de donner la réplique à l'action dispensatrice de Dieu ; il ne peut que recevoir, dans la foi, la faveur qui lui est dévolue, et honorer le Créateur par son travail. Ainsi, comme Max Weber l'a souligné, la position doctrinale du protestantisme, en ramenant tout le don du côté de Dieu, et en appelant l'homme à lui rendre grâce par l'exercice de sa profession mondaine, s'est trouvée en adéquation avec l'esprit du capitalisme : « En renforçant l'expression de la transcendance divine », la théologie réformée de la grâce et de la prédestination « aboutit au paradoxe d'un autre renforcement : celui de l'éthique des affaires et de l'investissement des forces humaines dans la vie professionnelle » (Hénaff, 2000).

Le catholicisme apporte une réponse différente. Il affirme que la toute-puissance de Dieu laisse une place à l'autonomie de ses créatures et garantit leur capacité à contribuer à l'œuvre du salut. Ainsi, François considère que l'être humain a vocation à collaborer à la rédemption par son travail en union avec le Christ (*LS* 98)[40], en s'évertuant, au mépris de l'intérêt et du profit, selon l'idéal de la communion fraternelle. Puisque tout est donné (*LS* 115, 159…), que tout est lié (*LS* 16, 70…) et que tout est fragile (*LS* 56, 78…), les Chrétiens sont tenus de valoriser « le lien plutôt que la réussite individuelle », « la gratuité plutôt que l'échange marchand », et « la fragilité plutôt que la solidité ». Ces « trois principes » constituent, selon Elena Lasida (2018), les fondements de l'écologie intégrale de *Laudato si'*, « les pivots autour desquels se tisse le vivre ensemble » prôné par le Pape.

Le catholicisme préconise donc, sinon de remplacer, du moins d'excéder les lois individualistes des sociétés contemporaines par les logiques de l'interdépendance, de la gratuité et de la fragilité. Certes, l'éthique catholique ne commande pas de renoncer à la satisfaction individuelle, à la propriété des biens et à la sécurité des acquis, mais plutôt de privilégier l'intérêt des autres, l'économie mutualisée et la déprise qui permettent d'accueillir le radicalement nouveau.

Toutefois, à partir du moment où le chemin à parcourir est celui du Christ crucifié et ressuscité, le croyant devra forcément s'inscrire dans une démarche de plus en plus radicale de pureté et de don inconditionnel. Il devra apprendre à choisir la gratuité au lieu de l'intérêt, le partage plutôt que la propriété, la grâce de préférence à la maîtrise, et la morale de l'évangile au détriment de l'économique. « De toute façon, précise le Pape, il faudra inviter les croyants à être cohérents avec leur propre foi » et les inciter à reprendre « le cap » donné par « la cohabitation, le sacrifice, la bonté » (*LS* 200) : il faut « passer de la consommation au sacrifice, de l'avidité à la générosité », « passer progressivement de ce que je veux à ce dont le monde de Dieu a besoin » (*LS* 9).

En somme, conclut le Pape, « la conversion écologique » consiste à « conduire le croyant à développer sa créativité et son enthousiasme pour affronter les drames du monde en s'offrant à Dieu "comme un sacrifice vivant, saint et agréable" » (*LS* 220). Au fond, il s'agit de vivre suivant la logique de la charité à laquelle Jésus a consenti, et de « tout donner » en comptant sur « les forces et la lumière » que Dieu nous offre « pour aller de l'avant » (*LS* 245). Pour le christianisme, seuls l'amour acosmique, la générosité surabondante, la dépense désintéressée, et le refus de restreindre la logique du don, peuvent imiter le don gratuit de Dieu et répondre au sacrifice de son Fils.

- *Les limites de la théologie du don*

Le catholicisme ne sanctionne pas le divorce entre l'éthique et l'économique, comme peuvent le faire l'idéologie capitaliste ou la théologie protestante. Il enjoint de subordonner l'utilitaire au don, de soumettre le rapport marchand à la logique de la générosité, et d'assujettir tout ce qui est conçu comme économie à l'ordre de la grâce[41]. Il prêche une éthique de la fraternité, dont l'expression aboutie se trouve dans la pratique du don de soi, et entend régir les relations sociales selon les normes de cette éthique.

Pour nous, point n'est question de relativiser l'importance de ces orientations. N'oublions pas que les valeurs de la sobriété, de l'altruisme et de l'abnégation sont indispensables à l'instauration de sociétés d'abondance frugale et solidaire. Mais en mettant l'accent de façon unilatérale sur les logiques de la grâce et du don, le christianisme est conduit à déprécier les stratégies de l'intérêt personnel, les pratiques de l'équivalence et l'ordre du contrat, entrant ainsi en conflit profond avec le mouvement propre du développement économique. En donnant l'avantage à la solidarité sur l'utilité, à la sobriété au détriment de la prospérité, à l'altruisme aux dépens de l'égoïsme, le christianisme tend à porter un regard toujours plus négatif sur la propriété, le marché, la technique instrumentale, la modernité, et tout ce qui prend appui sur l'individu et ses désirs matériels[42]. Ce faisant, il commet les mêmes erreurs, et rencontre les mêmes écueils, que ceux que nous avons dénoncés en critiquant, dans le premier volet de notre étude, les chantres de l'antiproductivisme, de l'anticapitalisme ou de l'anti-égoïsme.

Au fond, la théologie chrétienne propose une ordonnance inverse de celle du capitalisme, en restant largement tributaire du même dualisme figé entre l'esprit et la matière. A fortiori, elle ne parvient pas à assurer pleinement l'imbrication des sphères rivales de la charité et de l'intérêt, de la grâce et du travail, qu'exige la juste approche des défis écologiques. Le christianisme officiel ne satisfait donc pas au critère que nous cherchons à évaluer.

L'instruction coranique, à la confluence du spiritualisme et du matérialisme

Adopter une juste position de principe, qui soit cohérente avec l'affirmation d'une véritable responsabilité écologique, suppose de se démarquer de l'exclusivisme axiologique dans lequel tendent à s'installer aussi bien les traditions chrétiennes que l'athéisme moderne. Cela ne signifie pas défendre une compréhension abâtardie de la relation entre esprit et matière, ni de proposer une conciliation artificielle entre bénédiction et travail, ni de prôner une sagesse d'équilibre entre générosité et égoïsme. La solution consiste à faire valoir la double nécessité des valeurs matérielles et des valeurs spirituelles, de l'agir et de la grâce, de l'économique et du don, de manière à marquer l'insuffisance des logiques unilatérales et à favoriser leur dialectisation. Il s'agit de confronter l'individualisme méthodologique et l'altruisme méthodologique, dans leur forme radicale, pour en faire les fonctions constitutives et mutuellement exclusives d'un engagement à la fois productif et libérateur. Cet engagement se situerait alors à la confluence de la gratuité et de l'échange, de la grâce et de l'agir, du salut par la foi et de la justification par les œuvres. Une telle composition ne peut être élaborée sur le seul plan formel, sous peine de rester théorique ou de se traduire dans les faits par toutes sortes de compromis. En revanche, elle peut être produite dans le cadre d'une relation à Dieu qui cautionnerait les logiques opposées, et qui exigerait leur imbrication nécessaire dans un effort de reconquête de l'intégrité.

C'est précisément ce que parvient à faire le Coran. Pour le démontrer, nous allons expliquer successivement la façon dont la prédication coranique conçoit l'intériorité, articule le rapport entre le savoir et la passion, intègre dans ses recommandations les demandes rivales de l'esprit et de la nature, et noue un lien paradoxal entre la grâce et l'agir.

Pour étayer son instruction, le Coran va naturellement contester les articles de doctrine dont nous avons vu qu'ils sont emblématiques de l'orientation spiritualiste du christianisme : l'idéal de l'amour oblatif, le détachement des vanités du monde, le lien entre chasteté et disponibilité à Dieu, l'idée que la conscience libérée de l'emprise des passions devient un lieu de révélation salutaire, enfin, la croyance en l'immortalité de l'âme et son union mystique avec Dieu à la fin des temps, tous ces éléments sont remis en question dans le Coran, étant à la fois affirmés et réfutés.

- *Un double regard sur l'intériorité*

Le Coran met en avant deux principes pour penser l'intériorité humaine : l'âme (*nafs*) et le cœur (*qalb*). L'activité psychologique et physiologique de l'homme est rattachée à l'âme quand elle est considérée du point de vue d'une conscience intérieure à soi, et au cœur quand elle est envisagée du point de vue des organes. Cette dualité renvoie directement à la polarité esprit-matière.

L'idée de l'âme s'accorde aux opérations de l'esprit et aux récits de la transcendance. Elle se prête au postulat du libre arbitre, en donnant une assise à la faculté de l'individu de produire librement son existence et de conserver, tout au long de celle-ci, les marques distinctives de son ipséité. Elle offre en même temps une représentation à même de porter l'identité du moi et la continuité de sa destinée par-delà les événements de rupture et les ténèbres de la mort. Sur le plan pratique, le parti pris de l'âme a tendance à énoncer ses valeurs contre le corps, en faisant valoir une morale idéaliste.

En contraste, la notion de cœur présente des affinités avec les présupposés de l'immanence et les nécessités de la matière, car elle rapporte tous les phénomènes vitaux au jeu de la mécanique des forces, et ne requiert pas d'au-delà mondain pour penser l'unité des choses. L'être humain est alors défini par la succession de ses actes, et il est déterminé par ses désirs et ses besoins. À l'encontre du lieu commun moral, le point de vue du cœur veut respecter le corps et célébrer le monde. Il plaide pour l'efficacité pratique et milite pour la satisfaction ici et maintenant de la plénitude vitale.

L'âme (*nafs*) et le cœur (*qalb*) renvoient dans le Coran à deux principes unitaires rivaux, qualifiant ce qui en l'homme sent, veut et pense. Ils offrent deux perspectives contrastées sur la réalité intégrale de l'homme, et dessinent en son sein une scission qui échappe à toute délimitation fixe. Mais les deux descriptions ne sont pas séparées, ni séparables ; elles sont combinées en une seule et même formulation paradoxale, moyennant un extraordinaire travail linguistique (cf. *Le livre descendu* : t.1, pp.192-208). Ce faisant, le Coran établit entre l'âme et le cœur, entre l'esprit et la matière – et nous verrons qu'il le fait aussi entre la culture et la nature –, le type même de relation que nous avons estimé nécessaire d'établir pour répondre aux exigences de la cause écologique : il assure l'inclusion réciproque des termes contraires, la double transcendance de chacun des pôles sur son opposé (cf. l'analyse que nous avons présentée dans notre premier volume sur le rapport entre nature et culture).

- *Une sagesse à double visage*

La présentation duale de l'intériorité trouve son prolongement dans la manière dont le Coran conçoit la rectitude et articule le rapport entre raison et passion, entre savoir et ignorance.

D'une part, le Coran développe, en résonance avec le parti pris de l'âme, une sagesse à caractère idéaliste, dont la consigne est de réprimer le penchant immédiat et de soumettre la passion. Pour le Coran, la passion, laissée à elle-même, n'est pas un élément harmonieux : elle est synonyme de servilité, d'abêtissement, d'intempérance, de régression égocentrique ou de retour à une primitivité frustre ; elle ouvre sur un environnement appauvri, livré au tumulte de la libido et des pulsions ou, pour reprendre une métaphore du livre, sur une terre habitée par des chiens jouisseurs et pantelants. Dans cette ligne de pensée, le dévoiement et l'ignorance sont rapprochés de l'instinct débridé, de la soif de vanité et de la poursuite aveugle des sollicitations du corps. La régression est proportionnelle à la distance que l'homme prend avec le principe transcendant qui le vivifie et lui donne sa stature d'être humain. En contraste avec l'être avili par l'ignorance, l'individu relié à Dieu par la foi et attentif à ses signes sait préserver son être de la passion et refuse de se laisser asservir par elle. Ébranlé par l'appel qui le destine à s'élever, il s'évertue à contrer la pente de ses désirs immédiats par des efforts renouvelés d'ouverture, d'approfondissement et de grandissement. Dans cette première perspective, la rectitude est recherchée conformément au préjugé spiritualiste, par un travail qui s'exerce contre la naturalité primitive et l'animalité innée en l'homme.

En même temps, le Coran reconnaît que tous les hommes partagent une même vulnérabilité à la passion et sont unis par une même ignorance profonde. Il souligne l'irréductible emprise de la libido à laquelle aucun geste de l'homme n'échappe, pointe les ruses de la pulsion de mort qui hante jusqu'aux intentions les plus pures, et constate l'empiètement de la mauvaise foi qui pervertit le vouloir et porte à l'aveuglement. Dans ces conditions, l'égarement ne peut plus être simplement défini comme une concession faite à la passion, ou comme un manque ou une résistance au savoir. S'il y a une différence entre l'homme éclairé par la foi et l'individu égaré par la mécréance, cette inégalité ne tient pas à la nature de leurs dispositions passionnelles, ni à leur état relatif d'ignorance. De ce point de vue, les positions sont matériellement indiscernables. Et le Coran de préciser que les âmes pieuses sont tout aussi ignorantes, orgueilleuses, peureuses, colériques, ingrates, concupiscentes et excessivement attachées à elles-mêmes que les impies.

Par suite, sans cesser de reconduire le point de vue idéaliste, le Coran ouvre une seconde perspective de sagesse, à caractère matérialiste. Il situe la rectitude non plus dans la domination spirituelle de la passion ou dans la répression de l'animalité intérieure, mais dans l'acceptation des forces du vivant en soi et dans une coopération de bonne intelligence avec elles. L'homme éclairé et sage, qui se laisse guider par la foi, sait négocier avec la passion et l'orienter dans une direction de vie ascendante, joyeuse et généreuse. Dans cette seconde perspective, la passion n'est plus décriée ni réprimée ; elle devient synonyme de savoir.

Ainsi, le Coran refuse toute dichotomie ou hiérarchie figée entre le savoir et la passion, entre le rationnel et l'imaginaire, entre le spirituel et le matériel. Il contrecarre tous les grands partages, dont on a vu à quel point ils peuvent être nuisibles sur le plan écologique, et structure des dualités réfractaires à toute réduction dichotomique, dont les termes se traversent et prennent chacun l'ascendant sur l'autre. Cette élaboration autorise la formulation d'une double sagesse, dont l'une est spiritualiste, et l'autre matérialiste.

Somme toute, le Coran exhorte les hommes doublement : il leur commande d'élever leur âme vers le ciel et de rester fidèle à la terre, de fonder leur expérience sur la raison et de travailler avec les forces du vivant, les pulsions animales et les énergies inconscientes sur lesquelles la raison n'a pas prise. La double injonction entend paver la voie à une éthique d'exhaussement de la personne humaine dans son intégralité, dont le schéma directeur consiste, comme on le verra, à contrôler le passionnel, à le discipliner par des considérations matérielles et morales, et à le mettre au service de l'avènement de l'homme nouveau et du monde réconcilié dont parlent les Écritures.

Dans ce contexte, le cœur purifié et l'âme saine, qui cheminent sur une voie salutaire, ne sont exempts d'aucune passion et d'aucun vice ; ils ne sont en rien différents du cœur perverti et de l'âme malade, sinon qu'ils sont illuminés par la foi, et guidés par la révélation[43]. C'est donc la vérité du rapport à Dieu qui distingue l'itinéraire véridique de l'égarement. C'est l'élément différentiel de la vraie foi qui appuie d'abord l'opposition convenue entre la rectitude et la passion, puis la déborde, la confond, et la restaure, loin de toute caractérisation stable (cf. *Le livre descendu* : t.2, pp.285-290).

- *Les injonctions paradoxales du Coran*

En accord avec le double regard porté sur l'intériorité, et avec la double injonction à caractère idéaliste et matérialiste, le Coran exhorte les croyants de façon contradictoire selon les logiques de la charité et de l'intérêt. De même qu'il leur commande de miser sur l'éternité et de rester fidèles à la terre, qu'il les exhorte à dominer la passion et à suivre sa juste inclination, ainsi le Coran enjoint aux croyants, d'une part, d'être bienveillants envers les autres, de vivre selon l'idéal de la gratuité et de suivre les commandements de la fraternité, et d'autre part, d'être concentrés sur eux-mêmes, de se ressourcer dans les stratégies de la prudence, et de ne pas négliger les logiques de la conservation, ni les cadres convenus de la réciprocité.

La double exigence est inscrite dans toutes les notions et dans toutes les recommandations axiales de la prédication coranique. C'est le cas, par exemple, du devoir de gratitude. L'idéal est d'abord explicité dans le sens de la dépense généreuse, de l'amour des autres, et du don pur et désintéressé, selon l'idée que Dieu est aimant et infiniment généreux. Mais l'idéal se trouve parallèlement déconstruit, jusqu'à ne plus laisser d'objection à l'épargne, à l'intérêt pour soi et à la gestion rationnelle du don, suivant l'idée que Dieu est indifférent aux mondes et très puissant (cf. *Le livre descendu* : t.2, pp. 87-106).

De même, les croyants sont exhortés à se porter vers le bien, dans le double sens des bonnes choses et des choses vertueuses : ils sont engagés à rechercher à la fois les bienfaits du présent et la gloire à venir, à allier les activités utiles à leur épanouissement terrestre et celles qui les ennoblissent et les élèvent en vue de l'autre monde (cf. *Le livre descendu* : t.2, pp. 138-143).

Dans ces conditions, il ne peut s'agir ni de se conformer aux idéaux de la religion morale, ni de suivre la sagesse ordinaire du monde, ni même de composer un piètre équilibre entre les deux. Le croyant n'a d'autre choix que d'avancer dans la tension des demandes opposées, de les articuler et de les féconder mutuellement, en s'élevant à une activité toujours plus ample et responsable devant les hommes et devant Dieu. Par exemple, il ne pourra pas rechercher les biens terrestres, sans les orienter vers un horizon proprement céleste, en faisant preuve de générosité envers les faibles et les malheureux. À l'inverse, il ne pourra pas se satisfaire de suivre les commandements de la charité, sans se soucier de rendement et de son propre développement. Il voudra inscrire ses sacrifices dans des trajectoires fructueuses qui rendent le monde meilleur pour lui-même et les autres.

Plus généralement, le croyant devra faire converger dans un investissement, sans cesse repris et approfondi avec Dieu, les exigences de l'esprit et les nécessités de la nature, l'amour des autres et l'amour de soi, le sacrifice et la patience. Loin des fausses alternatives et des voies mutilantes, il se trouvera engagé dans la conquête d'un monde où la valeur ne serait plus l'alibi de la faiblesse, mais l'expression d'une vertu forte, libératrice et vaillante (cf. *Le livre descendu* : t.2, pp. 189-280).

Il faut donc bien comprendre que le paradoxe coranique n'est pas le corollaire d'une dévalorisation des valeurs spirituelles. Il vise plutôt à restaurer l'ambiguïté déconcertante de l'activité de l'esprit, à réaffirmer sa rigueur, son efficacité et sa puissance régénératrice, contre le double écueil que représentent, d'un côté, l'idéalisation de la faiblesse et ses formes de violence vindicative et, de l'autre, l'absolutisation de la force et ses formes de brutalité froide.

- *L'alogique de la grâce et de l'agir*

En cohérence avec l'ambivalence de sa prédication, de ses représentations et de ses recommandations, le Coran propose une compréhension aporétique du rapport entre l'agir de l'homme et la grâce de Dieu. Il agrège, dans un même propos, une théologie où la grâce supprime la liberté, et une théologie où la liberté domine la grâce. Ce faisant, il proclame tout à la fois l'efficacité du travail humain et la prévenance de la grâce divine, tout comme, on le verra, il affirme concurremment le libre arbitre de l'homme et la souveraine liberté de Dieu.

La rhétorique de la grâce exprime l'antériorité de la réponse sur l'appel, de la bénédiction sur la vertu, de la résolution sur l'effort, et du don sur la reconnaissance. Elle explique que tout est reçu, que le donateur premier se tient au principe et au terme de tout renouveau. En effet, seul l'excédent de la grâce peut faire que l'activité des hommes enfante et fructifie ; seul le souffle de l'esprit peut bénir les souffrances et transfigurer les sacrifices en force de redressement. Sans l'efficace de la grâce, tout croulerait et finirait en débris, les êtres et les cultures, les savoirs comme les empires. L'homme ne pourrait plus espérer en la vie éternelle, et le monde ici-bas serait triste, sans amour, ni but, ni poésie. Allant au bout de cette logique, et mettant l'accent sur la toute-puissance de l'amour de Dieu, le Coran exalte l'invocation, la louange, l'acceptation et la prière sur toutes les autres activités.

En contraste, la rhétorique de l'agir fait comprendre que rien ne peut être espéré sinon par l'effort, le mérite et la confiance en soi. Contre la posture idéaliste qui méprise la causalité matérielle, elle affirme le rôle des facteurs de mouvement et de progrès. Elle sanctionne la nécessité d'affronter les conditions du réel, en exaltant la valeur régénératrice du travail, et la possibilité pour l'homme de s'épanouir dans son faire-œuvre. C'est la voie longue qui est préconisée, celle de l'activité qui façonne le monde, le refond et y appose sa marque de fabrication. Cette ligne prédicative puise ses arguments dans l'évidence d'un monde qui ne serait pas accueillant sans le labeur de l'homme. Elle exprime aussi une préférence pour un environnement où la raison, l'intérêt et la réciprocité primeraient sur le sentiment et l'arbitraire propres à la grâce. Mais le plaidoyer pour le travail, et les appels à l'engagement qui le prolongent, ne prennent toute leur ampleur qu'en raison du silence de Dieu : face à l'injustifiable, les hommes ne devraient plus se demander ce que Dieu a fait ou pourrait faire pour sa création ; ils doivent se prémunir contre les caprices de la fortune, œuvrer pour construire leur bonheur, investir le monde, le comprendre et le travailler de part en part, pour en faire un havre de paix et de concorde. La priorité est alors donnée à l'histoire, non à la transcendance.

En soutenant une double théologie, le Coran défend à l'homme de croire qu'il pourrait bénéficier des infusions divines sans qu'il ait à déployer des efforts et à consentir à des sacrifices, tout comme il lui interdit de penser que son travail puisse être moralement et matériellement fructifiant sans le secours de la grâce. Dès lors, le croyant doit s'efforcer de créer, dans sa vie, comme dans le monde, des conditions dignes, pour que l'esprit vienne et accomplisse son œuvre en lui et avec lui. À l'inverse, à chaque fois qu'il reconnaît obtenir un secours immérité, ou qu'il se souvient avoir tant reçu, le croyant doit s'appliquer à remobiliser ses forces pour avancer vers le meilleur, et faire remonter vers le ciel les talents et les bénédictions qui en descendent. Ainsi, les voies de l'agir et de la grâce se trouveraient conjuguées dans l'alchimie de la relation à Dieu : le travail étant vécu comme une grâce, et la grâce reçue comme un bienfait à faire fructifier.

En résumé, les croyants doivent éviter tout unilatéralisme et chercher à progresser à la lumière contrastée de la présence et de l'absence de Dieu. D'une part, ils doivent s'appuyer sur la force de l'esprit, se laisser transformer par la prière, et adopter la logique du don sans contrepartie, comme si leur sort dépendait de la grâce souveraine d'un Dieu miséricordieux et aimant. D'autre part, ils doivent œuvrer selon les présupposés de la matière, se soumettre aux nécessités du travail et se référer aux principes d'équivalence et de réalité, comme s'ils se tenaient devant un Dieu qui ne se préoccupe plus de sa créature. C'est en combinant ces deux approches, et en allant au bout de chacune d'elles, qu'ils pourraient espérer obtenir ce bien qui passe le temporel, ce jardin prospère, socialement juste et écologiquement durable (cf. *Le livre descendu* : t.2, pp. 172-188).

Ainsi, en soutenant une prédication ambivalente du divin, le Coran parvient à excéder les dualismes figés : il développe une instruction qui, conformément au critère que nous cherchons à évaluer, place au même niveau d'importance les sphères de l'esprit et de la matière, de la charité et de l'intérêt, de la grâce et du travail, incitant à leur dialectisation, en vue du relèvement de l'homme et du développement d'un monde meilleur.

(3) La volonté de puissance

Le troisième critère que la relation à Dieu doit satisfaire pour être considérée comme salutaire est de susciter une restructuration des appétits de puissance, de domination et d'illimitation qui sous-tendent les processus de la techno-économie moderne, pour les mettre au service de fins plus hautes.

L'éthique chrétienne face au déploiement inconditionné de la technique

Dans son encyclique consacrée à l'écologie, François se démarque d'emblée des postures opposées, et également réductrices, de la technophilie et de la technophobie. Il considère que « la science et la technologie sont un produit merveilleux de la créativité humaine » et s'enthousiasme devant « les grandes possibilités » et « les constantes nouveautés » qu'elles nous offrent (*LS* 102). Mais il estime en même temps que l'humanité « qui n'a [jamais] eu autant de pouvoir sur elle-même » est en péril « si l'on considère la manière dont elle est en train d'utiliser [son pouvoir] » (*LS* 104). Le problème, estime le Pape, n'est pas lié « à la technique en soi, mais à son application inadaptée ou excessive » (*LS* 133). Mal utilisée, et affranchie de toute exigence sociale et morale, la technique n'est plus un instrument de libération ; elle devient une source d'asservissement. Ainsi, « les progrès scientifiques les plus extraordinaires, les prouesses techniques les plus étonnantes, la croissance économique la plus prodigieuse, s'ils ne s'accompagnent d'un authentique progrès social et moral, se retournent en définitive contre l'homme » (*LS* 4).

Le Pape situe plus précisément le problème dans ce qu'il appelle le « paradigme technocratique », dans la manière dont nos sociétés ont assumé la technologie et son développement, en privilégiant le marché et la rationalité technique au détriment des valeurs humaines, sociales et environnementales. En consacrant le règne conquérant de la rationalité utilitaire, du pouvoir bureaucratique et de l'argent-roi, l'humanité produit « une technique de possession, de domination et de transformation » (*LS* 106). Cette technique tend à réduire le vivant à « une simple ressource » asservie et exploitable : « Tout ce qui existe cesse d'être un don qu'il faut apprécier, valoriser et protéger, et devient l'esclave, la victime de tous les caprices de l'esprit humain et de ses capacités » (2023 : §22-27)[44].

Par suite, le Pape considère que nous ne pourrons sortir de la crise actuelle de civilisation qu'en adoptant un autre paradigme de technicisation, en suscitant un autre type de trajectoire technique[45]. Pour y parvenir, il propose d'agir à deux niveaux. D'une part, il recommande de fixer des limites à la technique, de lui imposer des garde-fous, des repères et des objectifs significatifs, afin « de [la] limiter, de l'orienter, comme de la mettre au service d'un autre type de progrès, plus sain, plus humain, plus social, plus intégral » (*LS* 112). D'autre part, il juge essentiel d'éduquer l'homme moderne, de lui donner les ressources morales qui lui manquent pour qu'il fasse « un bon usage de son pouvoir » (*LS* 84), car « l'homme [contemporain] est nu, exposé à ses capacités techniques toujours grandissantes, sans avoir les éléments pour les contrôler » : « Il peut disposer de mécanismes superficiels, mais nous pouvons affirmer qu'il lui manque aujourd'hui une éthique solide, une culture et une spiritualité qui le limitent réellement et le contiennent dans une abnégation lucide » (*LS* 104).

Le Pape s'attache alors à montrer que la foi chrétienne permet d'agir efficacement aux deux niveaux d'intervention qu'il a diagnostiqués. Pour réguler la technique, il choisit de suivre les traces de ses prédécesseurs, et recourt à la théorie de la loi morale naturelle. Pour édifier l'homme, il fait appel à la spiritualité chrétienne.

- *La loi naturelle contre les dérives de la technoscience*

Dans son encyclique, François ne manque pas de rappeler la « conviction » centrale du christianisme, à savoir que le monde n'est pas issu « du chaos ou du hasard » mais d'une intention créatrice fondamentalement bonne : « L'Univers n'a pas surgi comme le résultat d'une toute puissance arbitraire, d'une démonstration de force ni d'un désir d'auto-affirmation. La création est de l'ordre de l'amour. L'amour de Dieu est la raison fondamentale de toute la création » (*LS* 77)[46].

Fidèle au magistère de ses prédécesseurs, François donne à cette conviction une assise ontologique. Il affirme que Dieu a inscrit les valeurs de fraternité et d'amour dans l'être même : « Dieu a créé le monde en y inscrivant un ordre et un dynamisme que l'être humain n'a pas le droit d'ignorer » (*LS* 221).

Joseph Ratzinger explique, de son côté, que « ces valeurs résultent du fait que c'est l'être lui-même qui porte en lui un message moral, que l'être lui-même n'est pas neutre, mais nous indique une perspective qui va vers l'amour et fuit la haine, qui va vers la vérité et fuit le mensonge ». « Cette perspective, poursuit Ratzinger, est déjà innée dans l'être [...] C'est pourquoi nous pensons que l'adhésion aux valeurs de l'humanité et de la dignité humaines, et aussi l'engagement pour leur défense, résultent en définitive d'une présence cachée de tout ce que nous ne pouvons pas manipuler » (2006 : 26).

L'enseignement catholique perpétue donc une conception particulière de « la loi morale naturelle », la conviction que certains droits, devoirs et normes relatifs à la condition humaine, au pouvoir politique, à la structure de la famille ou à la sexualité, font partie de la réalité elle-même[47]. Ces principes sont considérés comme étant accessibles à la raison humaine, connaissables, recevables et applicables par tous les êtres doués d'intelligence et de volonté. Ils sont par conséquent réputés universels, et capables de fonder une éthique commune : les préceptes de la loi naturelle seraient en mesure de constituer un point de convergence rationnel entre les diverses cultures humaines, et de définir les normes fondamentales d'un agir conforme à la nature des choses[48].

Puisqu'ils précèdent toute législation particulière, les principes réputés « objectifs et universels » de la loi morale peuvent et doivent inspirer « les normes morales, sociales et politiques » des sociétés humaines (Commission Théologique Internationale (CTI), 2009). En tant que tels, ces principes « n'admettent de la part de personne d'interventions pour y déroger » : ils « ne dépendent pas de la volonté du législateur ni du consensus que les États peuvent y apporter », car « aucune loi faite par les hommes ne peut renverser la norme écrite par le Créateur, sans que la société ne soit dramatiquement blessée dans ce qui constitue son fondement même » (Benoît XVI, 2007).

Ainsi, la loi naturelle est érigée en argument péremptoire contre les thèses du positivisme juridique et du relativisme moral qui prévalent dans le monde contemporain. Elle est réputée offrir « les fondements d'une entente à propos des principes éthiques du droit dans une société séculière et pluraliste », et proposée en guise de référence éthique universelle à l'ère de la mondialisation (Ratzinger : 2004).

Plus spécifiquement, la loi morale naturelle est mise en avant comme un code éthique à même de limiter, d'orienter et de mettre l'activité des sciences et des techniques au service d'un authentique progrès (*LS* 112). « Je ressens, explique Benoît XVI en ce sens, le devoir de réaffirmer que tout ce qui est réalisable sur le plan scientifique n'est pas pour autant licite sur le plan éthique. (…) Se fier aveuglément à la technique comme unique garante de progrès, sans offrir dans le même temps un code éthique qui plonge ses racines dans cette même réalité qui est étudiée et développée, reviendrait à porter atteinte à la nature humaine, avec des conséquences dévastatrices pour tous » (2007). Allant dans le même sens, François exhorte l'homme à « respecter la structure naturelle et morale dont il a été doté » (*LS* 115). Puis, il subordonne plus largement l'ensemble de son écologie au respect de la loi morale naturelle : « L'écologie humaine implique aussi quelque chose de très profond : la relation de la vie de l'être humain avec la loi morale inscrite dans sa propre nature, relation nécessaire pour pouvoir créer un environnement plus digne » (*LS* 155).

Si la loi naturelle fournit, aux yeux des Papes, un mécanisme susceptible de réguler les activités inconditionnées de la technique, c'est à la spiritualité chrétienne qu'ils confient néanmoins le rôle de sensibiliser l'individu et la société à un meilleur usage de la puissance instrumentale.

- *La foi chrétienne comme source d'édification morale*

La spiritualité chrétienne ouvre à l'homme des perspectives et des ambitions radicalement différentes de celles promues par le paradigme technocratique dominant[49]. À contre-courant de la quête de puissance, de domination et de maîtrise, la foi chrétienne offre de « grandes motivations qui rendent possibles la cohabitation, le sacrifice, la bonté » ; elle propose aux hommes « de s'ouvrir de nouveau à la grâce de Dieu et de puiser au plus profond de leurs propres convictions sur l'amour, la justice et la paix » (*LS* 200).

Les Chrétiens sont invités à abandonner la logique de la domination, et toute activité qui irait à l'encontre de l'ordre naturel de coexistence universelle voulu par Dieu. Ils sont appelés à embrasser un idéal de non-puissance et de sobriété[50] et, pour y parvenir, ils doivent s'engager dans une pratique renouvelée de sublimation, qui réprime la concupiscence et entraîne leur volonté vers le bien. Dès lors qu'ils se conforment à ces principes, l'usage qu'ils font de la raison instrumentale, les avancées scientifiques qu'ils ambitionnent, et les moyens techniques qu'ils mettent en œuvre, ne contribuent plus à la culture de prédation, d'exclusion et de gabegie qui prédomine aujourd'hui, mais à une contre-culture, œuvrant à la sauvegarde de la création, au réconfort des plus vulnérables et à la consolidation d'un monde de paix.

- *Les limites de la proposition chrétienne*

Le Pape François a assurément raison de considérer que « le paradigme technocratique » qui régit les sociétés techno-industrielles est « néfaste et destructeur » (2023 : §27). Il a également raison de soutenir, comme nous l'avons fait nous-même, que le rejet de tout concept de nature, la rupture des liens entre liberté et morale, et la promotion à sens unique du constructivisme culturel, du positivisme juridique et du relativisme éthique – partis pris que l'athéisme commun tend à encourager – constituent un terreau fertile pour la démesure techno-marchande et le consumérisme. Mais ce qui nous semble à nouveau critiquable dans le christianisme, et inapte à inspirer une véritable responsabilité écologique et sociale, c'est son unilatéralisme et son essentialisme.

La doctrine chrétienne de la loi naturelle est révélatrice à cet égard. Elle s'inscrit dans une conception substantialiste et fixiste du monde, qui ignore le caractère évolutif de la création et l'historicité des représentations et des pratiques humaines. Soutenir que certaines dispositions telles que les droits de l'homme ou la structure de la famille traditionnelle sont intrinsèques à la réalité de l'être va à l'encontre des preuves scientifiques attestant la dimension culturellement construite des normes, des comportements et des rôles sociaux. C'est précisément la critique que Paolo Flores d'Arcais adresse à Joseph Ratzinger dans le débat qui les oppose sur la vérité, la foi et l'athéisme : « L'homme, écrit-il, a créé au cours de son histoire une infinité de normes contradictoires et incompatibles entre elles. Tout et son contraire »[51]. Se référer dans ces conditions à une loi naturelle intangible reviendrait à considérer comme contre-nature tout ce qui n'est pas conforme à cette loi et au devoir être qui en découle. Ceci impliquerait de condamner « tous les hommes (...) excepté ceux qui partagent nos normes ». Et Flores d'Arcais de poursuivre selon la conviction athée qui l'anime : « L'homme est le créateur et maître de la norme (...). Nous pouvons décider de déclarer une norme incivile (à partir d'un critère lui-même normatif, choisi par l'homme ici et maintenant) mais pas antinaturelle, dès lors qu'un quelconque groupe dans l'histoire de cet être naturel qu'est Homo sapiens en a fait sa norme » (2006 : 151).

Il serait d'ailleurs légitime de se demander si, en réalité, la théorie de la loi naturelle ne favorise pas le conservatisme. L'attribution d'un fondement naturel à certaines normes ne risque-t-il pas de faire obstacle à la remise en cause de représentations, de rapports de pouvoir ou de modèles de relation qui demanderaient à être contestés pour mener à bien la transformation radicale dont notre monde a besoin ? Ainsi, et comme on le discutera plus précisément, l'ancrage ontologique du modèle traditionnel de la famille et de son mode d'organisation ne contribue-t-il pas à entraver la nécessaire réforme des arrangements androcentriques préjudiciables aux femmes et à la nature ?

L'objection plus générale que l'on peut faire au christianisme est qu'il ne considère qu'un aspect des choses et qu'il se limite à une lecture amplificatrice du réel, tournée vers l'eschatologie et orientée par le dessein d'amour de Dieu. Or, la réalité de l'être ne porte-t-elle pas également un autre message, plus dur, moins réjouissant, mais tout aussi fondamental ? Les inclinations égocentriques, les instincts puissants, les contre-valeurs morales, les options scandaleuses, tout ce qui est jugé problématique ou mauvais en l'homme et dans la création, et qu'une archéologie matérialiste et désenchantée mettrait en évidence, n'ont-ils pas une égale légitimité à figurer dans « la loi naturelle » en tant que porteurs de sens et de direction pour l'action humaine ? Voir le monde uniquement à travers le prisme de la fraternité universelle, vouloir travailler selon l'idéal de la gratuité au mépris de toute forme d'accaparement, valoriser le pouvoir seulement lorsqu'il est mis au service du prochain, enfin, exalter la force agissante de l'esprit de Dieu au détriment des déterminations historiques et humaines, ne peut ni encourager ni accompagner efficacement l'effort considérable nécessaire à la mise en place de choix sociétaux et techniques différents de ceux qui sont actuellement poursuivis.

En tout cas, il faut reconnaître que les ressources offertes par le christianisme ne permettent pas de réformer en profondeur le prométhéisme débridé de la modernité, mais seulement de s'y opposer. Le christianisme se présente comme une force de « résistance face à l'avancée du paradigme technocratique » (*LS* 111) : il ambitionne de « ralentir la marche » du déploiement technologique, de « recueillir les avancées positives et durables » de l'innovation humaine et de « récupérer les valeurs et les grandes finalités qui ont été détruites par [la] frénésie mégalomane » du système actuel (*LS* 115). Mais il ne peut pas être, comme il le voudrait, une force effective de transformation à même de réorienter le processus de technicisation dans un sens favorable. Pour que la foi soit davantage qu'une contre-culture de protestation, de préservation et de consolation, pour qu'elle devienne une puissance active de transfiguration et de recréation, elle devrait se donner les moyens d'aller sur le terrain de l'adversaire et de valoriser positivement ce qui lui sert de fonds de commerce ; elle devrait se montrer capable d'investir le principe de réalité, la loi de l'immanence, le jeu de la puissance, les forces de l'égoïsme, la concurrence pour la vie, et de les faire fructifier dans le cadre d'une dynamique de renouveau.

Si l'on se réfère à notre critère d'évaluation, on pourrait dire que la proposition chrétienne répond à la moitié de ce qui est requis : elle dispose des ressources nécessaires pour contrarier les désirs de maîtrise, de domination et d'illimitation que la modernité a déchaînés, mais elle n'est pas armée pour restructurer ces forces ni pour les mettre au service de finalités plus hautes. Le christianisme, pourrait-on ajouter en se référant au premier volume de notre étude, offre un terrain fertile à l'avancement du principe jonassien de responsabilité et à ses exigences de retrait, de préservation et d'empêchement, mais il n'est pas outillé pour promouvoir le non-moins nécessaire principe d'espérance de Bloch, et le projet utopique de reconstruction humaine du monde qu'il représente.

L'instruction coranique et l'éthicisation de la technique

Nous allons montrer que la prédication coranique évite les écueils de l'unilatéralisme chrétien. En excédant l'opposition entre naturalisme et culturalisme, elle parvient à s'affranchir des limites de la loi naturelle, sans sombrer dans le relativisme plat. Elle ouvre à la possibilité de réformes radicales, et s'emploie à mobiliser toutes les tendances de l'être humain, pour les mettre au service d'un redressement intégral. L'éthique coranique de la foi s'avère propice au développement de choix technologiques et sociétaux féconds et écologiquement vertueux.

- *Dans la tension entre naturalisme et culturalisme*

Comme nous l'avons expliqué précédemment, la vision coranique du monde se tient dans la tension de deux compréhensions contrastées. D'une part, la création est rapportée à la puissance de Dieu ; elle relève d'un acte entièrement préalable qui instaure une œuvre ayant une durée établie et des lois propres. D'autre part, cependant, la création est rattachée à une activité immanente à travers laquelle Dieu lutte contre les forces du chaos, l'homme ayant lui-même la capacité de peser sur le destin, de promulguer des règles et des pratiques, d'établir l'ordre ou de provoquer le désordre. Dans la première ligne d'interprétation, la nature est transcendante par rapport à la culture, et le dessein de Dieu prime sur les dérives de ses créatures et leurs innovations. Dans la seconde ligne prédicative, la culture transcende la nature, et les constructions contingentes de l'homme influencent la marche de l'histoire.

Au total, dans l'univers coranique, tout est culture, et tout est nature. Chacun des pôles englobe son opposé et y est englobé, selon une articulation paradoxale tout à fait similaire à celle que les analyses de notre premier volume nous indiquaient comme la juste position de principe.

Dans la tension des descriptions rivales, la création de Dieu n'apparaît plus comme un acte achevé, d'où sort un univers stable et homogène, mais comme une création continuée, constamment régénérée, suivant des ordres qui ne perpétuent pas une fixité d'essence ou de nature. Le plan de Dieu, s'il en est, se déploie à travers les âges et les mondes selon une histoire mouvementée et complexe ; il se décline en coutumes, en législations et en instructions différentes selon les temps et les lieux. L'action instauratrice de Dieu est néanmoins inextricablement mêlée à l'activité productrice de ses créatures, tout comme les opérations de son esprit s'inscrivent sur les potentialités et les tendances de la matière. Toutefois, chaque instauration garde une spécificité et une détermination propres ou, pour ainsi dire, une nature donnée que Dieu a voulue, et qu'il n'appartient pas à l'homme de modifier.

Dans la vision coranique du monde, aucune disposition ne peut être considérée comme universelle, imprescriptible ou inviolable. Toute règle, toute norme et tout arrangement sont circonscrits à une communauté et limités dans le temps. Ainsi, l'expérience du messager arabe et des siens ne s'est pas déroulée sous le ciel d'un système normatif figé ; elle a donné lieu à la destruction et à la reconstruction d'ordres positifs successifs, dont chacun était comme inévitablement destiné à être abrogé au terme d'un certain laps de temps[52]. Ce processus de refondation juridique et sociale s'est fait au mépris de toute fixité normative, impliquant autant l'action de Dieu que le faire-œuvre dévoué de ses fidèles (cf. *Le livre descendu* : t.2, pp. 25-32).

Si, dans ce contexte, il est encore possible de parler de « loi naturelle », ce ne serait pas dans le sens d'un donné figé, qui servirait à cautionner des préceptes universels, définitifs ou immuables, mais comme un concept régulateur, ou comme une source toujours vive d'inspiration, dans la recherche d'un fondement objectif à l'intégrité que les croyants entreprennent de défendre ou de reconquérir avec Dieu.

- *Une édification spirituelle au service d'un développement intégral et solidaire*

En mettant en lumière l'instabilité métaphysique de notre condition, le Coran ne nous condamne pas au pluralisme relativiste, à la variabilité absurde des systèmes de valeurs, et à l'impossibilité de résister aux manipulations idéologiques, puisqu'il continue d'inscrire la diversité irréductible du vivant et son évolutivité sous l'égide d'un Dieu unique et créateur, source de sens et de guidance. Mais en mettant en avant le processus de recréation, il ouvre la voie à la possibilité de réformes radicales qui, si elles étaient entreprises dans une relation sincère et persévérante avec Dieu, contribueraient à l'émergence d'un monde pluriel et solidaire.

L'ambition du Coran n'est donc pas différente de celle du christianisme ; mais leurs moyens diffèrent. Alors que l'édification chrétienne entreprend de réprimer les mauvais penchants de l'homme en prônant une éthique de non-puissance et de sublimation, en référence à un absolu de pureté, de charité et de don de soi, la prédication coranique cherche à mobiliser l'homme tout entier dans un effort de relèvement. La volonté de puissance n'est alors plus réprimée, ni sublimée en fonction d'un point fixe métaphysique, mais disciplinée et moralisée dans le cadre d'une relation à Dieu exempte d'idolâtrie.

L'histoire coranique de Joseph est instructive à cet égard. Elle montre que le croyant, à l'image du prophète, doit sans cesse renouveler trois opérations pour avancer sur une voie assurée. Le consentement, la sublimation et la réalisation constituent les trois moments essentiels d'une discipline qui l'amène à rassembler ses énergies, à les élever, et à les diriger au service d'une exigence supérieure d'être, de libération et de savoir (cf. *Le livre descendu* : t.2, pp. 475-512).

La mobilisation existentielle prônée dans le Coran n'exclut aucun affect, ne stigmatise aucun sentiment, et ne condamne aucune force vitale de façon irrévocable. Les tendances primitives, et en particulier la passion impure de la toute-puissance, ne sont ni satisfaites de façon immédiate, ni refoulées définitivement : elles sont déplacées quant à leur but premier, disciplinées, transfigurées, et ensuite – même si cet ensuite n'a pas de sens chronologique précis –, mises au service d'actions singulières et hautes. Ce processus n'opère pas en référence à un idéal donné par avance, mais suivant une relation vivante à Dieu qui agit de trois façons : comme une fonction vive de mobilisation, comme une fonction positive d'idéalisation, et comme une fonction productive d'actualisation.

Cependant, l'affirmation du croyant donne prise à deux dérives périlleuses, que l'histoire de Joseph nous présente comme deux formes de captivité. La première consiste à se conformer aux conditions d'un réalisme actif et conquérant, en ignorant les revendications de la transcendance. Ce type d'affirmation rend l'homme captif du monde, de ses vanités et de ses illusions. La seconde dérive consiste à se raidir dans la vertu, à se détourner des valeurs de la terre, à se persuader que l'on est sauvé par ses prières et ses sacrifices. C'est là une manière de vivre faussement son désir d'élévation et de s'enfermer dans des consolations illusoires.

À égale distance de ces deux formes de dévoiement, la rectitude coranique suppose l'ascension et l'insertion, le retrait et la participation, la retenue et le combat, et on pourrait ajouter la réserve propre à la vision jonassienne de la responsabilité et l'audace distinctive de l'espérance selon Bloch – chaque exigence ayant sur l'autre un effet, non d'inhibition, mais de transformation et d'approfondissement. Le double impératif conduirait le croyant à adopter activement les conditions données, à renforcer ses aptitudes spirituelles par la retenue des énergies primitives, et à accentuer ses efforts de réforme, de relèvement et de délivrance. Dans ce cadre, la foi ne s'oppose pas aux déploiements de la volonté de puissance ou de domination, mais contribue à les réintégrer dans des projets d'accomplissement solidaire. De même, les processus techniques et économiques ne sont plus réprimés, mais réorientés selon des trajectoires émancipatrices et soutenables.

L'histoire d'Alexandre, que nous commentons en annexe I, est édifiante à cet égard. Elle nous montre que le témoin de Dieu, incarné par Alexandre, s'emploie, au plus fort de son épreuve, à mobiliser les énergies en vue d'un nouvel ordre de culture et de paix. Pour expulser de l'enceinte communautaire les forces de division et de violence, Alexandre entreprend d'exécuter un formidable ouvrage technique : il édifie une barrière en utilisant le feu, le fer, le cuivre en fusion, et toutes les puissances matérielles à sa disposition. La technologie qu'il met en œuvre n'est pas aliénante, mais libératrice ; elle ne renforce pas les rapports de domination, mais vient en aide à une population vulnérable, laissée dans l'enfance de la culture. Par ailleurs, le travail d'Alexandre n'est pas soumis à la logique marchande, puisqu'il refuse la rétribution qui lui est proposée. Le témoin de Dieu ne cherche pas à accumuler des richesses ni à exalter un pouvoir, mais à fédérer les énergies de bonne volonté autour d'un projet civilisateur. Par la grâce qui lui est faite, Alexandre se montre capable – pour emprunter les termes du Pape (*LS* 112) – de mettre la technique et l'économique au service « d'un autre type de progrès, plus sain, plus humain, plus social, plus intégral ».

(4) La liberté

Le quatrième critère que le rapport à Dieu doit satisfaire pour être à la hauteur des défis de l'anthropocène est d'offrir une compréhension renouvelée de l'autonomie de l'homme, qui soit propice à l'approfondissement d'une saine pratique démocratique.

La conception chrétienne de la liberté humaine et ses limites

Dans le christianisme latin, la transcendance de Dieu n'est pas associée à une force assujétissante qui limite l'autonomie de l'homme ou l'exonère de responsabilité, mais à une toute-puissance d'amour et de création qui s'offre à la liberté de l'être humain et l'invite à participer à l'œuvre du salut. Dieu, précise le Pape, « a voulu se limiter lui-même de quelque manière, en créant un monde qui a besoin de développement, où beaucoup de choses que nous considérons mauvaises, dangereuses ou sources de souffrances, font en réalité partie des douleurs de l'enfantement qui nous stimulent à collaborer avec le Créateur » (*LS* 80). Mais l'humanité, poursuit le Pape, « a déçu l'attente divine » (*LS* 61). Séduite par le péché, elle vit communément dans l'impiété et le mépris de sa vocation. La crise systémique qui la paralyse et menace sa survie en est le signe manifeste (*LS* 24).

Cependant, aux yeux du Pape, l'être humain dispose d'un noyau d'autonomie morale qu'il peut toujours réactiver. À tout moment, l'homme pourrait se rendre maître de lui-même, choisir librement des fins bonnes, mettre en œuvre des moyens adaptés pour y parvenir, et obtenir la guérison de ses péchés : « Les êtres humains, écrit François, capables de se dégrader à l'extrême, peuvent aussi se surmonter, opter de nouveau pour le bien et se régénérer au-delà de tous les conditionnements mentaux et sociaux qu'on leur impose » ; « Ils sont capables de se regarder eux-mêmes avec honnêteté, de révéler au grand jour leur propre dégoût et d'initier de nouveaux chemins vers la vraie liberté » (*LS* 205).

En même temps, le Pape reste convaincu que la création, instaurée par la force de l'Amour, mais corrompue par le péché, n'est jamais statique ni dépossédée de la grâce. Le monde va de l'avant, suivant le mystère de l'Incarnation, dans la tension entre dérive humaine et dessein transcendant, vers son accomplissement : « Le mystère du Christ opère secrètement dans l'ensemble de la réalité naturelle, sans en affecter l'autonomie », jusqu'au jour de la Résurrection glorieuse où « le Fils remettra toutes choses au Père et que Dieu sera tout en tous » (*LS* 99-100). Si, dans cette histoire, l'homme a une part de responsabilité à assumer, Dieu a le temps et la patience de voir ses propres promesses se réaliser.

Ainsi, le christianisme romain insiste à la fois sur le libre arbitre de l'homme, qui peut toujours choisir de se détourner du péché et de revenir au Christ pour son salut, et sur l'action salvatrice et triomphante de Dieu. D'un côté, le juste exercice de la liberté humaine est conditionné par son alignement avec les principes de la morale évangélique. De l'autre côté, le péché accumulé de l'homme n'entame pas la promesse de la rédemption de Dieu ni l'assurance de la résurrection dernière.

- *La voix de la conscience*

Conformément à la conception qu'il se fait de la responsabilité humaine, François exhorte les Chrétiens à ne pas se complaire dans la désinvolture du plus grand nombre, mais à répondre de leur foi en assumant des choix courageux et un mode de vie cohérent avec les exigences de l'écologie intégrale.

Certes, les Chrétiens doivent obéir aux lois et aux injonctions des sociétés dans lesquelles ils vivent : ils sont tenus d'agir de façon pacifique selon les convenances instituées, et de développer les possibilités de progrès que leur offre leurs prérogatives familiales, leurs activités professionnelles et l'exercice de leurs droits civiques. Mais en même temps, le sujet croyant doit répondre de sa responsabilité devant Dieu. C'est dans le sanctuaire de sa conscience, par le recueillement de la prière, et à l'écoute de la loi morale inscrite dans son cœur, qu'il peut acquérir une conviction libre et personnelle sur ce que Dieu attend de lui. C'est en s'ouvrant à Dieu, qui est infiniment au-dessus de lui, mais qui l'habite aussi, au point d'être sa véritable intériorité, que l'homme peut accéder à son autonomie et véritablement exercer sa liberté (Vatican II, 1965, §16-7).

Le choix de la conscience peut amener le Chrétien à désobéir à l'autorité instituée et à ses législations, dès lors que celles-ci vont à l'encontre des normes objectives de la moralité. Toutefois, l'objection qui libère le croyant des obligations communes le porte toujours à une pratique plus conforme aux lois du Royaume de Dieu, qui ont pour nom la fraternité, le souci des plus vulnérables, le service du bien commun et la charité sans considération d'intérêt. Aussi, le Pape n'hésite pas à affirmer que plus le croyant se montre docile aux indications de la conscience droite et écoute la voix de la vérité, plus il sera encouragé à suivre les traces du Christ et à servir une justice et une loi plus exigeantes que celles des hommes.

Ainsi, le christianisme parvient à concilier l'autonomie et l'hétéronomie, la liberté accordée à l'homme et le dessein de salut conduisant le monde à son accomplissement en Christ ressuscité. Cette réconciliation s'opère par la loi morale naturelle, qui se manifeste à la fois comme le choix librement assumé de ceux qui agissent selon une conscience droite, et comme la vérité même de l'être, l'orientation que la nature suit en vertu d'une nécessité interne.

- *Une conception en porte-à-faux avec le principe démocratique*

La conception catholique de la liberté humaine, telle que nous venons de la rappeler, entre en conflit avec les principes de la démocratie moderne. Rappelons, en effet, que cette dernière repose sur un espace éthique de délibération pragmatique et consensuelle, où la vérité n'est détenue par personne et demeure indépendante des doctrines particulières des citoyens. La démocratie suppose – selon les termes de Claude Lefort (1981) – « l'indétermination radicale » et « la dissolution des repères de la certitude ».

Or, la doctrine chrétienne ne s'accorde pas avec un tel agnosticisme. Comme nous l'avons vu, elle conditionne la rectitude de la pensée et de l'action humaines à leur conformité aux impératifs de la conscience droite et de la loi morale qui s'y manifeste. Elle établit un ordre de vérité supérieur à l'ordre institué de la généralité, postulant l'existence de principes éthiques objectifs qui préexistent au consensus sociopolitique, et auxquels tous doivent se conformer. Cet ordre supérieur de réalité, qui échappe à l'historicité des normes, peut être reconnu par le libre examen de la conscience devant Dieu, et ses exigences priment sur l'obéissance à toute autre autorité. Ainsi, le Pape François subordonne le bien-fondé de l'activité politique au respect de la loi morale inscrite dans la nature et l'être de l'homme (*LS* 155), alors même qu'il souligne la nécessité de revigorer la démocratie pour trouver une solution au désastre en cours (*LS* 179)[53]. De même, le Pape Benoît XVI (2007) lie la justesse et l'harmonie des libertés à leur conformation à « ce qui est commun à tous : la vérité de l'être humain, le message fondamental de l'être même, la *lex naturalis* précisément ».

En conditionnant le juste exercice de la liberté au respect de la loi naturelle et à la pratique de la morale évangélique, le christianisme entend contrer les dérives du relativisme radical, et sauver la société contemporaine de la perte de sens qui la menace. Cependant, la conception chrétienne a ses inconvénients. Elle va à l'encontre de l'ouverture indéfinie qu'exige la véritable vie démocratique. Elle entrave les questionnements et les débats inconditionnés que la société moderne est tenue de soutenir pour définir le droit et dire ce qui est légitime. A fortiori, elle risque de contrarier la confrontation des perspectives opposées, nécessaire à la juste appréciation des problèmes écologiques, et à la formulation de solutions en rupture avec l'ordre dominant[54]. Pour toutes ces raisons, le christianisme officiel reste incompatible avec l'exigence du renouveau démocratique et avec le critère que nous cherchons à évaluer.

L'instruction coranique et la refondation de la démocratie

Fidèle à sa prédication paradoxale, le Coran conçoit la relation entre la volonté humaine et la souveraineté divine dans la tension de deux lignes de pensée antithétiques. D'une part, il considère que la toute-puissance de Dieu crée en l'homme le vouloir et le faire, le bien et le mal, et que la créature ne possède aucun des pouvoirs qu'elle croit détenir : tout dépend de Dieu, et l'homme seul ne peut rien, pas même commencer l'œuvre de son salut. D'autre part, le Coran reconnaît à l'homme la capacité d'agir sur le plan mondain avec l'efficience d'une cause totale : la créature humaine est fille de ses œuvres, et c'est d'elle que pourrait dépendre le succès ou l'échec du plan de Dieu pour la création actuelle.

Les affirmations contraires retracent les dimensions imbriquées de déterminisme et de souveraineté qui structurent la réalité existentielle de l'être humain ; elles rendent compte à la fois de la part d'involontaire radical qui commande toute existence et de la capacité de chaque individu à conquérir des degrés de liberté sur les conditionnements d'ordre naturel ou culturel qui pèsent sur lui.

Les considérations contraires traduisent également l'expérience du témoin de Dieu telle qu'elle est exemplifiée dans le Coran. Elles signifient que la démarche authentique de la foi est indissociablement hétéronomie et autonomie, qu'elle mêle les activités de Dieu et celles de son témoin (cf. *Le livre descendu* : t.1, pp. 238-253). Dans ce cadre, la liberté du croyant n'est aucunement étrécie par la relation qu'il entretient avec Dieu, ni par la soumission qu'il lui doit. Au contraire, c'est au creuset de cette relation, et en vertu de cette soumission, que sa liberté se structure et s'exprime. C'est devant Dieu, et sous son influence, que le sujet croyant conquiert – moyennant toutes sortes d'opérations et de restructurations – une autonomie morale et la possibilité d'une affirmation authentiquement responsable.

- *L'affirmation de soi à l'épreuve du paradoxe de Dieu*

En prêchant un Dieu à la fois transcendant et immanent, extérieur et intérieur, impersonnel et intime, le Coran soumet les croyants à une double allégeance. Suivant l'idée du Dieu extérieur et impersonnel, il les appelle à se conformer aux règles établies, aux usages reconnus et aux obligations légales et morales de la communauté où il leur est donné de vivre. Mais selon l'idée du Dieu intérieur et intime, il exhorte chacun à se déprendre du pharisaïsme ambiant et à répondre des impératifs de sa conscience. Les demandes rivales étant également impérieuses, et chacune étant en elle-même insuffisante, l'instruction coranique les conjoint dans un même intitulé. À l'obligation légale, qui est règle générale, elle ajoute l'exigence supra-légale, qui est unicité et exception, sans hiérarchiser ni concilier entre elles. Prioriser entre les lignes de valeurs opposées, ou s'en tenir à l'une d'elles, parce qu'elles sont incompossibles, devient le propre même de l'hérésie (cf. *Le livre descendu* : t.2, pp. 21-86).

Cependant, il importe de noter que, dans la logique coranique, l'approfondissement de conscience que le croyant est tenu de faire en présence Dieu ne procède pas en référence à une loi naturelle, ni en fonction d'une hiérarchie fixe de valeurs. Ce n'est pas une idée morale de l'homme ou de la création qui détermine son objection de conscience et qui fournit le cap à son affirmation supra-légale, mais une relation d'intimité à Dieu qui mobilise l'ensemble de ses facultés et valorise de manière égale les exigences de l'âme et du corps. À l'aune du paradoxe de Dieu, l'épreuve de conscience conduit le croyant dans deux directions opposées : elle l'incite à vouloir dépasser l'ordre de la généralité par le haut, suivant les réquisitions de l'esprit et le commandement de l'amour inconditionné, et elle l'incite à vouloir abjurer l'ordre de la loi par le bas, selon les inclinations de la concupiscence et le désir d'être. L'un dans l'autre, le croyant qui cherche à répondre des impératifs de sa conscience sera porté vers ses exigences les plus irréductibles et les plus solennelles.

Mais somme toute, l'instruction coranique maintient les croyants dans une inapaisable tension entre le devoir limité de la loi qui commande de se plier à la convenance, et l'aspiration illimitée de la conscience qui veut la déborder de tous côtés. La référence au divin, conçue sans idolâtrie, fait ainsi le lien entre l'hétéronomie de la loi et l'autonomie souveraine du sujet ; elle produit ses effets en appuyant d'un côté l'autorité de la loi et la pression du collectif, et de l'autre les droits, les devoirs et la liberté de la personne. D'une part, elle rend le croyant plus fidèle à la loi et plus loyal à l'égard de son groupe qu'il ne l'aurait été autrement, en l'incitant à s'investir de façon résolue, et toujours plus profondément, dans le contexte familial, social et humain qui est le sien. D'autre part, elle flatte la singularité des individus, les rend plus critiques à l'égard de l'ordre communautaire auquel ils sont liés, et exalte la vocation personnelle que chacun d'eux doit formuler et découvrir dans l'intimité de son rapport à la transcendance[55].

Ainsi, le Dieu coranique renforce autant la présence du collectif que la valeur distinctive de l'individu. Il équilibre en chaque personne la liberté et le devoir, la singularité et la solidarité, en donnant d'autant plus de réalité à l'une qu'il vivifie l'autre. Il rend l'homme capable d'habiter l'espace éthique et politique où il lui est donné de vivre avec une plus grande vertu, une liberté plus affirmée, et un courage sans cesse ressuscité. Un tel affermissement irait à l'encontre de l'indifférenciation, du conformisme et de l'apathie collective qui dénaturent le projet moderne d'autonomie. Il aurait pour effet de consolider ce qui mérite de l'être dans l'ordre institué, et d'ébranler les normes et les hiérarchies sclérosées qui entravent l'épanouissement de la personne humaine et font obstacle à l'émergence d'un ordre plus juste et plus pérenne (cf. *Le livre descendu* : t.3, pp. 374-387).

- *Une dynamique démocratique renouvelée*

La référence à Dieu, telle qu'elle est conçue dans le Coran, n'a donc pas pour effet de restreindre l'autonomie du sujet, ni de lever les principes d'indétermination de la démocratie. Sur le plan individuel, elle promeut une véritable responsabilisation du sujet humain, en donnant à chacun la possibilité de découvrir, dans une relation assainie à Dieu, une autonomie morale libérée du théisme et de l'athéisme.

Sur le plan collectif, la référence à Dieu permet d'amarrer le politique à une hétéronomie de la transcendance, dont l'effet n'est pas normatif, mais éthique. Tandis que la doctrine chrétienne impose à la pratique collective le cadre contraignant de la loi naturelle et subordonne la légitimité de l'activité politique à sa conformité avec cette loi, la prédication coranique, en consacrant le paradoxe divin, s'oppose à tout préjugé métaphysique réducteur et maintient ouvertes les questions du juste, du vrai et du légitime. L'enseignement coranique ne compromet ni l'espace d'incertitude propre au débat démocratique, ni l'idéal de la pratique délibérative, ni la radicalité du projet d'autonomie. Au contraire, il les renforce, les revitalise, et les restitue à leur neutralité principielle. Le Coran engage entièrement l'homme dans le risque et la chance de la prise de responsabilité. À ce titre, il répond pleinement au critère que nous cherchons à évaluer.

Nous pensons que la prédication coranique offre, plus largement, une solution originale et puissante à la crise des sociétés démocratiques modernes. En effet, comme le montre l'exemple des prophètes et de leurs communautés, la dynamique qui se développe au sein de la collectivité véritablement croyante porte vers davantage de justice, de liberté et de solidarité. La concurrence des désirs et la rivalité pour les biens ne jouent pas, comme dans les sociétés contemporaines, dans le sens de la grégarité, de l'atomisation sociale et du nivellement vers le bas ; elles vont de pair avec l'enracinement de la vertu, la réduction des inégalités, l'unification des consciences et la conquête d'une liberté plurielle.

À mesure que cette orientation se renforce, la communauté croyante voit la réalité du politique, de l'économique et du technique évoluer en son sein. Les forces de domination sont réorientées et mises au service du bien commun, alors que le travail, cessant d'avoir pour seule fin la satisfaction des besoins, contribue au renforcement du groupe, au développement des relations non-marchandes et à l'épanouissement des possibilités de chacun (cf. *Le livre descendu* : t.3, pp. 357-387). La mise en interaction salutaire de l'éthique et de l'économique se dessine au cœur des dialectiques relationnelles qui structurent la famille et induit en son sein des changements propices à l'émancipation de la femme et de l'être servile (cf. *Le livre descendu* : t.3, pp. 188-350). Ainsi, la constance et la noblesse des efforts entrepris, dans l'alliance non-idolâtrique à Dieu, produisent une refonte des principes anciens de culture, en offrant aux alliés dans la foi de cueillir les prémices du monde florissant promis aux vertueux. À l'inverse, parce que les méritants se découvrent capables d'affirmer leurs possibilités les plus hautes, en conspirant à l'avènement d'un monde plus juste, plus libre et plus fraternel, ils accèdent au sens de la résurrection et se redonnent le sentiment de Dieu. Ce type de développement nous semble le seul susceptible d'amener la transformation radicale de nos sociétés dans le sens de la durabilité écologique et sociale.

(5) Le rapport à l'animal

Le cinquième critère que le rapport à Dieu doit remplir pour être considéré comme bénéfique du point de vue écologique et social est d'encourager l'instauration de liens constitutifs avec les autres formes de vie. Il s'agit d'ouvrir un point de vue non-anthropocentrique, de réinscrire l'humanité au sein du vivant et de reconnaître la valeur intrinsèque des animaux, tout en marquant la singularité de l'être humain, son absolue dignité et la charge de responsabilité qui lui incombe. Plus largement, il importe de s'affranchir du cadre conceptuel d'oppression hérité de la modernité occidentale, en ouvrant la possibilité de relations émancipatrices et écologiquement rationnelles entre l'humain et l'animal.

- *Le cadre conceptuel d'oppression*

Dans la première partie de notre travail, nous avons rappelé que le drame écologique actuel est lié à la prévalence d'un schéma de pensée dualiste et anthropocentrique, issu de la tradition judéo-chrétienne, dans lequel se trouvent marqués tout à la fois la hiérarchie entre l'esprit et la matière, la séparation entre l'humain et l'animal, et l'ascendant de l'homme sur la femme. Ces agencements se renforcent et se confirment les uns les autres, constituant ce que Karen Warren appelle un « cadre conceptuel d'oppression », « un ensemble de croyances, de valeurs, d'attitudes et d'hypothèses fondamentales » qui rendent les rapports de domination possibles et les justifient (2009)[56]. Tant que ce cadre conceptuel n'aura pas été déconstruit et dépassé, il sera difficile de défaire les rapports d'exploitation sur lesquels s'est nouée la crise écologique actuelle, et notre monde aura du mal à sortir de l'impasse civilisationnelle dans laquelle il se trouve.

Avant d'examiner plus précisément la question du rapport homme-animal, il peut être utile de préciser que ce ne sont pas les opérations de dualisation, de hiérarchisation ou de valorisation qui donnent au cadre conceptuel de la modernité son caractère oppressif. Le problème n'est pas d'opposer la raison et la passion, l'humain et l'animal, l'homme et la femme, ni de les hiérarchiser, ni de leur associer des qualités ou des valeurs, mais de figer ces opérations en constituant des oppositions exclusives, des hiérarchies arrêtées et des valorisations univoques.

L'approche non-oppressive opère différemment. Elle fait valoir, en même temps que l'opposition des termes, leur complémentarité synergique et leur capacité de potentialisation réciproque ; elle souligne le caractère relatif, partiel ou évolutif des hiérarchisations établies ; elle tisse des correspondances plurivoques, forge des alliances d'opposés, enchevêtre les rapports et les surcharge de valorisations contrastées, de manière à introduire la complexité dans les réalités décrites. Si la fixité essentialiste relève d'une logique de domination, la complexité paradoxale s'inscrit dans une dynamique de libération et de cohabitation plurielle. Notre examen comparatif des doctrines chrétienne et coranique illustre déjà, dans une certaine mesure, ce contraste, et continuera à le faire.

L'irréductible dualisme de la position chrétienne

L'encyclique du Pape s'efforce de remédier à la séparation entre l'homme et la nature que les traditions monothéistes et la modernité occidentale ont renforcée. Rappelons que François considère la nature comme une expression de l'amour divin, un don qui demande à être reçu et préservé. Il estime que toutes les créatures sont habitées par l'Esprit Saint, et qu'elles ont chacune une valeur et une signification en propre. Enfin, il soutient que toutes les réalités créées sont interconnectées par des relations d'interdépendance, et que l'homme a vocation à former une fraternité de paix avec les autres êtres vivants au sein de leur maison commune qu'est la Terre.

Par ailleurs, en réinterprétant le texte fondateur de la Genèse, le Pape propose une compréhension inclusive du statut de l'homme dans l'ordre du vivant, une vision qu'il qualifie d'« anthropocentrisme situé », par opposition à l'anthropocentrisme « despotique » de la modernité (2023 :

§67 et *LS* 68). Dans cette nouvelle compréhension, l'homme conserve un rang et une vocation distincts, mais il ne s'affirme plus en dehors de la nature, ni contre les autres créatures. S'il se tient au centre du créé, c'est en raison des prérogatives qui lui commandent de préserver la création et de la cultiver selon ses potentialités propres, pour la rendre hospitalière dans la perspective de la plénitude promise à la fin des temps.

- *Une image idyllique de la nature*

Le Pape défend l'idée d'une création nativement bonne et accueillante, dont l'aménité aurait été obscurcie par la volonté maligne de l'homme, mais qui pourrait retrouver son harmonie originelle pour peu que ce dernier se détourne du péché et s'ouvre à l'amour de Dieu (*LS* 66). François reprend ici à son compte le vieux thème de l'innocence de la nature, par opposition au mal que l'homme y introduit. Cette idée romantique est proche de celle de la *wilderness* que valorisent les écologies de la Nature, et dont nous avons montré les dangers dans les analyses de notre premier volume.

Daniel Castillo estime que c'est « le souci de resacraliser la nature dans l'imaginaire chrétien » qui a conduit le Pape François à défendre « une interprétation romantique de la nature », « qui la dépeint principalement en termes positifs, en mettant l'accent sur des caractéristiques telles que la coopération, la symbiose et l'interdépendance » (2017). Le Pape soutient implicitement que les créatures terrestres pourraient s'épanouir dans la collaboration et tendre vers une seule et même fin glorieuse, sans entrer en concurrence pour la vie (*LS* 89, 92, 243-244). Mais une telle vision offre peu d'intérêt pour l'écologie, car ce sont précisément les rivalités irréductibles au sein de la nature, ainsi qu'entre l'homme et le reste du vivant, qui font émerger les véritables défis [57] : « Le loup est-il plus important que la tranquillité des bergers ? C'est là, souligne Fabrice Flipo, que commencent les problèmes d'écologie politique » (2010).

Il ne s'agit évidemment pas d'évacuer la ligne d'interprétation défendue par le Pape, ni de relativiser la nécessité de rechercher des solutions de coexistence harmonieuse avec la nature, mais de souligner la radicale insuffisance des visions unilatérales, et de rappeler l'importance de mettre en tension les perspectives opposées de la coopération et de la rivalité, de l'harmonie et de la séparation, afin de disposer d'un point de vue pertinent sur le réel. Comme nous l'avons dit plus haut, la nature n'est ni chimiquement bonne, ni foncièrement hostile. À certains égards, elle constitue, comme l'affirme l'écologie de la Nature, un cadre stable propice à l'épanouissement mutuel, que la technicisation et l'anthropisation excessives menacent. Par d'autres égards, cependant, comme le donne à penser l'humanisme anthropocentrique, elle est un lieu périlleux de rivalités impitoyables, contre lequel la communauté technique offre un territoire domestiqué et relativement sûr. Enfin, comme le souligne l'écologie du milieu, la nature est également affectée d'une mutabilité constante, et reste indissociablement liée aux dispositifs sociaux, économiques et techniques de l'homme. Si l'on veut rompre avec le dualisme anthropocentrique, il faut reconnaître et valoriser l'ensemble de ces dimensions.

- *Une vision du monde exclusivement centré sur l'homme*

Il est vrai que la pensée du Pape François se démarque de l'anthropocentrisme traditionnel dans la mesure où elle confère aux autres créatures une valeur propre (*LS* 76), accorde à chacune d'elles une place dans le monde (*LS* 240), reconnaît l'habitation de l'Esprit en elles (*LS* 88), et insiste sur leur importance vitale pour l'humanité (*LS* 77). Mais cela ne suffit pas à ouvrir un point de vue sur la nature qui soit indépendant de l'homme, de ses intérêts et de sa vocation[58]. Si, aux yeux du Pape, l'animal est un signe de Dieu, un reflet de sa puissance ou un instrument de sa providence, il n'a pas pour autant de valeur ou de destinée indifférentes à celle de l'homme. Seul l'être humain a une « dignité infinie » (*LS* 65). Lui seul entretient un commerce direct avec la transcendance, reçoit la révélation et doit assumer « une grave responsabilité qui naît de sa foi » (*LS* 220). C'est à lui qu'est confiée la charge de prendre soin de la maison commune (*LS* 244), de développer les potentialités de la création (*LS* 80) et de « reconduire toutes les créatures à leur Créateur » (*LS* 83). C'est aussi pour l'homme que « l'émerveillement partagé » de la vie éternelle est conçu, pour lui que « tout ce qui est bon en [la nature] sera assumé dans la fête céleste » (*LS* 243-4). Pour le Pape, l'être humain reste le médiateur privilégié de Dieu et la raison d'être de la création. N'est-ce pas en tant que Fils de l'homme que Dieu s'est incarné et a vaincu la mort ?

Ainsi, à partir du moment où le christianisme consacre le dogme de l'Incarnation, il se trouve dans l'obligation d'affirmer l'existence d'une différence fondamentale de nature entre l'homme et toutes les autres formes de vie. Il est aussi obligé de défendre la prévalence de l'esprit sur la matière, en maintenant une forme de dualisme ontologique. Enfin, il est conduit à soutenir une conception gnoséocentrique de l'homme, le considérant comme capable, par nature et par vocation, d'entrer en communion avec Dieu et de trouver la plénitude de la vérité. En confessant sans contredit que Jésus-Christ est Fils de Dieu, le christianisme est amené à entériner tous les philosophèmes de la thèse de l'exception humaine que nous avons présentée dans le premier volume de notre étude, et à entretenir par conséquent des représentations écologiquement néfastes.

A fortiori, la pensée chrétienne ne permet pas l'émergence d'une perspective non-anthropocentrique. Elle ne donne pas accès à un point de vue qui accorderait aux autres créatures une valeur et une destinée indépendantes de celles de l'homme, ou qui reconnaîtrait que la nature, dans son ensemble, puisse être indifférente à l'humain. Or, en l'absence d'une telle perspective, les intérêts de la nature ne peuvent pas être explicités en tant que tels, et ils demeurent subordonnés à ceux de l'être humain, empêchant une juste appréciation des enjeux écologiques.

Pour que la perspective non-anthropocentrique puisse apparaître et être valorisée, il faut contester la centralité de l'homme dans le projet divin de la création. Il faut mettre en question la résurrection dernière, la filialité divine de Jésus et la bienveillance de Dieu. Seule l'objection athée, en rejoignant la théorie darwinienne de l'évolution, ou en ouvrant à des interprétations panthéistes, rend possible une lecture non-anthropocentrique du monde. À l'inverse, seule l'affirmation théiste justifie d'octroyer à l'homme une distinction irréductible, le statut de sujet moral et un droit sur les autres entités naturelles, cautionnant ainsi le non moins nécessaire point de vue anthropocentrique. C'est donc bien dans la tension des perspectives en litige du théisme et de l'athéisme que pourrait être formulée une juste représentation de la place de l'homme dans la nature et de sa responsabilité dans l'ordre du créé.

La déconstruction coranique du dualisme homme-animal

En maintenant le paradoxe de Dieu, le Coran parvient à proposer une compréhension de la relation entre l'homme et l'animal qui s'avère pertinente sur le plan phénoménologique et écologique. L'annexe III présente les éléments clés de cette compréhension, étayés par des références textuelles. Les paragraphes qui suivent s'appuient sur ces données.

- *La mise en cause de l'exception humaine*

Dans le Coran, l'être humain se voit attribuer une place particulière dans l'ordre de la création : le fils d'Adam est élevé à une dignité distinctive, placé en position de domination et affublé d'une charge de responsabilité dans la gestion de la terre.

Mais, en même temps, en consacrant le paradoxe de Dieu et l'impossibilité de justifier pleinement la réalité du mal, le

Coran inflige à l'homme trois humiliations profondes, trois blessures narcissiques majeures. Tout d'abord, l'être humain se découvre victime et complice d'un mal résurgent de division, qui l'empêche de parvenir à une plénitude de communion avec Dieu et avec son semblable. Ensuite, l'homme comprend qu'il n'est pas en mesure de totaliser le savoir, et de se hisser de lui-même au faîte de la réflexion totale et de l'autonomie souveraine. Enfin, il prend conscience qu'il n'est peut-être pas établi pour toujours, comme il tend à le penser, au cœur d'un cosmos dont il serait l'unique référence : loin d'être à l'abri ou en repos au centre du créé, il y occupe une position précaire dont on ne peut pas dire qu'elle soit radicalement différente de celles des autres créatures. Ainsi, en maintenant le mystère de Dieu, le Coran remet en cause l'ensemble des postulats qui forment la thèse de l'exception humaine, sans cesser d'affirmer la dignité du fils d'Adam et la responsabilité qui lui incombe.

Cela étant dit, les prérogatives de l'homme ne sont pas arrêtées dans le Coran d'après l'idéal de la communion universelle, de même que la responsabilité qui lui revient n'est pas prédéfinie par la seule loi de l'amour. Le Coran ne résorbe pas la contradiction qui structure le discours génésiaque sur l'homme et sa fonction dans le monde. Il maintient la tension vive entre les trois lignes prédicatives de la Genèse, mettant au même niveau les fonctions de la domination, de l'intendance et du service charitable. Le commandement de l'amour, sans être mitigé, est enserré dans les logiques concurrentes de l'arbitraire et de l'équivalence – selon une articulation tout à fait cohérente avec la compréhension paradoxale que le Coran défend sur la filiation de Jésus (cf. *Le livre descendu* : t.3, pp.177-187)[59].

- *La position de l'homme dans l'ordre du vivant*

Dans le prolongement de sa lecture ambivalente du livre de la nature (cf. ci-dessus) et de la remise en cause de l'exceptionnalité humaine, le Coran laisse la question de la différence entre l'homme et les autres vivants à la confluence de considérations contraires.

Au niveau fondamental, il campe une nature hiérarchisée et segmentée, dans laquelle l'être humain, organisé en société et doté du logos, domine. Cette description s'accorde avec une vision morale de la création, véhicule des présupposés essentialistes, et consonne avec les attributs divins de la transcendance et de la justice. Cependant, sur cet arrière-fond émerge un autre paysage, où la nature et ses mille couleurs offrent un spectacle de corps sans différences tranchées. Certes, il y a l'ordre humain, et les règnes du végétal et de l'animal, mais leur séparation n'est plus repérable par des caractères propres. Un continuum relie tous les ordres, de sorte que, sans transition, des hommes se voient assimilés à des bêtes, ou comparés à des plantes, et vice versa. Dans un tel environnement, les valeurs, les hiérarchies et les polarités sont bousculées : l'homme touche aux bas-fonds de l'animalité, comme l'animal porte en lui l'humanité. Cette description renvoie au mouvement d'un monde frappé d'insubstantialité, en perpétuelle recréation, où les attributs de l'immanence et de l'arbitraire de Dieu prévalent (cf. *Le livre descendu* : t.1, pp.171-181)[60].

En intégrant deux perspectives contrastées, le Coran instaure entre l'être humain et les autres créatures une double relation de radicale différence et de commune appartenance, parvenant ainsi à formuler une position de principe que les analyses de notre premier volume ont indiquée comme étant la seule pertinente d'un point de vue à la fois phénoménologique et écologique.

Le Coran n'annule pas la différence entre l'homme et l'animal, mais il s'emploie à la rendre irréductible à aucun critère sûr. En contraste avec les allégations de la religion morale et de l'humanisme moderne, qui attribuent à l'homme un ensemble indéfini de qualités refusées à l'animal – raison, parole, culture, technique, respect, cruauté, etc. –, le discours coranique s'ingénie à brouiller les distinctions sur la base desquelles l'exceptionnalité humaine est instruite. Il insiste sur les comportements d'intempérance, de grégarité et de dépravation des hommes, en les rapprochant ainsi des bêtes, tout comme, à l'inverse, il affuble les bêtes de traits d'humanité – langage, intelligence, sociabilité, sollicitude familiale ou conjugale – en les rendant curieusement comparables à l'homme. La hiérarchisation convenue, qui sépare l'être humain vivant en société et doué de logos, de l'animal instinctif, sauvage et incapable de véritable langage, est affirmée dans le Coran, mais aussitôt déconstruite de manière à ne laisser subsister qu'une différence inobjectivable entre l'une et l'autre des créatures. Même la religion n'est plus considérée comme un lieu de distinction propre à l'homme : capacité de glorification, aptitude à recevoir la révélation, vocation à la résurrection, sont accordées sur un ton à la fois lyrique et ironique aux animaux.

Ce jeu ambigu de rapprochements revêt une double signification. Dans une perspective d'espérance, et à la lumière de l'immense amour du Créateur, l'effacement des frontières entre les espèces traduit un souci accru d'humanité et la volonté de sacraliser l'ensemble de la nature. Le paradoxe coranique dénote en ce sens une compassion profonde, qui s'étend à toutes les créatures, et qui réprouve toute forme d'iniquité à l'égard de l'animal, y compris la consommation de viande.

Mais dans un climat de désenchantement, et à la lumière de l'absence de Dieu, la remise en cause des distinctions traditionnelles entre les espèces sanctionne la naturalisation de l'humain. Loin de rendre compte d'une préoccupation charitable envers les plus vulnérables, le paradoxe coranique traduirait une volonté cynique qui nivelle les différences qualitatives entre les formes du vivant et ravale l'homme à un rang inférieur. La grâce de la révélation, la promesse de la résurrection, les rêves d'immortalité de l'homme, en étant mis en commun avec l'animal, sont secrètement moqués et réduits à de simples illusions. Toute distinction entre culture et nature devenant problématique, le cercle social se trouve désacralisé et rendu perméable à des comportements habituellement réprouvés. Même l'interdit absolu pourrait être atténué, la société humaine se laissant contaminer par le droit naturel de tuer que l'on tolère envers l'animal. Approfondir le paradoxe de la sorte reviendrait à privilégier la crainte aux dépens de la confiance, la rivalité vitale au détriment de la bienveillance, et les thèses de l'athéisme sur le compte des théories du théisme (cf. *Le livre descendu* : t.1, pp.171-181).

Or, comme nous le savons, le Coran rejette les orientations unilatérales. Il ne privilégie aucune des deux orientations que nous venons d'isoler, mais prône leur intégration, leur dialectisation et leur potentialisation réciproque, dans un effort de relèvement que l'homme est appelé à entreprendre à l'horizon de la résurrection continuée.

Dans ce cadre, le rapport paradoxal établi entre l'humain et l'animal acquiert plusieurs significations. En premier lieu, et comme nous avons pu le vérifier dans nos analyses précédentes, l'animalité en l'homme – son épaisseur corporelle, instinctuelle et passionnelle – n'est plus réduite ou refoulée comme un donné exclusivement négatif ; elle est contenue, transfigurée et mise à profit dans l'effort de redressement et de renouveau.

En second lieu, les raisons avancées par l'homme pour revendiquer un privilège exclusif sur le monde et un droit illimité à l'exploitation des autres espèces étant toutes contestées, sa suprématie sur la nature ne peut plus être regardée comme un droit légitime ; elle doit être sans cesse repensée et justifiée à la lumière de l'activité entreprise dans la voie de Dieu.

Plus largement, l'être humain se trouve replacé dans le voisinage des autres créatures, embarqué avec elles dans une histoire mouvementée, partageant avec elles une même vulnérabilité à la souffrance, et voué comme elles à la mort, sans certitude définitive quant à la résurrection dernière. Dans ces conditions, l'homme ne peut plus penser son salut éternel dans l'indifférence à la terre ou en rupture avec son environnement naturel.

- *L'ouverture d'un point de vue non-anthropocentrique*

Si la prédication coranique ôte à l'homme la certitude d'être de toute éternité au centre des préoccupations de Dieu, elle accorde en revanche à la nature et aux autres entités vivantes une valeur intrinsèque – et pas seulement « propre » comme dans la vision chrétienne de *Laudato si'* –, c'est-à-dire une valeur indépendante de tout intérêt humain d'ordre utilitaire, affectif, esthétique ou théologique. Les autres créatures ne sont pas seulement des signes divins, devant être respectées, aimées et méditées ; elles sont aussi reconnues comme étant l'objet d'une attention particulière de Dieu, qui peut être exclusive de toute considération humaine. Ainsi, le Coran ouvre, aux côtés du point de vue anthropocentrique traditionnel, une perspective non-anthropocentrique valorisant pleinement l'altérité de la nature et des entités naturelles. À ce titre, il répond au critère que nous cherchons à évaluer.

- *L'animal sauf d'essence*

Les considérations que nous venons de présenter ne manquent pas de soulever, à nouveaux frais, la question de la nature humaine. Le fils d'Adam est-il un ange ? Est-il une bête ? Pour le Coran, il n'est ni l'un ni l'autre ; mais il est aussi l'un et l'autre, l'un ou l'autre. Cette indétermination suffit à rejeter l'idée qu'il puisse exister, *a priori* et de façon intangible, une essence ou une définition de l'être humain. Pourtant, le Coran accorde bien à l'Homme une nature déterminée, une spécificité que Dieu lui a donnée et qu'il doit préserver. Mais de nouveau, il montre que la créature humaine ne se rattache à aucune espèce clairement délimitée, ne se prévaut d'aucun contour générique définitif, et ne se laisse comprendre par aucune caractérisation stable. En somme, le Coran ne cesse de mêler deux lignes de signification rivales : l'une, plutôt statique, défend la préservation de l'espèce humaine ; l'autre, plutôt dynamique, évoque la possibilité d'une transformation radicale de l'humanité.

La composante dynamique du discours coranique signifie que la création du monde est continuée et que la condition humaine est susceptible de connaître bien des transformations, au cours d'une histoire dont on ne sait si la fin sera définitive ou provisoire. Mais en même temps, la composante statique du propos coranique souligne la nécessité pour l'homme de consentir à sa condition actuelle et de ne pas se perdre dans des innovations hasardeuses que Dieu n'aurait pas cautionnées (cf. *Le livre descendu* : t.1, pp.189-191).

Si l'élaboration coranique recoupe ainsi, par certains côtés, les positions du transhumanisme et son refus de considérer l'humanité « comme une essence, une nature stable, donnée » une fois pour toutes (Hottois, 1984 : 113), il reste une différence éthique essentielle entre les deux. Le transhumanisme laisse libre cours aux fantasmes d'autonomie de l'Homme et à sa capacité de manipulation sans limite, au risque d'une dévastation anthropologique catastrophique. En revanche, le Coran dénonce toute tentative humaine de remettre en cause les dispositions de la nature créée, et ne conçoit la possibilité d'une reconfiguration de la condition de l'homme que dans une relation assainie à Dieu. Dans la vision coranique, la signification de l'être humain, et sa capacité à avancer sur une voie de salut, dépendent d'une détermination qui excède celle qui régit l'ordre naturel ou culturel. Elles dépendent de la possibilité de recevoir la guidance d'un tout-Autre, que le Coran appelle révélation.

- *La consommation de viande*

Dans le domaine des relations homme-animal, la question de la consommation de viande ne peut être éludée. Comme nous l'avons souligné dans la première partie de notre travail, cette question revêt une importance écologique capitale à plusieurs égards.

Sur ce sujet, comme sur tous les autres, le messager coranique commence par demander aux croyants de consentir aux convenances de la société dans laquelle ils vivent. Il reconduit d'ailleurs, à l'intention de sa communauté, les prescriptions juridiques et rituelles qui étaient en vigueur à son époque en matière d'alimentation. Mais ces prescriptions sont aussitôt excédées de deux manières : par le haut, suivant les impératifs de la transcendance et de la religion morale et spirituelle, et par le bas, selon les conditions de l'immanence et de l'irreligion la plus permissive.

D'une part, à la lumière de l'amour de Dieu et du message christique de fraternité universelle, l'immolation des animaux est ressentie comme odieuse, et il est jugé souhaitable d'étendre l'interdit légal en matière alimentaire à toute consommation carnée. D'autre part, cependant, en raison de l'absence de Dieu et de la loi de prédation qui régit le monde, au vu également des facultés omnivores de l'être humain et de sa domination sur le reste du vivant, la consommation de viande est considérée légitime, et il est jugé bon de tolérer, lorsque les circonstances l'exigent, des entorses aux interdits alimentaires carnés prévus par la loi. Les prescriptions coraniques sur l'alimentation laissent affleurer les deux points de vue contraires. Elles peuvent être lues, au-delà de leur sens étroitement juridique, de manière à faire ressortir l'une ou l'autre des considérations opposées (cf. *Le livre descendu* : t.2, pp.46-55).

La contrariété interne de l'instruction coranique traduit une donnée importante de la dynamique existentielle de la foi, que nous avons exposée plus haut : elle signale que l'impératif de l'obéissance à la loi, sans être mitigé, est sans cesse débordé par des incitations contraires et illimitées, qui naissent du rapport inapaisé à l'absolu.

Partant, la question de la consommation de viande ne trouve pas dans le Coran de réponse satisfaisante dans l'obligation de se conformer à la convenance. D'une part, l'acte de tuer l'animal n'est plus considéré comme anodin. Il ne peut plus être commis, ni commandité, sans la conscience de se rendre coupable de violence et, possiblement, d'une offense qui déplaît à Dieu. À la limite, on pourrait considérer que la bête est digne d'une sacralité qui rend sa mise à mort abusive, voire aussi odieuse que le crime. Cependant, d'autre part, plaidant contre les crispations rigoristes, les replis de la culpabilisation et les excès de la sensiblerie, le Coran invoque d'autres raisons, également fondées, qui appellent à consentir à la différence des espèces et à la réalité de la prédation qui prévaut dans l'ensemble du règne naturel. Toutefois, ces dernières justifications ne manquent pas d'être déboutées à leur tour, d'abord par l'indignation que peut soulever la cruauté sous toutes ses formes, ensuite par la possibilité, toujours ouverte aux hommes, de faire des choix de vie alternatifs ou moins nocifs. Ainsi, la contrariété qui naît du paradoxe coranique de Dieu porterait l'âme croyante à engager un effort de volonté et de dépassement. Par souci de se prémunir contre la violence, par volonté d'inaugurer un mode de vie moins prédateur, ou pour rendre grâce du don reçu, le croyant chercherait à limiter l'exploitation abusive de l'animal (cf. *Le livre descendu :* t.2, pp.46-56).

- *Vers une relation renouvelée à l'animal*

En replaçant l'humain dans le voisinage des autres formes de vie, en reconnaissant à ces dernières une valeur propre et intrinsèque, et en mettant en lumière la cruauté des pratiques abusives envers l'animal, le Coran encourage les hommes à rechercher des modalités de rencontre, de rivalité et d'association avec les autres vivants, qui tiennent compte de leurs différences irréductibles, de leur parenté plus ou moins lointaine, et des intérêts spécifiques et enchevêtrés qui les lient les uns aux autres. L'histoire coranique de Salomon, que nous commentons en Annexe III, est particulièrement significative à cet égard. Elle souligne que la vie pleine et réconciliée que les croyants appellent de leurs vœux, et à laquelle ils s'efforcent de donner visibilité, cherche à faire place à toutes les autres créatures, et à s'enraciner dans un monde fécond et durable ici-bas.

(6) La relation homme-femme

La sixième condition que doit remplir la conception du divin, afin de répondre aux enjeux de l'anthropocène, est de permettre une compréhension accueillante et édifiante de l'altérité sexuelle, qui favoriserait l'émancipation des femmes de la domination patriarcale, et encouragerait des relations mutuellement enrichissantes entre les partenaires du couple humain.

Le christianisme et la morale naturaliste de la famille

À diverses reprises, l'encyclique *Laudato si'* donne l'impression de vouloir réviser la doctrine établie de l'Église concernant les sexes, en défendant une vision plus favorable aux femmes, ou en valorisant davantage les qualités qui leur sont traditionnellement associées. Ainsi, sans cesser de reconduire l'image tutélaire et patriarcale du Dieu-Père, l'encyclique insiste sur ses qualités d'« affection », de « tendresse » et de « miséricorde » (*LS* 77), comme pour contredire l'idée que Dieu soit un maître dominateur, sévère et pour ainsi dire viril. La vérité de la puissance de Dieu, de même que la force de ceux qui lui sont fidèles, c'est d'aimer. Et l'encyclique de citer en exemple Joseph, le « protecteur de l'Église universelle » : « Il apparaît comme un homme juste, travailleur, fort. Mais de sa figure, émane aussi une grande tendresse, qui n'est pas le propre des faibles, mais le propre de ceux qui sont vraiment forts, attentifs à la réalité pour aimer et pour servir humblement » (*LS* 242).

Dans un autre passage, François rappelle qu'il est essentiel d'apprendre à recevoir son corps, à en prendre soin, et à en respecter les significations sexuées et non-sexuées, masculines ou féminines : « La valorisation de son propre corps dans sa féminité ou dans sa masculinité est aussi nécessaire pour pouvoir se reconnaître soi-même dans la rencontre avec celui qui est différent. De cette manière, il est possible d'accepter joyeusement le don spécifique de l'autre, homme ou femme, œuvre du Dieu créateur, et de s'enrichir réciproquement » (*LS* 155).

Ces clarifications semblent aller dans le sens d'une anthropologie cohérente avec l'émancipation de la femme. Mais, en réalité, l'encyclique dans son ensemble continue de soutenir la vision androcentrique du christianisme traditionnel. « *Laudato si'*, estime Emily Reimer-Barry, reconduit les préjugés du patriarcat de deux manières : premièrement, en mettant l'accent sur Dieu en tant que Père, et deuxièmement, en utilisant un modèle binaire de genre et des stéréotypes de genre qui placent les femmes dans un rôle de soutien au pouvoir masculin » (Reimer-Barry, 2015). Symptomatique à cet égard est la façon dont l'encyclique dépeint la création comme « une famille universelle » au sein de laquelle la nature est décrite comme « une mère, belle, qui nous accueille à bras ouverts » (*LS* 1), ou comme une « sœur [qui] crie en raison des dégâts que nous lui causons » (*LS* 2), alors que Dieu continue d'être présenté sous « la figure d'un Père créateur et unique maître du monde » (*LS* 75). « En adoptant un langage masculin pour nommer Dieu et un langage féminin pour désigner la Nature, le Pape François reprend une métaphore culturelle de longue date qui s'est avérée dangereuse pour les femmes, car elle ne reconnaît pas l'égale dignité et contribution des femmes dans la formation de la culture » (Reimer-Barry, 2015). Selon Agnès Brazal, le Pape François reconduit « inconsciemment » l'association de nature patriarcale entre les femmes, d'une part, et les soins et la fragilité, d'autre part », au risque « de nuire à la promotion de l'action des femmes et à la nécessité pour les hommes de s'engager dans le travail de soins et de reproduction sociale » (2021).

De nombreuses écoféministes regrettent par ailleurs que le Pape n'ait pas souligné, dans le chapitre de sa lettre consacré à la racine humaine de la crise écologique, le lien entre la domination de la Terre et la subordination des femmes, qu'il n'ait pas mentionné non plus, dans la partie qui traite de ce qui se passe dans notre maison commune, l'inégalité des sexes face aux souffrances et aux risques causés par la détérioration de l'environnement[61], enfin qu'il n'ait pas évoqué, dans ses lignes d'orientation et d'action pour une écologie intégrale, le rôle moteur que les femmes pourraient jouer en tant qu'agents du changement (Toldy, 2017 ; Brazal, 2021). Si le Pape critique « l'anthropocentrisme despotique » de la modernité (*LS* 68), il ne mentionne jamais la domination dont les femmes sont victimes, alors que cette domination est au cœur des comportements et des dynamiques qui détruisent la planète et les plus vulnérables.

Un problème encore plus crucial réside dans le soutien qu'apporte l'encyclique à la vision naturaliste de la différence sexuelle et à l'inégalité entre l'homme et la femme qui en découle. Ainsi, lorsque le Pape appelle chacun à valoriser « son propre corps dans sa féminité ou sa masculinité » « pour pouvoir se reconnaître soi-même dans la rencontre avec celui qui est différent », il comprend la différence sexuelle et les notions de féminité et de masculinité de manière essentialiste en référence à « la loi morale inscrite dans notre nature » (*LS* 155). Le texte, note Teresa Toldy (2017), reprend le langage classique du magistère chrétien traditionnel, selon lequel il existe une « nature » définie par le Créateur et inscrite dans le corps humain. Le paragraphe 155 de l'encyclique dévoile alors une orientation profondément conservatrice sur les questions du genre et de la sexualité : « L'acceptation de son propre corps comme don de Dieu [c'est-à-dire la conformation à la normalité sexuelle inscrite dans la nature] est nécessaire pour accueillir et pour accepter le monde tout entier comme don du Père et maison commune ; tandis qu'une logique de domination sur son propre corps [c'est-à-dire toute volonté de contrevenir à la définition naturaliste du genre] devient une logique, parfois subtile, de domination sur la création » (*LS* 155). Il est significatif, ajoute Toldy, de constater que le Pape parle, à la suite de Benoît XVI, d'une « écologie de l'homme » (*LS* 155), et non d'une écologie « des hommes et des femmes », marquant ainsi son adhésion à la théologie traditionnelle de la création et au préjugé androcentrique qui considère l'homme masculin comme le prototype de l'être humain.

En définitive, le Pape ne remet pas en cause le schéma binaire, rigide et essentialiste de la différence sexuelle que les enseignements de l'Église ont consacré. Il soutient que la famille traditionnelle – tout comme les droits de l'homme et la charité – fait partie de l'ordre « naturel », qu'elle est constitutive de la société humaine, antérieure aux institutions civiles et indépendante des constructions culturelles et sociales. C'est d'ailleurs en utilisant le vocabulaire de la famille (père, frère, sœur, mère), et en postulant la naturalité du lien familial, que l'encyclique évoque les relations au sein de la communauté chrétienne et dans la création tout entière.

Or, la conception naturaliste de la famille et de la différence sexuelle est problématique à plusieurs égards. Pour commencer, elle ignore la dimension socialement construite des identités sexuelles et des fonctions qui leur sont attachées. Ensuite, elle assujettit le développement de l'individu à des aprioris normatifs figés. Enfin, elle est discriminatoire à l'encontre des femmes et des minorités sexuelles, dans la mesure où elle contribue à verrouiller des représentations androcentriques et des structures de pouvoir, qui les maintiennent dans une position et des rôles non choisis. Comme le signifie Geneviève Lloyd, « les femmes ne peuvent pas facilement s'accommoder d'un idéal culturel qui s'est défini en opposition au féminin » (1984 : 104).

Pour autant, nous avons souligné, dans le premier volet de notre étude, qu'il serait inapproprié de rejeter toute référence au concept régulateur de nature et d'embrasser sans réserve les positions du culturalisme et du constructivisme social. Un tel parti pris renforce, même involontairement, les entreprises de manipulation du vivant qui, lorsqu'elles font fi de toute considération éthique et considèrent toute pratique comme légitime, génèrent de graves menaces pour l'Homme et l'environnement, comme le montrent aujourd'hui les programmes inconditionnés de la technoscience et les projets transgressifs du transhumanisme.

Par ailleurs, le rejet du naturalisme a pour effet de renforcer le relativisme radical qui, en matière sexuelle notamment, s'avère très disruptif. Tenir la sexuation pour une variable culturelle, et donc pour une fonction subjective, négociable et modifiable à souhait, brouille la séparation entre les genres et encourage la prolifération d'affirmations exacerbées de particularisme sexuel. Le danger serait que la dimension pulsionnelle de la personnalité – ce que nous avons appelé précédemment la passion – imprime sa marque à l'ordre social et politique. Alors, le sexe ne serait plus un lieu de rencontre, de liaison et de constitution de soi à l'épreuve de l'altérité. Relativisé comme différence, il deviendrait un facteur d'atomisation et de régression sociales.

Pour le reste, on ne saurait ignorer que la définition naturaliste de la différence sexuelle prend racine dans des réalités biologiques fondamentales et difficilement contestables. Il est aussi indéniable que le modèle ancestral de la famille présente des avantages et de nombreux bienfaits lorsqu'il est dûment opéré. Les mécanismes ordonnateurs de la famille, la valeur structurante de la conjugalité, la supériorité des « vertus viriles de la raison et du cœur d'un humanisme vrai » (Paul VI, 1968), cet ensemble de principes que l'histoire millénaire a consacrés, et que tant de peuples et de nations ont ratifiés, ne garantissent-ils pas un cadre propice à la prospérité, à la sécurité et au grandissement de l'être humain ?

Il faut donc reconnaître que les partis-pris contraires, du naturalisme patriarcal et du culturalisme relativiste, sont tous deux limités. Chacun présente des avantages et défend des exigences qui ne peuvent être négligées. Mais tous deux sont malheureux lorsqu'ils sont adoptés de manière unilatérale. Par conséquent, une juste position de principe consisterait à cautionner simultanément les points de vue opposés, de manière à valoriser les aspects positifs de chacun tout en écartant les dangers qui leur sont propres. Toutefois, pour parvenir à une telle intégration dans un cadre monothéiste, il faudrait disposer d'une conception de Dieu qui ouvre la voie à des visions anthropologiques contrastées. Il faudrait notamment repenser l'idée convenue de la paternité de Dieu[62], dépasser l'interprétation judéo-chrétienne classique de la différence des sexes, et remettre en question les récits sur l'origine qui font naître la femme de la côte de l'homme et en font une créature suborneuse et corruptrice[63].

Le Coran et le mystère de la différence des sexes

Le Coran refuse d'appeler ouvertement Dieu « Père », et ne tranche pas la question de la filialité divine de Jésus. Ce faisant, il proteste contre l'abus des formulations dogmatiques chrétiennes et les dérives qui en découlent (cf. Annexe I). Il est important de noter, à cet égard, que la formule *bismillāh ar-raḥmân ar-rahîm* (« au nom de Dieu le tout-miséricordieux le très-miséricordieux ») qui introduit les sourates coraniques désigne l'Origine par les attributs « *ar-raḥmân* » (le tout-miséricordieux) et « *ar-raḥîm* » (le très-miséricordieux), qui renvoient par leur racine commune *raḥm*, à l'utérus, au sein maternel qui transmet la vie. Ainsi, à chaque incipit, le Coran met en avant une conception plus féminine de Dieu et de la filialité, sans rompre avec la vision commune du maître créateur et tout-puissant qui n'engendre pas et n'a pas été engendré.

En prêchant plus largement une idée ambivalente du divin, le Coran parvient à donner une interprétation plus pertinente, plus complexe, et plus équilibrée du rapport entre les sexes. Pour apprécier cette élaboration – qui est en réalité très éloignée de ce que beaucoup pensent aujourd'hui –, nous allons d'abord présenter quelques traits du récit coranique de la genèse. Nous verrons qu'en combinant des perspectives anthropologiques rivales, le Coran déjoue les compréhensions réductrices de la différence sexuelle, déconstruit les arguments du conservatisme patriarcal, et ouvre la voie à des relations d'altérité soucieuses de différence, d'égalité et d'unité.

- *L'inintégrable événement de la genèse*

En accord avec sa conception paradoxale de la création, que nous avons exposée plus haut, le Coran propose un compte rendu de la genèse de l'être humain, riche de significations plurielles.

Un premier ensemble de fragments conforte l'idée, maintes fois répétée, selon laquelle l'homme et la femme auraient été créés d'une seule souche ou d'une même âme : « Ô gens ! Prémunissez-vous envers votre Seigneur qui vous a créés d'une seule âme, dont il créa le conjoint, et de l'un et l'autre, il répandit tant d'hommes et de femmes » (Coran 4:1, 7:189, 16:72…). Dans ces versets, l'identité sexuelle de l'Adam primitif n'est pas clairement définie. Le premier humain n'est jamais évoqué dans le Coran par les termes qui qualifient en arabe l'individu de sexe masculin (*rajul* ou *zikr*), mais par des désignations qui signifient l'humain, quel que soit son sexe (*bashar* ou *insân*). L'alter ego d'Adam est lui-même asexué : il n'est jamais nommé par un nom propre, mais toujours désigné par le terme neutre de conjoint (*zawj*). Le premier humain et son conjoint figurent donc le couple. Et c'est en tant que couple, c'est-à-dire en tant qu'ils représentent la créature humaine dans sa dimension relationnelle, qu'Adam et son conjoint sont mis en garde par Dieu contre la transgression, que « tous deux » sont tentés par le Diable, que « tous deux mangèrent » de l'arbre interdit, et que « tous deux » sont renvoyés sur une terre déchue (Coran 2:35-36, 7:19-24, 20:117-123). Dans cette première série de fragments, les partenaires au sein du couple humain occupent des positions parfaitement équivalentes au regard de la création. Ils partagent une origine commune libre de toute coloration sexuelle et une nature qui, plus essentielle que leur différence, échappe aux assignations de l'histoire marquée par la domination. Enfin, en refusant de donner au conjoint d'Adam le nom d'Ève, le Coran évite de figer l'identité féminine dans un quelconque a priori. Il offre ainsi à l'autre sexe la possibilité de se nommer, de se définir et de penser son mode d'existence indépendamment du discours dominant qui lui est appliqué.

Pour autant, on ne saurait fixer le récit coranique de la genèse sur un tel schéma. C'est qu'une autre série de fragments vient insinuer, à rebours du postulat d'unité inaugurale, l'idée que l'être humain a été engendré d'emblée en couple, sans passer par une création première : « Ô humains ! Nous vous avons créés d'un mâle et d'une femelle, et nous avons fait de vous des peuples et des tribus, pour que vous vous entre-connaissiez » (Coran 49:13, 53:45, 75:39, 92:3…). Aucun élément dans ces versets n'autorise à gratifier le mâle d'une prééminence sur la femelle, ni à affirmer que l'homme a été créé avant la femme, mais il semble que la différenciation des sexes soit ici originelle, et que dans la relation de couple, la division soit première sur l'harmonie. À partir de là, il devient possible de rejeter l'idée d'une communauté de nature entre l'homme et la femme, ainsi que l'égalité de droits qui en découle. Rien n'empêche alors de réaffirmer la primauté du masculin sur le féminin, en se fondant sur le fait que l'homme originel, nommé Adam selon la tradition biblique, est un mâle.

En réalité, le Coran ne juxtapose pas, comme nous venons de le présenter, deux séries de fragments se rapportant à des postulats différents. L'ensemble du texte présente un caractère bivalent, et peut être décliné sous l'un ou l'autre des paradigmes présentés, suivant le sens que l'on donne à certaines expressions, et la manière dont on relie les fragments entre eux. En privilégiant un certain arrangement, on pourrait affirmer que l'homme et la femme sont issus d'une même chair, et que la séparation des sexes est interne au genre : l'unité entre le masculin et le féminin serait originelle, leur nature commune, et aucune hiérarchie entre eux ne serait légitime en droit. Mais, en donnant d'emblée à Adam le sexe masculin, et en agençant les fragments de manière appropriée, on parviendrait à une autre présentation : le couple serait désaccordé dès le commencement, et les conjoints exilés de l'unité humaine avant d'être chassés de l'éden ; les sexes seraient différents par le genre et, dès l'origine, l'un jouirait d'une supériorité sur l'autre (cf. *Le livre descendu* : t.1, pp.186-189).

L'un dans l'autre, le Coran ne tranche pas l'énigme de la différence sexuelle. Il instaure entre les sexes un rapport dont le sens anthropologique est intarissable, et il marque entre eux une différence qui échappe aux résolutions simples et réductrices.

- *L'énigme de la différence sexuelle*

Le Coran ne se prononce pas de manière non-contradictoire sur la dimension originelle ou advenue de la différenciation sexuelle. D'une part, il reconnaît que l'identité sexuée est déterminée au gré d'une histoire, sous la forme d'une interprétation inscrite dans les corps, les institutions et le langage. Mais d'autre part, il comprend que l'identité sexuée a partie liée avec des propriétés, des processus et des spécificités biologiques déterminantes, qui sont indépendantes de l'activité humaine, et si anciennes, qu'il est également juste de tenir la différence des sexes pour un originaire voulu par Dieu pour l'humanité. Ni pur naturalisme, ni simple culturalisme, pour le Coran, la différence homme-femme est donnée, et elle est en devenir.

Par ailleurs, le Coran ne fixe pas le statut ontologique des partenaires du couple humain. L'identité sexuée de l'homme primitif étant indéfinie, et son conjoint n'ayant pas de nom propre, la féminité et la virilité ne peuvent plus être pensées en elles-mêmes et se dérobent à la question de l'essence. Cependant, comme aucun protagoniste ne représente à lui seul la totalité, et qu'aucun ne peut prétendre accomplir son humanité séparément, chacun est tenu de s'ouvrir à l'altérité de son partenaire et d'accueillir sa différence.

Enfin, signalons que si le récit coranique préserve une asymétrie qui favorise l'homme – suivant en cela les écritures premières et le verdict de l'histoire qui rendent les femmes dépendantes de la vassalité masculine –, rien dans le Coran n'autorise de perpétuer un quelconque rapport de pouvoir, ou un quelconque avantage de fait d'un partenaire sur son conjoint, au nom d'une disposition d'ordre ontologique ou naturelle. Au contraire, en mettant à l'honneur l'hypothèse de l'égalité originelle des sexes, le Coran conforte l'idée que les partenaires du couple ont la même dignité au regard de Dieu et la même vocation.

- *Entre consentement et remise en cause de la société patriarcale*

Le Coran ne porte pas de jugement simple et non-contradictoire sur l'ordre patriarcal traditionnel, mais développe également à ce sujet des considérations en conflit. D'une part, il approuve le modèle établi, parce qu'il a ses avantages, répond d'exigences fondamentales, et représente la norme civilisationnelle en vigueur à laquelle il faut d'abord consentir. Cependant, le Coran conteste en même temps l'arrangement patriarcal, car il ne peut y avoir de véritable émancipation, notamment celle des femmes, sans une réforme radicale des structures existantes. Ces considérations opposées témoignent de l'expérience du messager arabe et des siens. Elles reflètent la dynamique d'une démarche de foi qui, tout à la fois, prend en charge le donné et s'attaque à tout ce qui perpétue l'iniquité et la séparation entre les dominants et les dominés.

D'une certaine façon, le témoin coranique commence toujours par la célébration du monde tel qu'il est, et il y revient sans cesse. Ce faisant, il tend à adhérer au schéma hiérarchique de la société ancestrale. Les êtres humains, estime-t-il alors, sont issus d'une même souche et ils forment une espèce unique, différenciée en genres, où l'homme prévaut. Mais, en même temps, le témoin arabe dénonce les ressorts de la domination phallocrate et abonde dans le sens de la diversité : il considère que l'homme et la femme ont pareillement accès à un genre originel neutre et à une singularité irréductible. D'un côté, il cherche à préserver les acquis du modèle de référence, et il note les dangers que fait courir l'éviction de la norme[64]. De l'autre, il intègre la nécessité de la critique, ouvre largement le champ des possibilités, et appelle à la réforme[65]. Enfin, c'est dans la tension des exigences contraires, et par l'accueil d'une parole essentielle reçue dans la prière, que le prophète arabe entreprend de réformer l'environnement de sa communauté. Et c'est à l'épreuve d'exigences analogues qu'il appelle les autres, hommes et femmes, à s'évertuer sur le chemin de la résurrection (cf. *Le livre descendu* : t.3, pp.246-264).

- *Un cadre conceptuel d'émancipation*

En fin de compte, le Coran maintient sur la question du rapport homme-femme une tension productive entre des perspectives opposées. Il cautionne concurremment, et renvoie dos-à-dos, les positions du traditionalisme et du modernisme, du naturalisme et du constructivisme, de la conservation et de la réforme. Ce faisant, il formule un double refus : il se défend de résorber la différence des sexes dans une neutralité du même ou selon un égalitarisme plat. Et il refuse de sacrifier l'unité des sexes au nom d'une hiérarchie figée ou d'une incommensurable disparité. S'il ne clôture pas l'interrogation portant sur le genre, le Coran appelle chacun, homme et femme, à consentir réalités biologiques et culturelles qui façonnent son identité sexuée, pour l'interpréter et la vivre à l'épreuve de l'altérité de l'autre sexe, et sous le regard de Dieu.

Pour commencer, les fidèles sont donc invités à prendre en charge la condition qui est la leur, selon l'idée que l'héritage biologique, familial et social, constitue l'assise à partir de laquelle un développement différencié peut se réaliser. La forme du couple hétérosexuel, et les modalités convenues de vivre la masculinité et la féminité, restent alors un langage valable pour tous, et constituent le cadre de référence pour la rencontre entre les sexes. Mais ces normes ne disent rien de définitif sur la manière personnelle dont il revient à chacun d'incarner son identité sexuée et de donner sens au genre qu'il a reçu[66].

Autrement dit, la possibilité est donnée à chacun de s'approprier l'énigme de la différence sexuelle, de l'orienter, de l'agir et de l'élever à une existence consciente et personnelle, sous condition d'une relation sans idolâtrie à Dieu[67]. Si cet effort est authentique et sincère, il implique le consentement au donné, conduit à une rencontre exigeante avec l'autre sexe, et rend l'affirmation individuelle inséparable d'une quête de cohésion. Dans ce cas, l'épreuve du paradoxe – c'est-à-dire la nécessité de répondre des exigences contraires – conspirerait à promouvoir la différence, l'égalité et l'unité entre l'homme et la femme (cf. *Le livre descendu* : t.3, pp.264-266).

Ainsi, tout comme il renouvelle les rapports entre l'homme et l'animal, le Coran réussit à renouveler le champ des relations entre les sexes dans un sens émancipateur, socialement fécond et écologiquement pertinent. En préservant l'inintégrable physionomie du divin contre les tentations idolâtres qui la réduisent à une figure en particulier, le Coran s'affranchit des dualismes réducteurs, et il apporte des réponses appropriées à des questions aussi essentielles que celles du rapport entre nature et culture, de la relation entre esprit et matière, du lien entre individu et collectivité, de la place de l'homme dans l'ordre du vivant, ou de la signification de la différence sexuelle. Ces réponses correspondent à celles que les analyses du premier volet de notre étude ont identifiées comme nécessaires à la cause écologique et sociale. En revanche, la doctrine chrétienne, en faisant de Dieu un Père trop humain, exclusivement bon et salvateur, reste enfermée dans un cadre conceptuel dualiste, et n'offre pas une culture de la foi susceptible de répondre efficacement aux défis de la transition.

(7) La violence

Le dernier critère auquel l'idée de Dieu doit répondre pour être considérée comme salutaire est d'être un vecteur de paix et d'aider les hommes à traverser au mieux les épreuves de la violence et les drames fratricides auxquels ils sont confrontés.

Notre monde connaît un climat de plus en plus rude de violence, d'injustice et de destruction de l'environnement. Ces maux, comme nous l'avons maintes fois rappelé, sont liés[68]. Pour le Pape François, ils trouvent leur origine commune dans la perte du sens moral et religieux : « Depuis trop longtemps déjà, écrit-il, nous sommes dans la dégradation morale, en nous moquant de l'éthique, de la bonté, de l'honnêteté, de la foi. L'heure est arrivée de réaliser que cette joyeuse superficialité nous a peu servi. Cette destruction de tout fondement de la vie sociale finit par nous opposer les uns aux autres, chacun cherchant à préserver ses propres intérêts ; elle provoque l'émergence de nouvelles formes de violence et de cruauté, et empêche le développement d'une vraie culture de protection de l'environnement » (*LS* 229). François ne dénonce pas une simple résurgence d'antagonismes, que l'on pourrait considérer comme naturels et inéluctables ; il s'alarme du renforcement d'une forme pernicieuse de corruption, née de l'alliance entre un athéisme clairement professé, la raison moderne instrumentale et l'égoïsme érigé en système et règle de vie. C'est l'association du relativisme éthique, de la logique froide de la domination et du conformisme consumériste, qui précipite notre monde dans l'injustice, les excès et la violence (*LS* 197, 201…).

Si le Pape accuse ainsi l'irréligion d'être à la source de la culture de violence qui domine nos sociétés, d'autres observateurs ne manquent pas de relever que les religions monothéistes sont elles-mêmes productrices de violence – et d'une violence d'autant plus redoutable qu'elle n'a pas pour but de conquérir un pouvoir, de s'approprier des richesses ou d'affirmer une identité, mais de convertir les autres et de détruire les faux dieux. Jan Assmann (2009) considère ainsi que le judéo-christianisme inaugure une histoire marquée par la violence, dès lors qu'il instaure une séparation irréductible entre la vraie et les fausses religions, et entre Dieu et le monde. En contraste, le polythéisme antique était plus inclusif et moins violent, parce qu'il pensait Dieu et le monde ensemble, et était capable d'inclure des divinités étrangères dans son panthéon. Arthur Schopenhauer soutenait une idée similaire. Il estimait que la conviction poussée à l'absolu de posséder la vérité, la seule vérité, conduit le monothéisme à se lancer dans le prosélytisme missionnaire, les croisades et la guerre sans fin contre tous ceux qui ne partagent pas sa croyance : « L'intolérance n'est essentielle qu'au monothéisme. Un Dieu unique est, d'après sa nature, un Dieu jaloux, qui n'en laisse vivre aucun autre. Au contraire, les dieux polythéistes, d'après leur nature, sont tolérants. Voilà pourquoi les religions monothéistes seules nous donnent le spectacle des guerres, des persécutions, des tribunaux hérétiques, comme aussi celui du bris des images des autres dieux, de la destruction des temples etc. » (1906 : 67-8).

Si l'on tient compte des appréciations opposées que nous venons de présenter, on pourrait affirmer qu'il existe deux dispositions productrices de violence : la première, que le Pape associe à l'athéisme, participe d'une violence uniformisatrice propre au règne de la raison technocratique ; la seconde, ancrée dans un monothéisme exclusif, perpétue une violence sacrée qui ne laisse pas de place à la diversité.

S'il dénonce la première, le Pape François n'ignore pas que la chrétienté a prêté le flanc à la seconde et qu'elle s'est rendue coupable de dévoiements répétés dans la violence religieuse. Il regrette qu'une « mauvaise compréhension » ait conduit parfois les Chrétiens « à justifier le mauvais traitement de la nature, la domination despotique de l'être humain sur la création, ou les guerres, l'injustice et la violence » (*LS* 200). À toutes les formes et à toutes les semences de haine, le Pape oppose le « trésor de sagesse » reçu de l'Évangile et les convictions de la foi, que sont « l'amour, la justice et la paix ». Il prêche une culture de la fraternité et une civilisation de l'amour, qui seules peuvent nous aider à « mieux répondre aux nécessités actuelles » (*LS* 200).

La proposition radicale du Pape en faveur de la non-violence tombe sous le coup des objections habituelles adressées au pacifisme. Comme nous le verrons, elle n'est pas non plus en mesure de conjurer la connivence ancienne que le christianisme occidental entretient avec la violence sacrée. Nous suivrons à ce sujet Jean-Luc Nancy, qui établit une continuité entre la violence religieuse qui traverse l'histoire de l'Occident chrétien – dont l'antisémitisme est l'expression la plus saillante – et la violence technocratique inhérente au projet moderne. Nancy estime que ces deux formes de violence trouvent leur source dans l'élaboration du christianisme latin.

Le Coran contraste avec la proposition chrétienne. Il ne se détourne pas des réalités conflictuelles de la vie, mais les réinvestit en proposant une éthique de la violence. Il fournit aux individus et aux sociétés des repères essentiels pour aborder les situations de conflit auxquelles ils sont confrontés, et instruit un modèle de témoignage et de lutte sacrificielle qui intègre la dimension antagonique des rapports humains et conspire à l'avènement d'un monde de paix.

Ainsi, le christianisme officiel et le Coran proposent deux approches radicalement différentes pour promouvoir l'harmonie universelle. Le premier prêche une politique de non-violence, seul moyen selon lui de faire advenir un monde fraternel et pacifié. Le second développe une instruction paradoxale qui, tout en appuyant la valeur inconditionnelle de la paix, accepte le risque exorbitant d'une certaine négociation avec la violence pour se réapproprier le bien, le juste et leurs promesses. Dans la présentation de ce débat, nous ferons référence à la guerre et à la prise d'armes ; mais ce sont là des analogies pour toute forme de recours individuel ou collectif à la violence.

Le pacifisme chrétien et ses limites

Le Pape voit Jésus inaugurer par son message, sa vie et son martyre une communauté nouvelle composée de fils et de filles, une fraternité fondée sur l'ouverture et l'accueil sans réserve de l'autre. Jésus rend visible l'unité d'origine et de destination du genre humain – une unité qui connaîtra son accomplissement à la fin des temps. Convaincu que le mal va ainsi irrémédiablement à sa perte, et que ses victimes se verront offrir un avenir en Dieu, le Pape proclame l'avènement prochain d'un monde de paix et de plénitude, que la résurrection du Christ a déjà instauré : « Dieu s'est plu à faire habiter en [Jésus-Christ] toute plénitude et par lui à réconcilier tous les êtres pour lui, aussi bien sur la terre que dans les cieux, en faisant la paix par le sang de sa Croix » (*LS* 100).

En proclamant le dogme de l'incarnation du Fils de Dieu pour le rachat et la réconciliation des hommes, le christianisme opère la conjonction entre l'amour de Dieu et l'amour du prochain, et forme un système qui se veut par principe pacifique et aimant[69]. La violence devient pour lui une contradiction insoutenable, une corruption de la religion, notamment lorsqu'elle est perpétrée au nom de Dieu.

- *Une conception non-violente du témoignage sacrificiel*

Faisant fond sur ses convictions christiques, François établit une opposition diamétrale entre la culture de la violence, du « déchet » et « de la mort » qui ronge peu à peu notre monde (*LS* 16, 213) et la culture de la paix, « de la protection de l'environnement » et « de la vie partagée » que propose l'Évangile (*LS* 229, 213). Il pose une alternative : ou bien servir le modèle de prédation, de domination et d'arbitraire qui prévaut dans la société technocratique actuelle, ou bien tendre à « l'idéal d'harmonie, de justice, de fraternité et de paix que propose Jésus » (*LS* 82). Pour mieux le dire, il formule une ambition : vaincre la rupture du péché – dont la force de destruction se manifeste aujourd'hui « dans les guerres, sous diverses formes de violence et de maltraitance, dans l'abandon des plus fragiles, dans les agressions contre la nature » (*LS* 66) – par la communication de l'amour de Dieu pour le monde.

Le Pape appelle donc les hommes de bonne volonté à adopter en toutes circonstances un comportement non violent de charité et de pardon. Il engage les âmes pieuses à œuvrer à la réconciliation universelle en conjuguant, comme pouvait le faire Saint François d'Assise, « la préoccupation pour la nature, la justice envers les pauvres, l'engagement pour la société et la paix intérieure » (*LS* 10). Il exhorte en particulier les Chrétiens à devenir des artisans de paix et les sauveteurs de la Terre sur les pas du Crucifié, à se faire « les instruments de Dieu le Père pour que notre planète soit ce qu'il a rêvé en la créant, et pour qu'elle réponde à son projet de paix, de beauté et de plénitude » (*LS* 53)[70]. Et le Pape le redit encore en d'autres occasions : « Nous Chrétiens, nous sommes appelés à contempler le mystère de l'Amour non aimé et à répandre de la miséricorde sur le monde. Sur la croix, arbre de vie, le mal a été transformé en bien ; nous aussi, disciples du Crucifié, nous sommes appelés à être des "arbres de vie" qui absorbent la pollution de l'indifférence et restituent au monde l'oxygène de l'amour » (2016).

Ceux qui donnent à l'aspiration christique sa plus haute expression et consacrent leur vie à combattre la violence par l'amour, la haine par la bonté, et l'agression par le pardon – imitant ainsi, par la grâce, le geste de don de soi de Jésus – reçoivent le titre de martyr. Ces croyants exemplaires portent en eux l'espérance d'être associés, dans l'Esprit Saint, à la plénitude de la vie trinitaire. Mais ils offrent aussi un témoignage éloquent à ceux qui contemplent leur sacrifice, comme à ceux qui en prendront connaissance dans l'avenir (CTI, 2014 : §53).

- *La vocation missionnaire de l'Église et l'interprétation des Écritures à la lumière du Christ*

Pour le Pape, l'ambition première de l'Église devrait être de combattre la violence par la force de l'amour, conformément aux principes de l'Évangile. À une époque où réapparaissent des formes archaïques et sacrées de haine ethno-politique, l'Église et les Chrétiens auraient la responsabilité et la mission d'encourager, par leurs témoignages de paix, les autres cultures religieuses à rompre le lien maudit entre religion et violence (CTI, 2014 : §65).

Cependant, la tentation de recourir à la force, et les dangers d'une rechute dans les modèles du péché, restent toujours vivaces. Chaque fois que l'Église, ou des Chrétiens, perdent de vue la vérité christologique de Dieu, ils courent le risque de se compromettre à nouveau avec les puissances du conflit et de l'asservissement. Afin de conjurer ce risque, ils sont tenus de soutenir un effort continu de purification. Cet effort doit s'accompagner d'un travail renouvelé de maturation herméneutique, immanent à la lecture de la révélation, qui vise à réinterpréter les Écritures à la lumière de la promesse christique de réconciliation universelle.

Particulièrement exigeantes à cet égard sont les pages problématiques de la Bible qui relatent l'implication de Dieu dans la violence, des « pages très difficiles à déchiffrer », reconnaît l'Église, « dans lesquelles la révélation de Dieu se trouve intriquée avec les figures de la violence entre les hommes ». Réinterpréter ces passages, et les reconduire vers la synthèse accomplie de la doctrine chrétienne de l'amour non-violent et inconditionnel, ne va pas sans difficultés. L'Église y parvient en marquant la différence entre ce qu'elle considère être « l'authentique doctrine de la Parole de Dieu » et les formes linguistiques et culturelles dans lesquelles celle-ci aurait été transmise (CTI, 2014 : §27). Mais cette opération, censée dégager le sens véritable des Écritures, ne réduit-elle pas, en réalité, le texte à une ligne d'interprétation en particulier ? Ne conduit-elle pas à réduire le mystère de Dieu, et à ramener la vie divine à la seule dynamique trinitaire de l'amour ?

- *Les limites de l'éthique non-violente du christianisme*

En assimilant la violence à une corruption pécheresse produite par des créatures libres et capables par elles-mêmes d'échapper à l'aliénation, le christianisme fait porter aux hommes la responsabilité de leur déchéance morale. Il les renvoie à eux-mêmes, sans offrir à leur réflexion, ni leur permettre d'intégrer à leur épreuve de foi, l'image du Dieu violent, qui est pourtant présente dans les récits de l'Ancien Testament et dans les versets mêmes de l'Évangile[71].

En condamnant sans réserve la violence, le christianisme se heurte à la réalité de la nature et de la condition humaine. Il semble ignorer les racines pulsionnelles de la violence, son irréductible fonction dans l'économie de la vie, ses effets contagieux et mimétiques, tout ce qui la rend implacable, récurrente ou imprévisible, le fait qu'elle échappe à la pleine maîtrise de l'homme, et qu'elle implique des forces négatives qui influent sur lui de l'intérieur et du dehors. Tout cela fait qu'on ne peut s'en tenir à la mise en ordre de la religion chrétienne qui l'anathématise.

Aussi, l'exclusion principielle de la violence ne résout pas le problème de fond. Les pulsions de haine et de destruction, étant enracinées en l'Homme et impossibles à éradiquer, rejaillissent aussitôt qu'elles sont refoulées. Réprimées et proscrites, elles finissent par resurgir sous des formes insidieuses, suivant les schémas les plus primitifs de la violence archaïque ou sacrée. Ne pourrait-on pas, d'ailleurs, considérer que la violence qui traverse l'histoire du christianisme occidental – en particulier l'antisémitisme, cette haine résurgente qui démonise l'autre, l'exclut comme hérétique et le transforme en bouc émissaire – trouve ses origines dans des pulsions agressives refoulées ?

Sur un autre plan, il faudrait se demander si, en faisant de la non-violence active le critère indépassable de l'engagement selon la foi, le christianisme ne se condamne pas à échouer dans son ambition de construire des communautés fraternelles soucieuses de la préservation de la maison commune. Comme souligné dans la première partie de cet ouvrage, les écologies pacifistes, qui refusent par principe la violence, restent impuissantes face à la répression anti-démocratique de l'État technocratique, et se montrent incapables d'endiguer les dérives antisociales et antiécologiques des pouvoirs en place.

Plus généralement, l'expérience montre que le refus de prendre les armes face à l'iniquité, en évitant le cycle des représailles et la montée aux extrêmes, ne constitue pas une stratégie suffisante à même de rétablir la paix et la justice. Abjurer la violence au profit d'actions pacifiques a-t-il jamais empêché les puissants d'abuser des faibles, et les criminels de tuer ? L'exemple édifiant de vies charitables, qui persévèrent dans le commandement de l'amour jusqu'au sacrifice, peut-il suffire à transformer des âmes malveillantes, belliqueuses ou cupides ? Le drame écologique en cours prouve qu'il n'en est rien. Les populations les plus favorisées, qui, aux dires mêmes du Pape, sont criminelles parce qu'elles « volent aux nations pauvres et aux futures générations ce dont elles ont besoin pour survivre » (*LS* 95), demeurent sourdes aux invitations pressantes qui leur demandent de réformer leur mode de vie, et elles se montrent indifférentes aux témoignages exemplaires de « ceux qui luttent avec vigueur pour affronter les conséquences dramatiques de la dégradation de l'environnement » (*LS* 13). Pendant que les élites économiques « sont obnubilées uniquement par le profit » et que les élites politiques « ont pour seule obsession la conservation ou l'accroissement de leur pouvoir », « ce que nous avons ce sont des guerres, ou bien des accords fallacieux où préserver l'environnement et protéger les plus faibles est ce qui intéresse le moins les deux parties » (*LS* 198). Ainsi, le Pape semble lui-même reconnaître que l'éthique de l'exemplarité non-violente ne saurait être un antidote à la tragédie écologique actuelle : les exhortations morales et les actions pacifiques exemplaires n'ont pas suffi, et ne suffiront sans doute jamais, à convertir notre monde à une vie écologiquement et socialement plus saine.

À un autre niveau encore, nous pensons que le discours chrétien, qui appelle les hommes à se maintenir dans l'activisme non violent, et à épargner le sang de leurs ennemis au prix même de leur vie, ne peut être présenté aux opprimés et aux assoiffés de justice comme une voie d'accès au salut de Dieu sans sombrer dans le cynisme ou l'hypocrisie cauteleuse. Est-il juste de demander à ceux qui subissent l'iniquité de ne jamais tirer l'épée ? Est-il moralement acceptable de répéter aux opprimés que la haine de l'oppresseur est illégitime, que prendre les armes est une perversion de la religion, et que leur violence ne recevra jamais l'approbation de Dieu ? De tels discours ne peuvent être tenus honnêtement que par ceux qui auraient rompu avec l'ordre oppressif et s'efforceraient déjà sur la voie admirable de la libre donation de soi. Mais combien sont-ils, ces théologiens, ces prélats, ou ces simples apologistes de la doctrine chrétienne, dont on peut réellement dire qu'ils suivent l'exemple de Jésus s'offrant au Père sur la Croix ?

Enfin, on ne peut manquer de relever à quel point les dispositions que requiert l'investissement sacrificiel chrétien – le mépris des vanités du monde, le sens de la culpabilité, l'espérance eschatologique, la vertu du don de soi – sont éloignées des croyances, des valeurs et des habitudes qui prévalent dans les sociétés contemporaines. Le modèle de vie selon la foi ne devrait-il pas s'appuyer sur les inclinations communes et les transfigurer, plutôt que s'y opposer frontalement et les réprimer ? Ainsi, au lieu de vouloir étouffer la colère des opprimés et la frustration des déshérités par des réprobations morales et des promesses de consolation eschatologique, ne faudrait-il pas chercher à organiser la révolte et à éclairer la contestation radicale ? Plutôt que de bannir la violence des exclus, ne serait-il pas préférable de l'arracher aux chemins boueux du ressentiment et de la terreur, où elle n'en finit pas de se perdre, pour la replacer sous l'égide de l'esprit et la faire servir, autant que faire se peut, à l'exhaussement de l'homme et au renouvellement du monde ?

Bien entendu, nous ne cherchons pas par nos critiques à relativiser la valeur inconditionnelle de la paix, ni à sous-estimer les promesses de la non-violence transformative, ni à mitiger les dangers inhérents à l'usage de la violence. Nous entendons souligner, une fois de plus, l'insuffisance des postures unilatérales et, par conséquent, la nécessité d'envisager et d'instruire la possibilité – que proscrit le christianisme – d'un recours aux armes.

Le Coran et la lutte armée dans le sentier de Dieu

En refusant de résorber le mystère de Dieu selon une ligne d'interprétation en particulier, et en s'abstenant de donner une signification arrêtée au sacrifice de Jésus, le Coran parvient à formuler ce qui demeure hors de portée du réductionnisme chrétien. Il développe une réflexion puissante sur la violence, et un ensemble d'instructions paradoxales sur le sujet, qui s'avèrent pertinentes au regard du contexte actuel des convulsions écologiques et sociales, et essentielles pour la tâche qui nous incombe à tous, celle de transformer radicalement nos sociétés.

- *Le statut de la violence*

Dans le Coran, la violence n'est pas simplement imputée à l'homme pécheur. Elle est autant le fait d'une fatalité extérieure que la conséquence d'activités coupables. Elle est à la fois subie et voulue, originelle et advenue, suprahumaine et humaine. Elle n'est pas étrangère à Dieu ; mais elle lui est rapportée dans la mesure où elle est jugée extérieure et transcendante, ou encore immanente et irrésistible[72].

Double par son origine, la violence reçoit aussi une double valeur. Elle peut être estimable si l'ordre règne, ou maléfique quand elle sert une puissance tortionnaire. Elle est source de bouleversements qui sont eux-mêmes féconds ou destructeurs : tantôt elle conspire à la grandeur, à l'ordre juste ou à l'affermissement de la culture ; tantôt elle se répand et anéantit ce qui a été édifié (cf. *Le livre descendu* : t.2, pp.67-86)[73].

- *Dans la tension du militarisme et du pacifisme*

Au niveau le plus fondamental, et en cohérence avec l'ambivalence de l'idée de Dieu qu'il professe, le Coran formule et enchevêtre deux lignes d'arguments opposés sur la violence : il appuie contradictoirement le pacifisme, qui considère la guerre comme un mal absolu, et le militarisme, qui la pratique sans réserve[74].

En premier lieu, considérant que le salut est la plus importante des affaires, et que Dieu abhorre tous les conflits et toutes les guerres, le Coran demande aux croyants de s'abstenir de toute implication dans la violence, sans fuir dans l'indifférence, ni se résigner face à l'iniquité du monde. Tous sont exhortés à grandir dans la foi, à multiplier les œuvres méritoires de piété, à consentir aux sacrifices nécessaires, et à ériger leurs conduites vertueuses en exemples à suivre et à élargir. Cette suite d'injonctions porte haut les valeurs de la vie humaine et de la paix ; elle témoigne de l'engagement en faveur de l'esprit, de l'espérance et de l'amour de Dieu.

Mais, en même temps, la non-violence principielle est condamnée en raison de son impuissance face au mal et de son incapacité à instaurer la justice. Elle est même soupçonnée d'être un choix de capitulation et de faiblesse.

Aussi, en second lieu, le Coran prend acte de la réalité empirique de la guerre, de son caractère transculturel, récurrent et presque inévitable. Il considère aussi que la prise d'armes offre dans certaines circonstances des avantages et des chances. Enfin, il estime qu'aucune transformation radicale, aucune œuvre créatrice, aucun idéal n'est possible sans intensité, passion et violence. Par suite, le Coran incite les croyants à accroître leur puissance et celle de leur communauté et à s'apprêter au combat, sans abdiquer pour autant leurs ambitions de paix. Il les exhorte à faire usage de la force dont ils disposent pour défendre la vérité, combattre l'iniquité et châtier l'arrogance des corrupteurs. Cette ligne d'exhortations s'autorise du caractère antagonique de la réalité historique de l'homme. Elle s'ajuste aux conditions de l'immanence, participe du désenchantement, et résonne avec l'absence de certitudes absolues au sein même de la croyance.

Mais la guerre, c'est la terre transformée en enfer, le frère ravalé au rang d'ennemi à abattre, et la mort qui frappe en aveugle. C'est le monde profané, le commandement de l'amour trahi, et l'innocence assassinée. Aussi, la guerre est dans le Coran suspectée d'être une entreprise criminelle que Dieu ne cautionne pas.

À proprement parler, le discours coranique n'oscille pas entre pacifisme et bellicisme. Il développe une pensée paradoxale, où violence et non-violence ne sont pas mutuellement exclusives. Il conjoint, dans une même élaboration, l'impératif de la paix et la nécessité de la contestation radicale, la voie spirituelle de l'action transformatrice non-violente et la voie matérielle d'une fabrique de l'histoire par la lutte et la violence (cf. *Le livre descendu* : t.3, pp.479-489). Ce faisant, le Coran réalise la forme même de l'intégration paradoxale que les analyses de la première partie de notre étude ont jugé nécessaire au combat écologique.

La mise en tension des opposés délimite d'emblée une stratégie d'action constructive, qui commande de désamorcer les conflits dès qu'ils se présentent, de convertir l'antagonisme larvé en confrontation politique, et de redonner sans cesse une chance aux modalités de la résolution non-violente. Dans ce cadre, la conflictualité et la contestation ne seraient pas étouffées, mais déportées de la lutte à mort vers le jeu politique agonique. Elles resteraient une source intarissable et potentiellement féconde de revendications et de changements sociaux.

Toutefois, il n'est pas toujours possible de courber les formes les plus brutales d'abus et d'instaurer un espace de confrontation politique. Trop souvent, les revendications légitimes des opprimés et des exclus sont méprisées. Trop souvent, l'adversaire n'hésite pas à recourir à la violence la plus insensée et la plus cruelle. Il y a donc des situations – dans les relations entre nations, entre communautés, entres époux, entre frères – où l'engagement dans un rapport de forces brutal paraîtra légitime voire inévitable. Pour répondre de ces situations, le Coran va s'employer à définir une éthique de la violence, et ce que pourrait être un recours approprié aux armes, en se tenant à égale distance du pacifisme et du bellicisme.

- *La théorie de la guerre juste*

Au fil de son discours, le Coran formule un ensemble de critères, de conditions et d'exigences qui, s'ils étaient respectés, pourraient justifier l'usage de la violence, rendre ses modalités admissibles et en faire reconnaître le bien-fondé après coup. Ces règles, mises bout à bout, forment une sorte de droit de la guerre. Elles commandent d'épuiser les voies de la dissuasion avant tout recours à la force, de respecter des impératifs moraux et humanitaires dans la conduite des hostilités, de prendre toutes sortes d'initiatives pour épargner les vies innocentes, de redonner sans cesse une chance à la réconciliation, etc.

À l'expérience, cependant, les préceptes énoncés se révèlent problématiques. Tous posent d'inextricables difficultés d'interprétation. Certains produisent, dans leur application même, des effets contraires aux visées qu'ils poursuivent. D'autres entrent en confit, laissant apparaître d'invincibles dilemmes moraux. En définitive, les conditions qui définissent, dans le Coran, la guerre juste, ne peuvent ni être toutes remplies en même temps ni être pleinement satisfaites dans la pratique. Ces impossibilités signifient qu'il n'y a pas d'implication dans la violence qui soit entièrement justifiable au regard de Dieu.

Or, à partir du moment où la justesse des conflits ne parvient pas à être tranchée de façon convenable, l'opposition fondamentale entre le pacifisme et le militarisme, que l'élaboration des critères de la guerre juste cherchait à dépasser, resurgit. D'une part, l'accent étant mis sur la sacralité de la personne humaine, l'interdiction de tuer redevient une barrière infranchissable, et il faudra refuser la guerre puisque celle-ci suppose d'ôter la vie. D'autre part, cependant, le néant de l'homme étant souligné, aucun argument moral ne semble en mesure de s'opposer à la réalité empirique de la violence, et il faudra consentir à la guerre dès lors qu'elle s'impose.

En somme, le Coran en reste à une position aporétique tout à fait cohérente avec le reste de sa prédication. Il défend simultanément les thèses du pacifisme, du bellicisme et de la guerre juste, reflétant ainsi les trois temps du paradoxe qu'il énonce sur le divin et sur la condition humaine. Une telle élaboration n'est pas dénuée de sens. À travers les lignes prédicatives rivales qu'elle enserre, elle ouvre un formidable champ à la réflexion, un espace au sein duquel les croyants peuvent élaborer un point de vue critique sur les situations de conflit auxquelles ils sont confrontés, et prendre devant Dieu, et devant leurs semblables, des décisions véritablement responsables (cf. *Le livre descendu* : t.3, pp.490-512). À ce titre, l'instruction coranique et la figure de Dieu qu'elle met à l'honneur répondent au critère que nous cherchons à évaluer.

- *La prise d'armes à l'épreuve du paradoxe*

L'incomplétude de la proposition coranique ne signifie pas qu'il soit impossible de distinguer entre les diverses formes de violence. Bien au contraire, le Coran n'a de cesse d'affirmer qu'il existe une différence entre la guerre juste que Dieu pourrait cautionner, dont l'intention est louable, la cause légitime, la conduite réfrénée, les opérations efficaces et la fin constructive, et la guerre agressive, et naturellement odieuse au regard de Dieu, dont les calculs sont détestables, les manières iniques et le produit désastreux.

Par ailleurs, tout en reconnaissant l'universalité de la guerre et ses inexorables récurrences, le Coran réaffirme qu'il est coupable de se compromettre dans la violence, qu'il est injuste de vouloir faire régner le droit par les armes, et qu'il est hasardeux de corréler le risque exorbitant de la belligérance à un lointain présage d'unité et d'harmonie. Il rappelle que la paix reste l'objectif des véritables croyants, la fin qu'ils espèrent, et le plus beau trophée dont ils puissent se faire gloire. Alors, il exhorte de nouveau les fidèles à tout mettre en œuvre pour déjouer les engrenages de la violence, et promouvoir les voies du règlement pacifique des différends.

Mais, dans un monde livré à la déchéance, la guerre est aussi une hypothèse que ceux qui aspirent à une renaissance ne doivent pas écarter. Elle est, de façon contradictoire, une tentation maléfique qu'ils doivent repousser, une fatalité récurrente à laquelle ils doivent se préparer et, enfin, une épreuve redoutable qui peut apporter, avec son lot de malheurs, un renouvellement.

À partir de là, l'appréciation portée sur la guerre, et la manière de la conduire, devront être définies au cas par cas, sur fond de précarité morale et par-delà les certitudes réconfortantes de la bonne conscience. Il revient à chaque communauté, et à chaque personne, de développer un point de vue critique sur les situations de belligérance auxquelles elles sont confrontées et de déterminer, dans la relation à Dieu, la réponse qu'il convient d'y apporter. Dans ce cadre, l'élaboration coranique s'avère féconde. En raison même des apories qui la traversent, elle rend possible et éclaire l'exercice de la responsabilité que les hommes sont appelés à assumer devant l'histoire et devant Dieu.

À l'évidence, les véritables croyants ne pourront prendre le risque de se compromettre dans la violence, en pensant recevoir l'agrément de Dieu, que s'ils bataillent pour affranchir les opprimés, paient de leur personne pour défendre la vérité, exposent leur vie au service de la justice, et réservent leur violence aux ingrats. Soumis à une tension morale constante, ils feront preuve d'héroïsme dans la lutte, de retenue dans la démesure, et de vertu dans la lutte à mort. Mais conscients du risque de damnation qui pèse sur eux, et incapables de se délivrer par eux-mêmes, ils devront aussi retrouver le chemin du pardon de Dieu, s'ils veulent renaître à une vie nouvelle et être sauvés. C'est pourquoi ils s'obstineront à tendre la main de la réconciliation à leurs ennemis qui inclinent vers l'entente, et déploieront de vastes efforts pour reconstruire la paix.

Ainsi, les croyants qui s'efforceraient avec probité et courage dans la voie coranique ne pourraient pas négocier avec la violence de n'importe quelle façon. La relation qu'ils entretiennent avec Dieu, et l'épreuve du paradoxe qu'ils soutiennent avec sérieux, font que leur éventuelle compromission dans la violence serait encadrée dans un réseau si étroit de contraintes éthiques et matérielles, qu'il ne serait pas absurde de penser qu'elle puisse servir à recommencer un monde meilleur (cf. *Le livre descendu* : t.3, pp.513-520).

Il faut donc bien comprendre qu'en instruisant une éthique offensive, le Coran ne contrevient pas à la cause de la paix. Simplement, il continue de croire que l'irénisme[75] n'est pas de mise dans un monde marqué par le péché, et que la guerre, lorsqu'elle est négociée dans un rapport authentique à Dieu, peut être un moyen de se réapproprier le bien, le juste et leurs promesses. Cette croyance, à son tour, n'a rien à voir avec un reste de fascination pour la lutte armée. Elle traduit la conviction que la violence humaine, ne pouvant être durablement refoulée, doit être canalisée, encadrée, et redirigée vers des activités qui servent à l'exhaussement de l'homme, au renouvellement du monde et à la restauration des vraies valeurs.

- *Le martyr coranique*

Pour mieux saisir l'écart entre la perspective de la théologie chrétienne et celle du Coran, il peut être utile de se pencher brièvement sur la conception que ce dernier se fait du martyre, de sa justification et de sa nécessité.

Dans la vision coranique, le témoin de la foi devient martyr lorsque, voulant répondre de ce qu'il sait être son irremplaçable responsabilité devant Dieu, il trouve la force d'avancer au-devant de l'injustifiable, en risquant ses biens et sa personne dans le combat, le danger et la nuit.

Le Coran entreprend d'éclairer la démarche du martyr à la lumière contrastée de la confiance et du désenchantement. D'une part, suivant l'aspiration de l'espérance, et selon l'idée que l'authentique vigueur morale se trouve dans la voie de l'action résolue et du don de soi, il incite les croyants à avancer dans l'espace du sacrifice, à proportion de leur indignation, de leur besoin de justification et du rapport singularisant qu'ils entretiennent avec Dieu. Il laisse entrevoir aux grands témoins qui sacrifieraient leurs biens et leur personne dans le sentier de Dieu, une éternité bienheureuse et des rétributions bien plus grandes que toutes les richesses du monde.

Mais d'autre part, selon l'inclination du désenchantement, le Coran sensibilise les croyants à ce que la voie du sacrifice peut avoir d'illusoire, de présomptueux ou de morbide. Il leur donne à voir que l'épreuve du martyr, et la façon dont il se représente sa vocation – en ramenant sa vie à une comparution et en intensifiant avec angoisse son commerce d'intimité avec Dieu –, sont traversées par la passion, le ressentiment et les pulsions de mort qui travaillent toutes les existences humaines. S'il n'y avait que cela, le martyr serait un souffrant suicidaire et la victime d'un non-sens. En contraste, le véritable croyant, le grand témoin, serait celui qui sait se prémunir, et à qui il est donné de survivre avantageusement sur terre.

En mettant en avant des considérations contraires, le Coran oblige les croyants à déterminer leur engagement vital, à fois à l'aune du jugement dernier et en référence au verdict de l'histoire, en fonction des demandes de l'esprit et d'après les nécessités de la matière. Un tel conditionnement conduirait les témoins de la foi à redoubler sans cesse la folie du sacrifice par la sagesse du monde, et à retenir l'élan illimité qui les porte à se donner à Dieu, dans des combats efficaces et des œuvres vertueuses.

Lorsque l'ambivalence du divin est ainsi honorée, le témoignage sacrificiel échappe aux aberrations et aux illusions du vrai-faux martyre. Le témoin, qui éprouve de l'intérieur le tourment du paradoxe, ne se complaît pas dans le repli sur soi, ni ne sombre dans la révolte désespérée. Il ne se laisse pas entraîner dans la légitimation de la violence, dans la diabolisation univoque, ni dans l'accusation de victimisation. Il se montre capable de confronter le mal, et d'œuvrer en vue d'un monde nouveau, en se donnant entièrement, avec efficacité et héroïsme, sans fuir en-deçà du réel, ni choisir la mort comme un refuge.

Toute la difficulté de cet investissement est qu'il demande de courir de grands dangers, et d'endurer des épreuves possiblement ruineuses, sans garantie eschatologique ultime, mais dans l'espoir d'une existence nouvelle et d'un monde réconcilié et durable. En cela, l'*islâm* – c'est-à-dire l'abandon par lequel le témoin s'en remet à Dieu pour tout ce qui échappe à ses efforts de volonté et de lucidité – l'*islâm* démontre qu'il a trait essentiellement à la foi en une résurrection déjà à l'œuvre (cf. *Le livre descendu* : t.2, pp.378-445).

Dans la démarche instruite par le Coran, la non-violence garde le premier et le dernier mot. Mais les appétits de puissance et les instincts de lutte ne sont pas définitivement refoulés. Ils sont contenus, disciplinés par des impératifs moraux et matériels, et mis au service d'un projet de libération et d'unité. Dans ce cadre, la possibilité est laissée aux croyants d'assumer des ruptures qualitatives avec l'ordre corrompu et de soutenir, sous le regard de Dieu, des combats tragiques et potentiellement violents contre les forces de l'ingratitude. Mais en accréditant l'idée d'une négociation possible avec la violence, le Coran ne relance-t-il pas le risque exorbitant de la terreur sacrée et des crimes commis au nom de Dieu ?

La violence dirigée contre les incroyants

Pour le christianisme, religion et violence s'opposent radicalement. C'est Jésus lui-même, par sa vie et ses enseignements, qui a manifesté cette opposition : il a démasqué « la fausseté radicale de tout appel à la justification religieuse de la violence, proprement lorsqu'elle voudrait imposer à Dieu de la confirmer ». Le sacrifice du Christ signifie que toute violence religieuse est une profanation du nom de Dieu, un outrage qui « frappe Dieu lui-même, non pas dans sa divinité, mais dans les dons de son amour. Elle le frappe au cœur même de la paix qu'il veut entre les hommes ; elle le frappe dans le corps même du Fils » (CTI, 2014 : §45,51).

Pourtant, l'histoire réelle du christianisme latin nous donne à voir tout le contraire de ces belles déclarations de principe. Guerres, persécutions, inquisitions, croisades : dans les faits, la chrétienté a fait preuve d'une grande intolérance religieuse et a produit un déversement continu de violence sacrée, dont l'antisémitisme est la forme la plus ancienne et la plus durable[76]. Loin du culte iréniste défendu par le magistère actuel, elle s'est montrée combative et exclusiviste, prônant l'universalisme du message christique, et démontrant une grande rigueur à l'égard de ceux qui refusaient de se soumettre à son injonction.

En revanche, le Coran n'exclut pas la violence sacrée. S'il prêche, à l'instar du christianisme, une religion de conviction et non d'exclusion, une religion de paix et non de malheur, il ouvre cependant la possibilité aux croyants de combattre avec une grande violence les ennemis de Dieu qui continuent à semer la discorde et persévèrent dans l'ingratitude. Mais le Coran s'emploie en même temps à conjurer les dérives totalitaires et les détestations passionnelles dont le prosélytisme religieux est habituellement porteur. Les conditions auxquelles il soumet l'usage de la force, et les exigences contraires qu'il formule à la lumière du paradoxe de Dieu, visent à détourner la violence religieuse des archaïsmes sacrificiels dans lesquels elle ne cesse de sombrer, pour la rediriger contre les puissances qui infligent le malheur et assombrissent la vie. Nous pensons que cette stratégie, lorsqu'elle est sous-tendue par une foi sincère et puissante, échappe aux objections habituellement adressées à l'exercice de la violence sacrée, alors que l'approche chrétienne, en rejetant toute violence religieuse, pourrait bien, en réalité, en faire indirectement le lit.

- *L'altérité du « Juif »*

Dans son article intitulé *Exclu le Juif en nous*, Jean-Luc Nancy (2017) tente d'identifier les causes profondes de l'antisémitisme, de sa permanence et de sa banalisation[77]. Il considère qu'au regard de la structure singulière de l'auto-hétéronomie chrétienne[78] – structure qui opère la synthèse entre autonomie grecque et hétéronomie juive –, le « Juif » apparaît d'emblée comme une étrangeté, comme une incompatibilité. Parce qu'il se définit par la fidélité à l'extériorité de l'Appel, le « Juif » se met en situation de s'exclure de l'appartenance commune. L'hétéronomie qui le constitue le rend singulier, et cette singularité le fait apparaître comme un « organe pathogène » impossible à intégrer, ou comme un « agent auto-immun » qui menace la cohérence et l'équilibre du corps social auquel il appartient.

Mais le christianisme, en plaçant au cœur de sa doctrine l'amour fraternel et l'accueil de l'altérité, n'aurait-il pas dû être immunisé contre la culture de la détestation ? En réalité, poursuit Nancy, l'amour chrétien va refuser avec passion la distance que manifeste le judaïsme. Il va se séparer d'autant plus fermement de sa souche juive, qu'il porte en lui la volonté de résister à tout ce qui est ressenti comme une dislocation du monde. Il va même accentuer la distance qu'il reproche au judaïsme parce qu'il éprouve lui-même le besoin de fonder sa propre identité. Ainsi, explique Nancy, les « Juifs » deviennent objet de désamour. Accusés de s'être éloignés du vrai Dieu et d'être ses perfides ennemis, ils seront les boucs-émissaires de tous les crimes et de toute la haine de soi que l'Occident tend à produire.

Pour Nancy, l'exclusion du « Juif » ne relève pas d'une haine particulière, mais d'une violence purificatrice qui traverse toute l'histoire du christianisme latin. Cette violence trouve son prolongement dans la brutalité du projet moderne occidental et sa tendance à vouloir aplanir tout ce qui contrarie son aspiration à la maîtrise totale du monde. Nancy considère que les visées de domination du système techno-économique mondialisé, et son acharnement à éliminer tout ce qui manifeste une altérité inassimilable, ne sont pas étrangers à l'obsession purificatrice du monothéisme exclusif. Dans les deux cas, il s'agit d'une même violence pathologique, qui s'exprime, d'un côté, sous couvert de ferveur religieuse, et de l'autre, sous forme froide et sécularisée.

Toutefois, dans la mesure où les destructions provoquées par la politique d'arraisonnement général du monde vont bien au-delà de celles causées par la déconsidération du peuple juif, d'aucuns pourraient vouloir relativiser le caractère singulier de l'antisémitisme, voire le reléguer dans l'oubli. Mais Nancy nous met en garde contre une telle tentation : il estime que « c'est seulement en discernant l'enjeu historial et spirituel de la détestation [du « Juif »] qui accompagne le cours entier de notre histoire que nous pourrons peut-être faire subir à ce cours une mutation aussi profonde que celle d'où il a surgi ». Pour Nancy, la tendance de la modernité occidentale à générer des formes pathologiques et autodestructrices de violence n'est pas étrangère à la permanence de la haine antisémite. L'une et l'autre appartiennent à l'origine de la civilisation de l'Occident chrétien ; elles trouvent leur source commune dans l'élaboration du christianisme latin, au cœur même du complexe spirituel et historique dans lequel l'Occident s'est formé (Nancy, 2007).

La thèse de Jean Luc Nancy a le mérite de souligner que la violence religieuse chrétienne et ses dérives pathologiques, anciennes et modernes, ne découlent pas, comme le soutient François dans son encyclique, d'une simple « mauvaise compréhension » du message christique, mais de dispositions fondamentales de la religion chrétienne telle qu'elle s'est constituée depuis son enracinement en Occident.

Nous ne chercherons pas à débattre de la thèse de Nancy, encore moins à élucider les causes « historiale » et « spirituelle » de l'antisémitisme. De façon plus modeste, nous voudrions montrer que le problème n'est pas sans lien avec la conception normative du christianisme et la clôture dogmatique par laquelle il fige le mystère de Dieu. Pour ce faire, nous allons comparer les théologies chrétienne et coranique, en contrastant la figure que prend le « frère ennemi » au sein de chacune d'elles, ainsi que la manière dont la haine à son égard tend à se développer[79].

- *Les dynamiques divergentes du drame fratricide*

La doctrine chrétienne et l'instruction coranique diffèrent essentiellement dans la mesure où la première réinterprète le Dieu d'Israël comme logos et l'identifie à l'amour, tandis que la seconde intègre cette réinterprétation dans une diversité contradictoire de considérations qui préservent le mystère du divin. Cette différence a des conséquences fondamentales sur la manière dont le drame fratricide se forme, se justifie et se dénoue.

Le christianisme tend à promouvoir une conception normative et uniformisante de la foi[80]. Nous avons pu le constater dans la façon dont il conditionne la vérité d'une affirmation à sa conformité avec les préceptes normatifs de la loi naturelle, et dans la manière dont il assimile toute activité contraire à une tentative corruptrice de la création de Dieu. Dans ces conditions, quiconque revendique une différence, s'écarte du mode normatif sacralisé, ou conteste le processus englobant d'identification que la foi instaure, risque d'apparaître comme une altérité rebelle, une incompatibilité ou une menace.

En contraste, la doctrine coranique n'impose pas de normativité uniformisante. Comme nous l'avons expliqué, elle appuie, d'une part, le bien-fondé des normes, des représentations et des montages qui règlent l'ordre collectif en vigueur, en enjoignant aux fidèles de s'insérer dans l'ordre communautaire constitué, de se conformer à ses principes et de lutter contre les puissances de dissolution qui le menacent ; mais elle flatte aussi, d'autre part, la vocation singulière que chacun doit formuler et découvrir dans l'intimité de son rapport à Dieu, indépendamment des préceptes communs et des médiations familiales et sociales instituées. L'instruction coranique promeut une dialectique d'insertion et de séparation, de consentement et de révolte, qui aurait pour effet de remettre en cause les principes culturels qui font obstacle à la constitution d'une unité plurielle. Dans ce cadre, ce n'est pas tant la distance manifestée par la réponse à l'Appel extérieur et la rupture qu'elle peut induire avec l'ordre de la généralité qui sont intolérables et inintégrables. Ce qui apparaît inacceptable et contraire à la véritable participation communautaire, c'est le refus de répondre en responsabilité devant Dieu et à l'épreuve de son paradoxe – c'est-à-dire le repli sur soi, l'indifférence aux autres, la révolte inconditionnée, le pharisaïsme de la loi, etc.

On voit donc que ce n'est pas le même type de distance par rapport à l'appartenance commune qui est perçu comme une menace, ni le même type d'individu qui se trouve désigné comme « ennemi de Dieu ». Sous l'égide d'un Dieu normalisateur, comme cela est le cas dans le théisme traditionnel et encore, dans une certaine mesure, dans le christianisme officiel, c'est l'écart par rapport à la norme, et la différence que cet écart manifeste, qui sont assimilés à la sécession. Sous l'égide du Dieu coranique, c'est le refus de participer à l'effort de responsabilité et de dépassement, et l'exclusivisme excessif qu'il trahit, qui sont identifiés à la défection. D'un côté, les montées pulsionnelles de la détestation se cristallisent sur ceux qui ne se conforment pas à la pression normalisatrice du groupe ou à son projet de domination systématique. De l'autre côté, elles se focalisent sur ceux qui s'opposent à toute perspective de renaissance collective et compromettent l'édification d'une société solidaire et plurielle. On comprend aisément que le premier paradigme d'hostilité puisse renforcer les tendances et les intérêts antiécologiques, alors que le second contribuerait à affaiblir des forces qui font obstacle à la transition écologique et sociale.

À cette première différence dans le déroulement du drame de la division s'en ajoute une autre, tout aussi décisive, qui tient à la manière de concevoir la liberté et la responsabilité de l'homme. Dans la compréhension chrétienne, et en accord avec l'idée du Dieu moral et de la théodicée qui lui est associée, le sujet humain est doté d'un noyau de liberté indestructible et invincible. Cette capacité peut être voilée par le péché, l'habitude ou l'environnement social, mais elle n'est jamais entièrement défaite ni abolie. Par conséquent, il n'y a pas de défaillance irrévocable, ni de damnation sans espoir de retour, car il n'y a pas d'abdication qui ne soit en partie volontaire et consciente : « Il n'y a pas de systèmes, précise le Pape, qui annulent complètement l'ouverture au bien, à la vérité et à la beauté, ni la capacité de réaction que Dieu continue d'encourager du plus profond des cœurs humains » (*LS* 205). Positivement, cela signifie que « les êtres humains, capables de se dégrader à l'extrême, peuvent aussi se surmonter, opter de nouveau pour le bien et se régénérer, au-delà de tous les conditionnements mentaux et sociaux qu'on leur impose. Ils sont capables de se regarder eux-mêmes avec honnêteté, de révéler au grand jour leur propre dégoût et d'initier de nouveaux chemins vers la vraie liberté » (*LS* 205). De façon négative, cependant, affirmer le libre arbitre en dépit de toutes les déterminations implique qu'il n'y a pas de faute, pas de vice, pas de refus de Dieu, sans volonté plus ou moins consciente de faire le mal. Aussi, le « Juif », accusé de se tenir loin du vrai Dieu et de contrevenir aux préceptes de la droite raison, n'est ni innocent, ni excusable, mais d'abord coupable. Ce n'est pas Dieu, ni un conditionnement social invincible, ni une quelconque infirmité morale sur laquelle il n'aurait pas de prise, qui le porte à la sécession, mais ce qui est interprété comme de l'entêtement, de la déloyauté et une incorrigible volonté de nuire. Dans ces conditions, l'inimitié se développe de façon manichéenne et pathologique : les croyants, convaincus d'être sur le bon chemin, mais incapables de réaliser au sein de leur communauté l'unité de foi et de pratique qui préfigure la réconciliation finale, stigmatiseront ceux qui prennent de la distance avec la norme commune, les accusant d'être, par leur propre fait, les ennemis de la raison et de Dieu. Les circonstances aidant, le conflit s'envenimera en crise passionnelle, persécutrice et haineuse.

La prédication coranique n'autorise pas une telle configuration. En effet, celui qui est vu comme inintégrable et cause de sécession est jugé à la fois coupable et innocent du mal qu'il engendre. Il faut (selon le versant théiste de la foi) le blâmer pour son infidélité et lui tenir rigueur au nom de la liberté que lui confère le Dieu moral ; et il faut (selon le versant athéiste de la foi) le plaindre pour son aveuglement et le prendre en pitié pour ce que lui fait subir le Dieu cruel.

Ainsi, ceux qui rechignent à prendre toute leur part dans l'effort de redressement, et qui sont désignés comme ennemis de Dieu, sont à la fois clairvoyants et aveuglés, libres et mystifiés ; ils conspirent à un mal qui pourtant les ravage, ils sont complices d'une faute qu'un Tout-Autre a voulue et fomentée. Ces paradoxes entrent en résonance avec la conscience intime que les croyants peuvent avoir de leur propre culpabilité, celle d'une aliénation mêlée à une déviation volontaire, le double sentiment d'une activité prédéterminée et d'une initiative mauvaise (cf. *Le livre descendu* : t.1, pp. 214-221).

De plus, à partir du moment où des pécheurs endurcis sont reconnus captifs de leurs illusions ou victimes de leur mauvaise foi, nul ne peut plus écarter la possibilité d'être lui-même aveuglé. Les croyants peuvent être intimement convaincus qu'ils sont sur le droit chemin et que Dieu est de leur côté, ils ne peuvent cependant pas écarter l'hypothèse d'être eux-mêmes dévoyés. Dans le Coran, la possibilité du non-sens et de la déception universelle reste ouverte, sans pouvoir être définitivement conjurée (cf. *Le livre descendu* : t.2, pp. 413-431).

Dans un tel contexte, le corps social ne se trouve pas immunisé contre les poussées pulsionnelles, les haines passionnelles et les déchaînements de violence. Mais les drames fratricides ne peuvent plus se développer d'après un schématisme exclusif ou manichéen. Le paradoxe de Dieu interdit d'assigner le bien et le mal de façon univoque, et empêche de mettre tout le tort d'un côté et toute la raison de l'autre. Il contrecarre les processus d'autojustification, de bouc-émissarisation et de diabolisation unilatérale de l'autre, qui caractérisent les manifestations archaïques de la violence sacrée.

En outre, dans la conception coranique, Dieu étant toujours secrètement impliqué dans les drames de sécession que vit la communauté, les protagonistes ne peuvent considérer avoir regagné son agrément que s'ils surmontent leur division et rétablissent l'harmonie. L'enthousiasme religieux qui pousse les croyants à affronter leurs adversaires et à vouloir supprimer ce qui leur apparaît comme une trahison de Dieu les rend aussi plus accueillants à l'altérité et avides de réconciliation dans le présent[81]. Ces considérations positives ne sont évidemment pas étrangères aux doctrines du théisme et du christianisme en particulier, mais elles tendent à y être relativisées par la prévalence de la pensée dualiste et par l'assurance de recevoir la miséricorde de Dieu que ces doctrines professent.

Ainsi, le christianisme et le Coran offrent deux perspectives radicalement différentes sur la violence religieuse. Le premier la condamne et l'anathématise ; mais il tend involontairement à favoriser sa résurgence sous des formes archaïques qui ont pour effet de renforcer les tendances uniformisatrices de la société et ses visées de domination. De l'autre côté, le Coran réinvestit la logique de la violence sacrée : il restructure les énergies qui s'y trouvent investies, et les canalise dans des luttes dirigées contre les forces qui perpétuent les oppressions du monde ancien et empêchent l'éclosion d'une société ouverte, solidaire et plus juste. Si l'éthique coranique de la violence prête le flanc à la manipulation et à l'hypocrisie, elle n'en demeure pas moins la seule proportionnée à l'impératif du changement radical dont notre monde a besoin et aux luttes parfois tragiques et fratricides qu'il faut traverser ou soutenir pour le faire advenir.

L'intégration des perspectives contraires

Aux sept critères que nous venons d'évaluer s'ajoute une condition englobante et régulatrice : pour être considérée comme salutaire d'un point de vue écologique et social, l'idée de Dieu doit ouvrir à des visions contradictoires du monde. Elle doit donner accès aux perspectives rivales du dualisme anthropocentrique, du monisme de la Nature et du matérialisme du milieu, et favoriser leur dialectisation dans des expériences effectives de lutte et de transformation. Remplir cette condition suppose d'intégrer et d'excéder, sur le plan théologique, les thèses du théisme, du panthéisme et de l'athéisme.

L'incapacité du christianisme à intégrer les points de vue adverses

Comme nous l'avons rappelé, le Pape François critique à la fois l'anthropocentrisme moderne et le biocentrisme écologiste. Il assimile le premier à l'orgueil de la rébellion, et le second à un affaissement dans la naturalité. Il qualifie le premier de « despotique » (*LS* 68) et de « déviant » (*LS* 69), parce qu'il subordonne les autres créatures à la satisfaction des seuls désirs de l'homme, et il reproche au second d'offusquer la vocation singulière de l'être humain en dépréciant « ses capacités particulières de connaissance, de volonté, de liberté et de responsabilité » (*LS* 118). À égale distance du dualisme moderne (qui sépare l'homme des autres vivants) et du monisme écologique (qui retire à l'humain son exceptionnalité), le Pape défend « un anthropocentrisme situé » et plus inclusif (2023 : §67) : il insiste sur l'importance constitutive de la nature pour l'homme, tout en réaffirmant la vocation spirituelle de ce dernier et la responsabilité qu'il est tenu d'assumer à l'égard de la création.

La conception du Pape est proche des visions faiblement anthropocentriques du monde que nous avons examinées dans le premier volet de notre étude mais, comme elles, elle ne parvient pas à intégrer pleinement les perspectives rivales nécessaires pour appréhender et gérer efficacement les défis de l'anthropocène. Ainsi, la doctrine chrétienne ne permet pas de promouvoir de façon positive l'appropriation instrumentale de la nature, comme peut le faire l'humanisme moderne : elle dénie à l'homme le droit de domination, limite ses prérogatives à la seule cultivation du jardin du monde, et ne l'autorise à « prélever de la bonté de la terre [que] ce qui lui est nécessaire pour survivre » (*LS* 67). De même, la doctrine chrétienne ne parvient pas à ouvrir une véritable perspective non-anthropocentrique : elle n'attribue pas aux autres créatures une valeur intrinsèque, qui soit indépendante de l'homme, de ses intérêts et de sa vocation surnaturelle. Enfin, la doctrine chrétienne ne donne pas accès à l'approche matérialiste du milieu : elle déconsidère les critères de la matérialité, s'oppose aux principes du constructivisme culturel et technique, et reste attachée à une conception essentialiste du monde et de la nature humaine.

Si le christianisme officiel a accompli une avancée écologique significative à travers l'encyclique *Laudato si'*, par rapport à ses traditions passées, il n'offre pas, contrairement à ce qu'il prétend, les bases d'un « humanisme qui, en soi, fait appel aux différents savoirs, y compris à la science économique, pour un regard plus intégral et plus intégrant » (*LS* 141). Le christianisme est incapable de rendre concrète et existentiellement opérante la mise en tension productive des perspectives concurrentes nécessaires à la conduite d'une transition écologique juste et efficace.

Le paradoxe coranique et la mise en tension des perspectives contraires

En défendant une idée paradoxale de Dieu, dans la tension maintenue entre le sens et le non-sens, entre l'inouï de la miséricorde et le scandale de la mort, le Coran échappe aux alternatives exclusivistes : il se tient à distance du dogmatisme et du relativisme, et rend possible l'intégration des perspectives contraires que réclame l'exercice de la juste responsabilité écologique et sociale.

- *Ni dogmatisme, ni relativisme*

Les systèmes de pensée qui conçoivent la vérité de façon relativiste (estimant qu'elle est subjective et dépend du point de vue de chacun), et ceux qui imposent la vérité sous forme dogmatique (considérant qu'elle est unique, universelle ou immuable), s'avèrent pareillement défavorables à la cause écologique.

À juste titre, le Pape François voit dans le relativisme radical un obstacle à la promotion d'une écologie intégrale et durable. Il estime que dans un contexte relativiste, où Dieu est exclu et où « nous croyons que c'est notre propre subjectivité qui détermine ce qui est bien ou ce qui est mauvais », « il n'est pas facile de développer [une] saine humilité ni une sobriété heureuse » (*LS* 224). Sans considération de transcendance, la recherche de la vraie justice, l'engagement pour le bien commun, la passion pour l'égalité, finissent par être découragés. Le principe de relativité devient même « un motif de justification pour l'indifférence ou la défiance réciproques, sur quelque thème de la vie, sur quelque responsabilité de la politique, que ce soit » (CTI, 2014 : §2). Dans un tel contexte, la désinvolture générale règne et, en l'absence d'accord sur les principes fondateurs, la gestion des questions collectives est laissée aux instances économiques et bureaucratiques. Ainsi, le relativisme radical tend à renforcer le système technocratique et à défavoriser les intérêts des plus vulnérables, des pauvres et de la nature[82].

Pour autant, l'idéalisme religieux n'offre pas une alternative acceptable. En déclinant la vérité en dogmes réputés infaillibles, en certitudes indiscutables, non-révisables et absolues, la religion dogmatique – et le christianisme officiel entre dans cette catégorie – se présente comme une idéologie rigide. Elle est incapable de faire place à la différence radicale, à la multiplicité des valeurs et aux perspectives contradictoires que réclame le juste traitement des enjeux écologiques.

La prédication coranique se démarque à la fois du dogmatisme et du relativisme. Elle s'oppose au premier, puisqu'elle réordonne sans cesse la question du divin à son ouverture indécidable, et ne tranche pas de savoir, une fois pour toutes, si les avantages sont du côté de l'absolue méfiance ou de l'absolue confiance. Ce faisant, le Coran s'élève contre le totalitarisme de la vérité inébranlable et pétrifiée, et refuse l'imposture du savoir absolu. Mais l'instruction coranique va également à l'encontre du perspectivisme relativiste, car elle maintient une distinction absolue – bien qu'inassignable par des critères sûrs – entre le vrai et le vain, tout en affirmant la possibilité d'un rapport absolu à Dieu. À égale distance du dogmatisme et du relativisme, le Coran s'inscrit dans une herméneutique du témoignage, et commande que chacun réponde, à la suite des prophètes, de son irréductible responsabilité devant les hommes et devant Dieu. Il affirme ainsi que la vérité n'est pas arrêtée ni ineffable, mais inépuisable et plurielle, parce qu'elle est sans cesse donnée et réappropriée dans l'expérience de Dieu.

En reconnaissant à chacun le droit et le devoir d'être témoin de la vérité – d'une vérité qui est extérieure à tous et qui se révèle à chacun personnellement – le Coran déjoue la clôture du dogmatisme et maintient une ouverture capable d'accueillir la pluralité sans réserve. Mais il conjure aussi les risques de régression et de fragmentation sociales induits par le relativisme, puisque les individus marqués par le désir de Dieu, et devenus source d'actions décisives, résistent au repli égocentrique et œuvrent dans le sens d'une harmonie inclusive et solidaire. L'herméneutique coranique du témoignage cumule les avantages du relativisme et du dogmatisme, tout en neutralisant leurs inconvénients.

- *Le paradoxe contre les dualismes et les unilatéralismes*

Comme nous avons pu le voir au fil de notre discussion, le Coran affûte un indépassable paradoxe sur Dieu et sur la condition humaine. Ce faisant, il ouvre les possibilités, mêle les arguments, aiguise les antithèses, et fait coexister des exigences en conflit. Il bouscule les partages figés, que le sens commun établit entre l'être et la pensée, entre l'esprit et la nature, ou entre l'ici-bas et l'au-delà. Il s'inscrit en faux contre les alternatives que l'on pose habituellement entre obéissance et révolte, généralité et singularité, ou organisation et liberté. Il déborde les oppositions réductrices que l'on marque d'ordinaire entre altruisme et égoïsme, fidélité et mensonge, bien moral et bien matériel. Cet ensemble de perturbations cherche à libérer les énergies, à rouvrir les horizons, à remettre en rapport les antagonismes, et à relancer les possibilités de chaque être, tout en stimulant de nouvelles solidarités. L'enjeu est de redonner à la vie du mouvement et de lui rendre – fût-ce au prix d'une certaine désorganisation et d'une part de cruauté – sa puissance d'innovation, de connexion et de régénération. Au fond, il s'agit de mettre chacun à l'épreuve de son irréductible responsabilité, sans se substituer à sa place, mais en le portant sur un plan d'affirmation qui se situerait par-delà les dualismes et les unilatéralismes.

- *Entre substantialisme et relationnisme*

Comme nous avons pu également le montrer, le discours coranique joue sur un double tableau ontologique, donnant accès à deux lectures opposées du monde et de la réalité humaine.

D'un côté, si l'on harmonise l'ensemble du propos coranique selon l'apriori créationniste, en privilégiant l'idée d'une séparation originelle des entités, des espèces et des genres, on obtiendrait un monde aux déterminations substantielles. La création, ses lois et ses composantes fondamentales seraient données d'emblée et resteraient indifférentes à l'évolution historique, aux variations culturelles et aux écarts individuels. La différence sexuelle, en particulier, serait inscrite dans la nature. On aurait là une conception essentialiste et naturaliste de la condition humaine.

D'un autre côté, si l'on interprète l'intégralité du discours coranique suivant l'a priori évolutionniste et l'idée d'une création continuée, on changerait le fonds de carte ontologique de la réalité coranique. Le devenir produirait des différences incommensurables entre elles et réfractaires à l'idée d'une nature immuable et universelle. La sexualité serait elle-même construite par la société et l'histoire. Ainsi, on romprait avec l'ontologie substantielle, pour laisser affleurer les relations, les interconnexions et les variations différentielles qui constituent les entités vivantes. On aurait là une conception relationnelle et culturaliste de la condition humaine.

En somme, le Coran donne accès, en une seule présentation paradoxale, aux perspectives opposées du naturalisme et du culturalisme, du substantialisme et du relationnisme. Comme nous l'avons expliqué dans le premier volet de notre étude, seul un tel cadre de pensée permet de cautionner les différents combats qu'implique l'engagement écologique. Le cadre coranique permet, d'une part, en soulignant la transcendance de la nature par rapport à la culture, de soutenir des politiques de préservation de l'environnement et de défendre l'intégrité de la Terre face aux excès de l'exploitation technique et économique. D'autre part, en affirmant la transcendance de la culture sur la nature, il permet de lutter contre toutes les formes de naturalisme et d'envisager la possibilité d'une reconstruction salutaire du monde. D'un côté, le cadre coranique offre la possibilité de fonder une éthique de préservation et de sobriété (dans le sens du principe responsabilité de Jonas). De l'autre, il autorise d'asseoir une politique visant la reconquête d'une nouvelle intégrité (dans l'esprit du principe espérance de Bloch).

Plus généralement, en articulant les sagesses de la nature donnée et de la nature construite, du substantialisme et du relationnisme, le Coran confère une égale importance à l'être et à la relation, à la permanence et au changement, à la coopération et au conflit, à la solidarité constitutive et à la différence irréductible. Seule une telle position de principe est compatible avec la constitution d'un monde commun pluriel et différencié, qui se développerait au maximum de ses potentialités à travers les synergies et les antagonismes qui le traversent.

- *Intégration des perspectives rivales*

Si l'on reprend le paradoxe coranique, tel qu'il est exposé dans l'histoire d'Alexandre (expliquée en Annexe I), on verrait schématiquement qu'il intègre et donne accès, par les trois temps qui le structurent, aux différentes perspectives de pensée qui doivent être réunies pour une approche adéquate des défis écologiques.

En effet, si l'on s'en tient à la première composante du paradoxe, qui assimile Dieu à un souverain omnipotent et juste, on aboutit à une vision morale et anthropocentrique du monde, dans laquelle l'homme se distingue du reste de la création par sa stature spirituelle et sa vocation éternelle. En revanche, si on met l'accent sur le deuxième temps du paradoxe, où Dieu est décrit comme un maître lointain et arbitraire, on parvient à une conception athéiste ou panthéiste du monde, dans laquelle l'homme serait entièrement soumis à un Destin ou à une Nature toute-puissante. Enfin, si l'on insiste sur le troisième élément du paradoxe, où Dieu se découvre vulnérable aux forces du chaos, on accède à un contexte de conflit, où l'action constructiviste et conquérante permet à l'homme de façonner son milieu selon un ordre écologique et social sans cesse remis en cause.

Évidemment, il ne s'agit pas d'établir une correspondance exacte entre les trois temps du paradoxe coranique et les visions respectives du dualisme anthropocentrique, du monisme de la Nature et du matérialisme du milieu qu'il convient de réunir dans une écologie conséquente, mais de montrer que la compréhension coranique de Dieu permet d'assurer la nécessaire mise en tension des perspectives rivales, et leur dialectisation dans des formes d'activité qui conspirent au relèvement intégral de l'homme et à la consolidation d'un monde durable.

Rappelons, en effet, que l'instruction coranique et ses ambivalences ne sont pas le fruit d'une construction abstraite, mais la chair d'une expérience de foi qui se donne en exemple à méditer et à suivre. Aussi, comme nous avons essayé de le montrer tout au long de notre exposé, ceux qui seraient capables de se hisser, à l'épreuve du paradoxe, au niveau de la responsabilité devant Dieu, telle qu'elle est instruite dans le Coran, donneraient forme à leurs possibilités les plus significatives, en contribuant à faire advenir une autre manière – plus juste, plus libre et plus solidaire – d'habiter la Terre et de faire société. Ils réaliseraient concrètement ce que le Pape avec son écologie intégrale, et ce que les partisans de l'écologie radicale avec leurs diverses élaborations, nous appellent à faire, sans nous en donner réellement les modalités ni les moyens[83].

Conclusion

L'examen approfondi que nous avons mené, dans ce second volet de notre étude, montre que la doctrine officielle du christianisme latin, telle qu'elle est réaffirmée dans l'encyclique *Laudato si'* du Pape François, n'est pas pleinement adaptée aux défis de l'anthropocène. La conception chrétienne du divin, le type de conscience écologique qu'elle favorise, et les modes d'être qui lui sont proportionnés, ne satisfont pas aux critères de validité écologique et sociale que nous avons énoncés dans la première partie de notre travail.

En revanche, l'idée de Dieu, qui ressort de la lecture rigoureuse et littérale du texte coranique que nous avons présentée, répond à l'ensemble des conditions qui la rendent salutaire d'un point de vue environnemental et social. Elle correspond précisément à la figure de Dieu que nos analyses ont déterminée comme étant propice à une véritable responsabilisation des individus et des sociétés.

L'inadéquation du christianisme officiel aux exigences de l'écologie

Malgré les clarifications théologiques apportées par son encyclique sur l'écologie, le Pape François ne parvient pas à faire du christianisme une force à même d'inspirer et d'orienter la nécessaire transformation de nos sociétés. Sa proposition échoue sur chacun des critères que nous avons évalués, et la raison de cet échec réside dans les raccourcis dogmatiques que le christianisme a adoptés dès les premières phases de son développement historique et que le Pape reconduit.

Pour ce qui est de l'engagement (premier critère) – En cautionnant la rédemption dernière, et en opposant Dieu au mal qui règne ici-bas, le christianisme encourage, malgré lui, diverses attitudes d'évitement ou de fuite, telles que l'attente béate du salut, la minimisation de la gravité de la catastrophe, ou encore le détachement du monde et sa contemption. Dès lors qu'il consacre la filialité divine de Jésus et le déjà-donné du salut, le christianisme ne peut plus opérer l'alchimie entre le pessimisme radical et l'optimisme foncier, nécessaire à l'engagement lucide et résolu en temps de catastrophe.

Pour ce qui est des valeurs (deuxième critère) – Le christianisme ne rompt pas totalement avec la hiérarchie dualiste entre l'esprit et la matière. Il continue à définir l'élévation morale par simple opposition à la servitude des passions, et à situer la vertu dans une forme de victoire contre les attraits de la terre et l'animalité en l'homme, perpétuant ainsi des préjugés nuisibles pour l'écologie. Par ailleurs, il subordonne l'utilitaire au don, le principe de propriété à l'idéal de communauté, et le rapport d'équivalence à la logique de la générosité. Ce faisant, il s'oppose au mouvement propre du développement économique, au lieu de l'investir et de le réenchâsser dans des préoccupations éthiques plus larges.

Pour ce qui est de la volonté de puissance (troisième critère) – Le christianisme prône une éthique de non-puissance, et prescrit un travail de sublimation qui réprime la concupiscence et entraîne la volonté vers un absolu de pureté, de charité et de don de soi. Le christianisme entreprend de réprimer les désirs égoïstes, la passion de la domination et les appétits de puissance qui sous-tendent les activités de la techno-économie. Mais il ne cherche pas, et ne dispose pas des moyens, d'assumer ces forces, de les contenir et de les restructurer pour les mettre au service de visées plus hautes et d'innovations plus responsables sur le plan écologique et social.

Pour ce qui est de la liberté (quatrième critère) – Le christianisme conditionne la légitimité de l'action humaine à sa conformité à des impératifs qu'il estime être ceux de la conscience droite et qu'il justifie par référence à une loi morale naturelle. Il ambitionne ainsi de moraliser la vie politique en lui imposant des préceptes qui ne souffrent aucune délibération. Mais en postulant l'existence de normes éthiques stables qui échappent à l'historicité des élaborations culturelles et ne dépendent d'aucun pouvoir, le christianisme prend ses distances avec les principes d'autonomie et d'indétermination qui définissent la démocratie moderne. Il n'offre pas un cadre entièrement favorable à l'intensification de la vie démocratique qu'exige la transition écologique et sociale.

Pour ce qui est du rapport à l'animal (cinquième critère) – Le christianisme s'efforce aujourd'hui de lutter contre la désacralisation de la nature et l'esprit de séparation entre l'homme et le reste du vivant qu'il a lui-même contribué à instaurer. Mais il n'offre pas d'alternative crédible à l'imaginaire séparatiste de l'humanisme moderne. Le christianisme continue d'appuyer la thèse de l'exception humaine et les postulats qui la sous-tendent. Il persiste à défendre la prévalence ontologique de l'esprit sur la matière et l'existence d'une discontinuité ontique entre l'homme et les autres formes de vie. Il promeut également une conception exagérément idyllique de la nature et se montre incapable d'ouvrir une véritable perspective non-anthropocentrique. Pour toutes ces raisons, le christianisme ne constitue pas un cadre très favorable au développement de relations écologiquement rationnelles entre l'humain et l'animal.

Pour ce qui est de la relation homme-femme (sixième critère) – Malgré certains ajustements, le christianisme reste attaché à la conception traditionnelle de la famille et rivé à une vision naturaliste de la différence sexuelle et de l'inégalité entre les hommes et les femmes. Il ne parvient pas à s'affranchir du schéma de domination androcentrique qui contribue aux déséquilibres socio-écologiques de notre monde.

Pour ce qui est de la violence (septième critère) – En rejetant toute négociation avec la violence, au profit d'un activisme pacifique et sacrificiel, le christianisme semble ignorer les réalités de la compétition pour la vie, l'enracinement pulsionnel de l'agressivité, et le caractère transculturel et comme inévitable de la guerre. En proscrivant la violence, il se condamne à la voir resurgir sous forme archaïque et dissolvante. A fortiori, il rend impossible le recours à la lutte armée comme moyen politique d'exception, laissant le monopole de la violence au pouvoir institutionalisé et le champ libre à ses dérives antisociales et antiécologiques. Faute d'avoir formulé une éthique crédible et efficace de la violence, le christianisme ne répond pas de l'utopie concrète et proprement révolutionnaire de la transition vers un monde juste et durable.

On l'a souvent répété, cet ensemble de critiques ne vise pas à relativiser l'importance du point de vue spirituel défendu par le christianisme, ni à contester le caractère par essence inconditionnel du commandement de l'amour évangélique, ni enfin à mitiger la nécessité de promouvoir les valeurs oblatives du désintéressement, de la générosité, de l'abnégation et du don. Nos critiques entendent dénoncer l'unilatéralisme de la doctrine chrétienne et son dogmatisme et, partant, son incapacité à servir de cadre de référence à la cause écologique.

Au demeurant, le christianisme officiel ne remplit pas la condition englobante de notre critériologie : il ne permet pas l'intégration des perspectives opposées que requièrent la bonne approche des problèmes écologiques et leur juste traitement. La proposition chrétienne ne donne pas pleinement visibilité au parti-pris matérialiste, ni au point de vue non-anthropocentrique, ni à l'approche culturaliste, ni au paradigme constructiviste. Malgré des évolutions notables, elle reste arrimée sur plusieurs points fondamentaux à des convictions essentialistes, spiritualistes ou naturalistes.

Les limites du christianisme latin et son incapacité à répondre aux exigences du combat écologique sont les conséquences inévitables de son dogmatisme. Dès lors qu'il associe la vérité du mystère de Dieu à la seule puissance de l'Amour, dès lors qu'il identifie le Créateur unique et tout-puissant à la figure lénifiante du Père aimant, dès lors qu'il fait du Christ crucifié et ressuscité la parole filiale et victorieuse de l'Origine, le christianisme est conduit, en toute logique, à exonérer Dieu du mal, à cautionner l'assurance de la résurrection dernière et à donner l'ascendant aux valeurs spirituelles. Il prend naturellement le parti de stigmatiser les logiques de l'intérêt et les désirs de la puissance, et prêche un idéal de fraternité universelle, fondé sur l'action non-violente et le don de soi. Il incite alors, malgré lui, au mépris du monde, tant la réalité de l'ici-bas paraît contraire à l'ordre naturel voulu par le Dieu d'amour. Cependant, il continue à placer l'homme au cœur du projet de création, et à le distinguer des autres créatures par sa vocation surnaturelle. Enfin, il reste attaché à la sacralité du schéma patriarcal traditionnel, à partir duquel il décrit l'économie de la vie divine par analogie. Bref, tant qu'il demeure fidèle à ses dogmes fondamentaux, le christianisme ne peut qu'alimenter, en sous-main, des préjugés, des représentations et des rapports d'oppression, qui perpétuent la crise civilisationnelle en cours.

Si l'on souhaite dépasser l'unilatéralisme chrétien et intégrer, dans une compréhension renouvelée de la foi, les arguments du matérialisme, du scepticisme et de l'historicisme, tout en préservant les dimensions fondamentales de l'esprit, de la vérité et de l'éternité, afin de renforcer les exigences de la religion morale par celles qui lui font défaut, il est nécessaire de rompre avec la clôture dogmatique érigée par le christianisme latin. Il faudrait se donner les moyens de promouvoir une double herméneutique de l'être et du divin, dont l'une, amplifiante et fondée sur la confiance, défendrait les exigences de l'esprit, tandis que l'autre, réductrice et centrée sur la crainte, privilégierait les nécessités de la matière. En d'autres termes, il faudrait conjoindre, dans une même proclamation de foi, sans les réconcilier, la théologie de l'espérance, qui affirme que Dieu s'est donné un fils en Jésus par qui s'ouvre le chemin de la résurrection, et l'irréligion du désespoir, qui dénie à la créature toute filiation divine au risque de sanctionner le non-sens de la vie. Pour ce faire, il faudrait réintroduire l'ambivalence dans la représentation du divin, surcharger de traits durs, ironiques ou cruels la figure providentielle du Maître rédempteur, et impliquer le Seigneur d'infinie miséricorde dans un indénouable mystère d'iniquité.

Cette manière de concevoir Dieu et la foi n'est pas une projection spéculative ou imaginaire. Il ne s'agit pas d'un « mythe », comme peut l'être le concept jonassien de Dieu après Auschwitz. Comme je l'ai montré dans mon essai d'exégèse *Le livre descendu*, et comme je l'ai rappelé et expliqué avec suffisamment de détails au fil du présent ouvrage, il s'agit en réalité de la conception révélée dans le Coran, pour autant qu'on accepte de lire le texte avec rigueur et sans artifice.

L'idée coranique de Dieu est la seule recevable et possible

En défendant une idée paradoxale de Dieu, le Coran propose une vision du monde et des recommandations tout à fait cohérentes avec celles que l'analyse rationnelle du problème écologique montre comme réellement salutaires, comme seules proportionnées à l'exercice de la responsabilité individuelle et collective dont notre monde a besoin. Ainsi, nous avons pu vérifier que l'idée coranique de Dieu répond parfaitement aux critères de validité écologique que nous avons formulés dans la première partie de notre étude[84].

Pour ce qui est de l'engagement (premier critère) – En révélant un Dieu qui inspire autant la confiance que la crainte, autant le salut que la perte, le Coran force l'enthousiasme des croyants à s'exprimer dans un engagement tourné vers le monde et soucieux de l'avenir, selon l'idée que la résurrection annoncée par les prophètes, et la filiation divine proclamée par Jésus, n'auraient de sens que si elles commençaient à être vécues ici et maintenant, comme ouverture et préparation de la rédemption à venir. Dans ces conditions, la terre ne peut plus être contemplée comme un simple lieu de passage vers la plénitude de Dieu, elle devient le champ grandiose et douloureux où se joue et se construit l'être éternel de chacun, en lien étroit avec le salut et le bonheur du cosmos tout entier. Les croyants, au sens coranique du terme, ne reculeraient pas devant la réalité de la catastrophe. Ils y verraient une menace autant qu'une injonction à la réforme et au dépassement, un défi à leur désir de Dieu, qui exige de leur part une action vitale et morale.

Pour ce qui est des valeurs (deuxième critère) – En défendant une idée de Dieu qui excède l'antinomie entre spiritualisme et matérialisme, le Coran engage les croyants à répondre à la fois des exigences de l'esprit et des nécessités de la nature, et à faire converger, dans l'investissement qu'ils entreprennent et approfondissent avec Dieu, l'amour des autres et l'amour de soi, la gratuité et l'échange, le sacrifice et la patience. Il situe la voie salutaire dans la confluence du don et de l'économique, de la grâce et de l'agir, du salut par la foi et de la justification par les œuvres. Loin des fausses alternatives et des voies mutilantes, il instruit une nouvelle morale, qui ne serait plus l'alibi de la faiblesse, mais l'expression d'une vertu forte, productive et libératrice. Ceux qui vivent une telle exigence contribueraient à la transformation radicale de leur existence et de leur environnement dans le sens de la soutenabilité écologique et sociale.

Pour ce qui est de la volonté de puissance (troisième critère) – L'instruction coranique conspire à mobiliser l'ensemble des forces vitales de l'homme et à les agencer de façon particulière. Les tendances primitives, et en particulier la passion impure de la toute-puissance, sont enserrées dans une discipline renouvelée de consentement, de sublimation et de réalisation. Elles sont contenues, autant que possible, surchargées de considérations morales et matérielles, et dérivées au service d'une exigence supérieure d'être, de savoir et d'accomplissement solidaire. Cette façon de restructurer la volonté de puissance aurait pour effet d'introduire des préoccupations éthiques dans les activités de la technoscience et de la techno-économie, sans les réprimer, mais en les réorientant vers des voies socialement fructueuses et écologiquement plus durables.

Pour ce qui est de la liberté (quatrième critère) – Le Coran ne résout pas le rapport entre libre-arbitre et destin, mais il engage les hommes dans un face-à-face essentiel avec une Transcendance qui, tout à la fois, exige leur consentement et sollicite leur activité. La liberté est alors envisagée à partir de son ancrage dans la situation historique du sujet, et en fonction des montages qui le précèdent dans l'ordre de la nature, de la culture et du politique. Mais elle est, en même temps, vivifiée dans le rapport à Dieu, et à l'épreuve de l'altérité, sans contraintes normatives inviolables, jusqu'à porter l'individu au risque et à la chance d'une véritable prise de responsabilité.

Dans ce cadre, le projet d'autonomie en quoi consiste la démocratie moderne n'est ni renié ni bridé. Il est conforté dans son indétermination tragique, en même temps qu'il est profondément transfiguré par l'implication de sujets qui, tout en étant viscéralement attachés au respect des règles générales et au principe de la délibération fraternelle, seraient habités par les exigences inaliénables de leur conscience portée à ses aspirations les plus hautes. Il en résulterait un dynamisme démocratique plus intense, plus inclusif, et plus soucieux d'équilibres écologiques et sociaux.

Pour ce qui est du rapport à l'animal (cinquième critère) – En proposant une idée paradoxale de Dieu, le Coran parvient à déconstruire le dualisme anthropocentrique, et il réévalue la séparation entre les espèces. Tout en marquant la spécificité de l'être humain, il rend la différence entre ce dernier et l'animal irréductible à un critère sûr. La suprématie du fils d'Adam, ses privilèges exclusifs et le droit d'exploitation sans limites qu'il s'arroge sur le reste des vivants sont contestés. L'homme est promis à une autre vie, et affublé d'une responsabilité extraordinaire dans l'ordre du créé, mais il est aussi replacé dans le voisinage de la réalité non-humaine, animale, végétale et minérale qui l'entoure, embarqué comme elle dans une histoire mouvementée, et voué comme elle à la mort, sans certitudes définitives quant à la résurrection dernière. Une telle conception est pertinente au regard des nécessités socio-écologiques actuelles ; elle inciterait l'homme à instaurer avec les autres vivants des relations plus soucieuses de leurs intérêts respectifs, de leurs différences et de leur interdépendance.

Pour ce qui est de la relation homme-femme (sixième critère) – Fidèle au paradoxe qu'il défend sur Dieu et sur la condition humaine, le Coran ne tranche pas la signification de la différence des sexes. Sans clôturer l'interrogation portant sur le genre, il considère la différence homme-femme comme donnée et en devenir. Il appelle alors chacun à consentir au donné biologique et culturel qui conditionne son être sexué, pour l'interpréter et le vivre à l'épreuve de l'altérité de l'autre sexe, et sous le regard problématique de Dieu. Un tel effort, lorsqu'il est sous-tendu par une foi sincère, implique le consentement au donné, engage une rencontre exigeante avec l'autre sexe, et articule l'affirmation individuelle et le désir de communion. Il contribuerait à l'émancipation de la femme, et favoriserait à la fois la différence, l'égalité et l'unité entre les sexes.

En excédant les dualismes qui séparent et hiérarchisent entre l'esprit et la matière, entre l'humain et l'animal, et entre l'homme et la femme, la pensée coranique échappe au cadre conceptuel d'oppression qui est à la source de la crise environnementale actuelle. Elle apporte, aux questions essentielles de la place de l'homme dans l'ordre du vivant, de la différence sexuelle, et du rapport entre nature et culture, des réponses à même de favoriser la cause écologique et l'émancipation sociale.

Pour ce qui est de la violence (septième critère) – Le Coran proclame la valeur inconditionnelle de la paix, et appelle à lutter pour un monde juste, libre et durable. Dans ce combat, il donne le premier et le dernier mot aux politiques de la non-violence. Mais il instruit aussi la possibilité d'une prise d'armes, et définit les conditions qui la rendraient légitime et effective. La logique de la guerre, assumée dans un rapport authentique à Dieu, serait disciplinée par des exigences édifiantes, et sans cesse infléchie par une ambition plus large d'exhaussement et de réconciliation. Dans ces conditions, il ne serait pas absurde de penser que la chute dans la violence – sans être justifiée – puisse apporter, avec son lot de malheurs, un renouvellement. Ainsi, le Coran offre aux hommes une instruction paradoxale, à même de les aider à traverser les drames de la sécession dans lesquels ils seraient impliqués, une instruction qui peut aussi les éclairer et les soutenir dans les confrontations tragiques et potentiellement violentes, nécessaires à l'accouchement d'une société nouvelle.

Au-delà des critères spécifiques auxquels elle répond avec efficacité, la prédication coranique se révèle concluante sur un point fondamental. En cultivant un indépassable paradoxe sur Dieu, elle donne crédit et visibilité aux perspectives adverses du théisme et du cosmo-théisme, de l'anthropocentrisme et de l'écocentrisme, du spiritualisme et du matérialisme, ou encore du substantialisme et du relationnisme. Le Coran ouvre un champ de perspectives contradictoires, à partir desquelles il devient possible d'appréhender la complexité des problèmes écologiques et sociaux, de mettre en lumière les conflits d'intérêt et les choix dilemmatiques qui se posent, et de faire émerger d'éventuelles solutions de rupture qui pourraient bénéficier à l'ensemble des parties concernées. Plus généralement, le Coran place l'homme dans une position qui lui demande de prendre des décisions responsables devant Dieu et devant l'histoire, en lui offrant l'aide et l'instruction pour ce faire. Comme nous avons cherché à le montrer, ceux et celles qui s'élèveraient à la hauteur du témoignage auquel ils sont appelés parviendraient à donner forme à leurs possibilités les plus hautes, en travaillant à un monde plus libre, fraternel et durable.

Ayant montré, dans la première partie de notre travail, qu'une relation renouvelée à Dieu est nécessaire pour sortir de l'impasse civilisationnelle actuelle, nous constatons, au terme de notre étude, que la figure coranique de Dieu est la seule possible, la seule salutaire, la seule qui permette de consolider des comportements socialement et écologiquement responsables.

Le Coran et les autres Écritures révélées

Il faut bien comprendre que la prédication coranique n'est pas contraire à la Torah ni à l'Évangile. Le Coran n'entend pas abroger les Écritures premières, mais comme il le proclame lui-même, les récapituler, les sublimer, et les rendre accessibles au plus grand nombre. Il montre que la Torah et l'Évangile n'instaurent pas deux visions inconciliables du monde et du divin, mais des perspectives faites pour s'emboîter, se limiter et s'enrichir mutuellement. La posture de foi fondamentale que le Coran instruit, et qui rend manifeste la vérité profonde des livres qui l'ont précédé, aurait aussi bien pu être enseignée par Jésus, que défendue par un docteur d'Israël.

La lecture du Coran que nous avons présentée ouvre donc la voie à une intelligence plus profonde de la Bible, et à une réinterprétation des Écritures judéo-chrétiennes, qui serait adaptée aux enjeux de notre siècle. Ce travail reste à faire, mais ses grandes lignes sont déjà tracées, et il dispose désormais d'une tradition exégétique majeure – celle du premier Islam – qui le cautionnerait.

Relire les Écritures à leur juste valeur pourrait débloquer la situation d'impasse dans laquelle se trouve notre civilisation. Contrairement à d'autres propositions, la nôtre ne repose pas sur des considérations abstraites. Elle ne cherche pas à convertir les esprits à des croyances qui leur sont étrangères, ni à leur imposer des modes de vie et de pensée qui ne résonneraient pas avec leur histoire ou leurs motivations profondes. Il s'agit, avant tout, de pointer des mésinterprétations anciennes, consolidées par le temps et aujourd'hui insoupçonnées, qui offusquent la compréhension que nos contemporains ont des textes fondateurs auxquels ils adhèrent, ou par rapport auxquels ils forgent leurs propres convictions. L'objectif est de nous réapproprier l'enseignement fondamental des Écritures, et d'éveiller le plus grand nombre à une modalité d'être au monde éminemment pertinente pour notre temps. Ainsi se trouverait ravivée, à partir de références que tous reconnaissent comme essentielles, une dynamique de salut qui fait partie de notre histoire mais qui est aujourd'hui en souffrance. En définitive, il s'agit de renouer avec l'idée salutaire de Dieu – une idée révélée et non construite – dont nous avons besoin, individuellement, pour que chacun d'entre nous puisse s'élever vers ses possibilités d'existence les plus significatives, et collectivement, pour répondre avec responsabilité aux défis auxquels nous sommes confrontés. Ajoutons que la perspective de renouveau que l'on projette ici repose sur des bases entièrement accessibles, et étayées par des considérations rationnelles, permettant à chacun – pour autant qu'il en ait l'envie et la capacité – de juger en conscience par lui-même.

La relecture des Écritures révélées, que j'ai initiée avec le Coran, et qui demande à être poursuivie avec l'Ancien et le Nouveau Testament, donnerait aux croyants l'occasion de se débarrasser des idoles dont ils se sont affublés. Elle ouvrirait aux athées un chemin d'accès vers la foi, en leur montrant que les raisons pour lesquelles ils rejettent Dieu ne portent que sur des figures idolâtriques, qui le dénaturent. Elle offrirait aux exclus de la révélation abrahamique, et aux autres aires de civilisation, un enseignement existentiel fondamental, qui pose un choix et appelle une libre réponse. Dans un monde empreint de finitude, et marqué par l'éclatement, elle esquisserait une vision qui peut être largement partagée, et à partir de laquelle chacun aurait à charge de revivifier son existence par l'effort entrepris vers Dieu, en contribuant à un monde solidaire et durable.

On ne saurait minimiser l'ampleur des changements qui pourraient en résulter. Dans notre monde, des capacités immenses d'affirmation, des réserves infinies de patience, des myriades de volontés de vivre et d'aspirations à la liberté sont dénaturées, retenues ou ruinées dans des développements funestes, parce qu'elles sont instruites dans l'idolâtrie et guidées par elle. Ces forces colossales, si elles étaient reprises dans une relation véridique à Dieu, et irriguées par la grâce, ne pourraient-elles pas être épurées, dotées d'une puissance génétique propre et mises au service d'une transformation radicale de l'homme et du monde ?

Les obstacles à la relecture des Écritures

La proposition que nous avançons demanderait à être mieux étayée et justifiée. Mais elle se heurte d'emblée, et dans son évaluation même, à d'importants obstacles. Le premier est d'ordre académique. L'hyperspécialisation des programmes universitaires, et la séparation rigide entre les domaines bibliques et coraniques contrarient la réception de mes travaux. D'un côté, les spécialistes du Coran, principalement des historiens et des linguistes formés dans la tradition de la philosophie classique et de l'exégèse musulmane traditionnelle, ne sont guère familiers avec les études bibliques, la philosophie moderne et la théologie fondamentale, pour prendre la mesure de la thèse que je défends et se l'approprier[85]. De l'autre côté, les experts de la Bible, ainsi que les philosophes et les théologiens contemporains, ont incontestablement la capacité de comprendre mes propositions, mais ils possèdent au mieux une connaissance limitée de l'arabe, accordent peu d'importance au Coran, et se contentent des thèses simplistes qui dominent aujourd'hui la recherche académique sur les origines de l'Islam.

Naturellement, la segmentation des domaines d'études, et la prévalence d'écoles de pensée partisanes au sein de l'université, prolongent des intérêts politiques ou sectaires plus larges. La thèse que je soutiens bouscule trop d'idées reçues, d'intérêts puissamment établis et de certitudes réputées acquises, pour être accueillie et discutée avec honnêteté. N'oublions pas que les gardiens du dogme et leurs serviles obligés préfèrent mourir dans l'erreur plutôt que d'embrasser de nouvelles perspectives.

Le refus pourrait être plus systématique qu'on ne le soupçonne. La plupart des Juifs et des Chrétiens ne préféreraient-ils pas avoir tort avec leurs traditions, plutôt que d'avoir raison avec le Coran ? Les Musulmans ne choisiraient-ils pas, dans leur grande majorité, de s'en tenir à leurs croyances superstitieuses, plutôt que de remettre en cause leur façon réductrice de lire leur texte sacré ? Les athées ne s'accrocheraient-ils pas à leurs perspectives nihilistes, plutôt que de concevoir l'existence de Dieu ? Au fond, c'est l'orgueil et la haine de l'autre qui confortent nos idoles, et qui nous empêchent d'entreprendre la transformation salutaire de nos modes de vie et de pensée.

Toutefois, on pourrait imaginer des scénarios moins sombres. On pourrait envisager qu'un développement positif puisse se dessiner, par le biais d'une stratégie pratique de réforme. À plusieurs reprises, nous avons salué les initiatives de ceux qui, à tous les niveaux de la société, s'affranchissent des diktats du système dominant et mettent à l'épreuve des modes de fonctionnement plus solidaires. Ces forces novatrices ont aujourd'hui un impact limité et produisent peu d'effets politiques de masse. Mais c'est bien d'elles que pourrait advenir le renouveau de nos cadres conceptuels et théologiques de référence.

Mieux que d'autres, les communautés déjà investies dans les luttes concrètes de la transition écologique et sociale peuvent comprendre la nécessité de la référence à Dieu telle que nous la concevons ici. Mieux que d'autres, elles sont en condition d'éprouver l'incompétence de nos cadres théoriques actuels, la puissance des Écritures lorsqu'elles sont bien comprises, et le secours effectif qu'elles pourraient leur apporter dans leurs combats. Ce sont elles qui seraient le mieux à même de se réapproprier les textes révélés dans leur sens non-idolâtre, et d'en témoigner de façon vivante, par des actions efficaces, victorieuses et belles.

En même temps, il est important de ne pas abandonner l'effort d'effectuation théorique, et de continuer à vouloir convaincre par l'argumentation, le raisonnement et les faits. N'oublions pas tout le bien que l'on peut attendre de la confrontation des idées et de la délibération de bonne foi, telles qu'elles se pratiquent encore dans certains cercles de l'université et de la société civile. Nos propositions pourraient aussi recouper d'autres recherches allant dans le même sens, trouver une synergie avec des travaux dans des domaines différents, ou rencontrer des attentes en marge des cadres institutionnels. Enfin, je reste convaincu que la lecture des textes révélés, dans la perspective que j'ai exposée pour le Coran, ne manquerait pas de mouvoir quiconque n'aurait pas abdiqué sa probité et son espérance.

Ne faudrait-il pas également compter avec la grâce de Dieu, ses opérations et son impondérable secours ? Il est vrai que nous avons engagé notre travail en refusant tout parti pris métaphysique, et sans trancher la question de l'existence de Dieu. D'une certaine manière, le Coran en fait de même, puisqu'il ne résorbe pas, une fois pour toutes, l'antinomie entre le théisme et l'athéisme. Mais ce que nous avons démontré en définitive – à savoir, que l'homme ne pourra sortir de l'emballement destructeur dans lequel il est pris, et rouvrir un horizon de vie et de survie significatives ici-bas, que s'il abandonne ses idoles et qu'il revient au vrai Dieu tel qu'il s'est fait connaître dans les Écritures historiques –, ce que nous prétendons avoir ainsi établi sur des bases strictement discursives et rationnelles, n'équivaut-il pas à une preuve de Dieu ?

Annexe I

L'idée coranique de Dieu

On a coutume de penser que l'idée coranique de Dieu est plus simple et plus épurée que celles données par les monothéismes juif et chrétien. N'étant pas impliqué dans une alliance exclusive avec un peuple en particulier, ni compromis dans une trinité de personnes, Allah serait un Dieu pleinement souverain, impérieux et miséricordieux. Unique, sans rival ni vulnérabilité, il exerce son autorité de façon absolue et, au jour de la résurrection, il jugera chacun selon ses œuvres[86]. Cette représentation, somme toute élémentaire, est véhiculée à la fois par les discours dominants de l'Islam et par les études orientalistes. Sans être étrangère à la révélation coranique, elle ne retient qu'un aspect très sommaire de ce que le Coran proclame sur Dieu. Dans les limites de la présente annexe, je voudrais montrer que le texte saint de l'islam nous met face à un Dieu à la physionomie paradoxale, à la fois bon et cruel, omnipotent et vulnérable, dont la complicité avec le mal n'est pas entièrement clarifiée.

Les deux faces de Dieu

Le Coran n'adhère ni à la métaphysique du théisme ni à celle de l'athéisme. Il mêle sans discontinuer un plaidoyer moral dans lequel il justifie Dieu et donne une raison d'être au mal, et une conception scandaleuse du monde où règne la nécessité et l'injustifiable. Ce double discours va de pair avec une prédication ambivalente du divin, dans laquelle Dieu apparaît à la fois bienveillant et arbitraire, équitable et potentiellement hostile. Pour le montrer, nous allons démembrer artificiellement le discours coranique, en mettant successivement en évidence les deux composantes opposées qu'il enchevêtre.

Il est important de noter, pour la bonne compréhension de notre propos, que la représentation du Dieu arbitraire recoupe la thèse de l'athéisme, dans la mesure où l'une et l'autre sanctionnent la fatalité du monde, l'injustifiable du mal et le désenchantement d'une condition humaine laissée sans rédemption possible.

Le Dieu de la morale

En se plaçant du côté de l'espérance, le Coran défend une vision morale du divin et de la condition humaine. Allah est alors présenté comme un maître providentiel qui gouverne sa création avec clairvoyance, justesse et générosité (Coran 15:19, 77:20-23…)[87]. C'est lui qui soutient l'ensemble de la création (10:22, 22:65…), fait alterner le jour et la nuit (25:62, 35:13…) donne à la terre de refleurir (30:19, 36:32-5…), et fait pleuvoir ses bienfaits sur les bons comme sur les méchants (7:57, 17:20…).

Or, si le mal existe, et que Dieu le tolère, c'est parce que l'homme a été créé libre. D'ailleurs, le Coran interpelle les hommes en insistant sur leur liberté : « Agissez comme bon vous semble ! » (41:40) ; « Que celui qui le veut prenne le chemin de son Seigneur ! » (76:29) ; « Que croie celui qui veut, et que dénie celui qui veut ! » (18:29, 109:1-6…). Le mal entre dans le monde par le biais de l'homme, par ses agissements connus ou méconnus, individuels ou collectifs (30:41) : « Nul malheur ne vous frappe qu'il ne soit l'acquis de vos propres mains » (42:30) ; « Quoi ! Quand un malheur vous atteint – mais vous en avez jadis infligé le double – vous dites : D'où vient cela ? Réponds-leur : Il vient de vous-mêmes » (3:165, 3:182…).

Mais, en créant l'homme libre, Dieu n'abdique pas ses prérogatives de souveraineté et de justice. Il tiendra les hommes responsables de leurs actes, et les jugera équitablement au jour du grand acquittement (17:13, 39:70…). En matière de mérite et de faute, il n'y aura aucun transfert, aucune confusion, ni entre générations, ni entre sujets (10:41, 2:134…). Chaque faute individuelle appellera une sanction, et chaque acte vertueux une rétribution (2:286). Le mal subi injustement, et le bien accompli qui n'obtient pas ici-bas sa récompense, trouveront dans l'autre monde une compensation accordée par Dieu et garantie par lui (20:74-6). De même, les abus et les iniquités qui n'ont pas été sanctionnés seront dûment châtiés à l'heure du grand recouvrement (18:49) : « Nous dresserons les justes balances, pour le jour de la résurrection. Nulle âme ne soit lésée, fût-ce du poids d'un grain de moutarde ! Nous l'apporterons et qu'il suffise de nous pour faire le compte » (21:47, 3:185…).

Ainsi, le Coran cautionne le triomphe ultime du bien, et justifie le mal dans une perspective d'édification et de mise à l'épreuve (11:7, 3:139-142…). Allah est alors célébré comme « le meilleur des juges » (6:57), « le plus équitable des juges » (11:45, 10:109…).

Cependant, en contrepoint de cette vision édifiante, le Coran va développer une conception négative du divin et de la destinée humaine. Au vu du caractère récurrent, incompréhensible et scandaleux du mal, il va promouvoir l'idée d'une histoire absurde, d'une créature soumise à la nécessité, et d'un Dieu arbitraire et suffisant.

Le Dieu du scandale

Pour commencer, le Coran insiste sur les déterminismes qui conditionnent la marche du monde et la vie des créatures. Les bienfaits et les malheurs qui arrivent aux hommes, au même titre que le péché et la vertu qui les animent, sont rapportés à la nécessité qui régit l'Univers dans ses moindres développements. Tout est réputé être le fait de la volonté de Dieu, qui supervise et règle l'ordre dans son ensemble. « Dis : Qui vous attribue les bienfaits du ciel et de la terre ? Qui détient l'ouïe et la vue ? Qui fait sortir le vivant du mort et fait sortir le mort du vivant ? Et qui fait marcher l'ordre dans son ensemble ? – Ils diront : "Allah". Dis alors : "Ne le craignez-vous donc pas ?" » (10:31).

En regard de la souveraineté divine, aucun vouloir humain ne saurait trouver place : « Vous ne saurez vouloir, à moins que Dieu veuille » (76:30) ; C'est Allah qui « choisit, et eux n'ont pas le choix » (28:68). Les hommes, dépossédés de toute initiative propre, et privés de libre arbitre, sont rabaissés au rang de « serviteurs », d'« esclaves » ou de simples « adorateurs » de la divinité (2:90, 3:15…).

Dans un tel environnement, Dieu fait absolument ce qu'il veut, sans norme ni raison apparente. Allah « honore qui il veut, abaisse qui il veut » (3:26) ; Il « pardonne à qui il veut et châtie qui il veut » (5:18) ; « Il égare qui il veut et dirige qui il veut » (14:4, 17:54…). Il serait, d'ailleurs, illusoire de penser que la partialité de Dieu puisse être conjurée ou circonscrite : « Dis : Qui donc peut quelque chose pour vous auprès de Dieu s'il veut vous faire du mal ou s'il veut vous faire du bien ? » (48:1, 36:23…). Si Allah est le vrai Dieu, c'est parce « qu'il fait absolument ce qu'il veut » (11:107).

Mais Dieu n'exerce pas son arbitraire de façon ostensible, en imposant sa volonté à des hommes désarmés et lucides.

L'acte bon et l'acte mauvais sont parfois créés dans des sujets mystifiés sur la valeur de ce qu'ils commettent. Il arrive ainsi que les hommes agissent de manière insensée, alors même qu'ils pensent s'efforcer pour le mieux : « L'effort de ceux-là, dans la vie présente, s'est égaré, alors qu'ils s'imaginaient s'ingénier au bien » (18:104). Ici, l'inexorable se double d'un pouvoir d'égarement qui rend ses victimes, non pas impuissantes, mais dupées : « Ceux-là que Dieu a maudits, il les a rendus sourds et a rendu leurs yeux aveugles » (47:23). L'idée de l'aveuglement qui égare, ou celle de l'assourdissement qui rend insensé, sont reprises tout le long de la prédication et assénées avec force (11:24, 30:52-3)[88].

Ces considérations, prises isolément et au pied de la lettre, aboutissent à une théologie scandaleuse, selon laquelle l'homme serait prédestiné au bien comme au mal, au paradis comme à l'enfer (2:6, 6:125...). Révélation insupportable et pourtant énoncée avec virulence. « Si Dieu le voulait, il aurait guidé les hommes en totalité » (13:31) ; « Si ton Seigneur le voulait, sûr que tous ceux qui sont sur terre croiraient jusqu'au dernier » (10:99). Mais Allah semble en avoir décidé autrement : « Si nous voulions, nous aurions conféré à chaque âme sa bonne direction. Mais cette parole mienne s'est avérée : J'emplirai la géhenne de djinns et d'hommes tous ensemble » (32:13, 7:179...).

Tout à l'opposé du plaidoyer moral, Allah découvre cette fois un visage inflexible et presque méchant. « Celui que Dieu guide est le bien guidé. Ceux qu'il égare, tu ne leur trouveras point de maître en dehors de lui. Au jour de la résurrection, nous les rassemblerons, face contre terre, aveugles, sourds et muets. Leur refuge sera la géhenne. Et chaque fois qu'elle tendra à s'éteindre, nous leur rajouterons des flammes » (17:97) ; « Et toutes les fois que, transis de douleur, ils voudront en sortir, ils y seront ramenés : Goûtez donc le supplice du brasier ! » (22:19-22, 54:48...). L'enfer promis aux hommes, avant d'être situé dans un avenir eschatologique, se situe ici-bas dans les fléaux et les cataclysmes, dans les destructions, les guerres et la torture : « Si Dieu l'avait voulu, les gens qui vinrent après eux ne se seraient pas entretués, après que les preuves leur furent venues ; mais ils entrèrent en différends : les uns crurent, les autres dénièrent. Si Dieu avait voulu, ils ne se seraient pas entretués ; mais Dieu fait ce qu'il veut » (2:253).

Ici, ce sont les sentiments d'échec, de désespoir et d'angoisse du prophète qui se font entendre ; et c'est le côté sombre de la divinité qui est mis en avant. Le mal étant incompréhensible, Allah est suspecté d'être impassible, arbitraire, trompeur, cruel et dominateur. Cette suite de considérations recoupe, comme on l'a dit, les thèses de l'athéisme.

Mais tout compte fait, le Coran maintient la tension entre l'absolu de l'optimisme et l'absolu du pessimisme. Son discours enchevêtre, sans réconciliation possible, deux composantes opposées : l'une défend à la lumière de l'espérance une vision édifiante du théisme, tandis que l'autre esquisse sur fond de désenchantement une vision sombre qui confine à l'athéisme. Cette élaboration traduit la compréhension que le prophète arabe avait de sa situation et de son propre vécu avec Dieu.

En cohérence avec ce double discours, le Coran formule des attributs divins eux-mêmes contradictoires. D'un côté, Allah est célébré comme étant « le meilleur des juges » (6:57), le « très noble » (96:3) et le « très bon » (5:6) ; « il est miséricordieux et tout-amour » (11:90, 3:150…). De l'autre, Allah est appelé *al-'azîz*, le très-puissant (2:129), *al-mutakabbir*, l'orgueilleux (59:23), *al-ghanî*, l'opulent qui se suffit à lui-même (2:263), *al-qahir*, le dominateur suprême (6:18, 61*)*, *khayr al-makirîn*, le plus grand des perfides (3:54), *al-qahhar*, l'irrésistible potentat (12:39, 13:16…), ou encore *al-jabbâr*, le maître brutal et arrogant (59:23-4). Le Dieu qui donne sans compter, gouverne avec sagesse, et pardonne à ceux qui l'offensent, est celui-là même qui peut vouloir reprendre ce qu'il a octroyé et régner durement, sans justice ni bonté.

Les lignes de pensée que nous avons présentées successivement ne sont pas réconciliées dans le Coran. À proprement parler, elles ne sont pas juxtaposées non plus. Contrairement à ce que notre présentation pourrait laisser entendre, le Coran n'appuie pas tantôt la thèse morale, tantôt le scandale. Moyennant toutes sortes d'ingéniosités linguistiques, il imbrique les points de vue contraires, les amalgame, et les énonce en superposition dans un même propos, sans cesser de les mettre en brusque présence l'un de l'autre[89]. Ce faisant, le messager arabe célèbre la mystérieuse unité d'un Dieu charitable et cruel, bénéfique et colérique, bienveillant et suffisant à la fois.

En présentant ensemble les points de vue opposés de l'espérance et du désenchantement, Muhammad reconnaît que la condition humaine, soumise à la fois à l'influence de la grâce et à la loi de la mort échappe à toute élucidation définitive, et qu'il est donc erroné de s'en tenir aux voies unilatérales. Pour lui, la vérité de la foi ne réside ni dans l'affirmation du théisme (qui privilégie la confiance en Dieu et les promesses de l'éternité), ni dans le point de vue de l'athéisme (qui s'en tient à la défiance en Dieu et aux contraintes de la finitude). La juste approche se trouve dans la tension maintenue des métaphysiques contraires. Aussi, c'est sans réduire l'antinomie qu'il va chercher à approfondir son interprétation.

La vulnérabilité de Dieu

Qu'il exalte la justice ou l'arbitraire, dans les deux cas, le Coran célèbre la toute-puissance de Dieu[90]. Mais sur ce fond de célébrations, il va esquisser l'idée que Dieu puisse ne pas être simplement omnipuissant. Par différents biais et artifices, il va insinuer que certaines forces puissent résister à l'emprise du Seigneur, et certains faits échapper à sa connaissance[91].

Plusieurs passages du Coran mettent en scène des situations dans lesquelles Dieu paraît comme surpris ou pris de court par des agissements qu'il n'aurait pas prévus. Ainsi, lorsque Dieu demande aux anges de se prosterner devant Adam, tous s'exécutent, à l'exception de Satan. La rébellion de ce dernier ne manque pas d'étonner le Seigneur, qui lui demande : « Qu'est-ce qui t'a empêché de te prosterner lors même que je t'ai ordonné de le faire ? » (7:12). Dans un autre épisode, Dieu paraît de nouveau surpris. S'étant déclaré en personne à Moïse avec l'intention de l'instruire sur la venue de l'heure, il voit ce dernier avancer avec un mystérieux bâton. Irrité, Allah interrompt son prêche et interpelle son élu sur un ton de reproche : « Qu'est-ce donc, Moïse, que tu tiens dans ta main droite ? » (20:17). Sommé de répondre, Moïse cherche à se justifier, tout en restant dans le vague au sujet de son instrument : « Mon bâton », dit-il, sert à conduire « mes moutons » et à « d'autres usages encore » (20:18).

S'il fallait prendre ces dialogues au pied de la lettre, on serait amené à dire qu'Allah ne sait pas tout. D'une part, il se découvre trahi par Satan, dont il n'aurait ni désiré ni pressenti l'insubordination. D'autre part, il s'étonne de voir Moïse s'appuyer sur son bâton, et le soupçonne de s'en servir dans des activités occultes de magie. Si, d'un côté, Satan s'obstine dans la rébellion, c'est bien parce qu'il croit possible de vaincre la volonté de Dieu. Si, de l'autre, Moïse essaie de cacher la vraie nature de son instrument, c'est bien parce que lui-même doute de l'omniscience de son Seigneur. Dans les deux cas, Allah paraît déstabilisé ; il doit brusquement changer le cours de son action pour reprendre en main les événements, sans s'imposer toutefois comme l'unique acteur et orchestrateur du drame. D'un côté, il précipite Satan du haut de sa position céleste, et s'engage avec lui dans une lutte cosmique aux enjeux infinis (7:13-8). De l'autre, il interrompt son prêche initial et entreprend de montrer à Moïse l'étendue de ses propres pouvoirs occultes : « Il dit : “Moïse, jette [ton bâton].” Il le jeta et voici que ce fut un serpent qui rampait. Il dit : “Saisis-le et ne crains rien, *nous* lui rendrons son allure première…" » (20:19-21, nous soulignons). C'est ensemble que Dieu et Moïse pratiqueront désormais la magie.

Dans de nombreux autres passages, le Seigneur paraît de nouveau en situation d'incertitude. À plusieurs reprises, il entreprend d'interroger ses créatures, comme s'il cherchait à obtenir d'elles des informations. Ainsi, « [Allah] demande aux anges : “Est-ce vous que ces gens-là adoraient ?” (34:40). De même, « il dit [aux idoles] : "N'est-ce pas vous qui avez égaré du chemin mes adorateurs ? Ou sont-ce eux qui se sont égarés ? » (25:17). Enfin, il interpelle le Christ et lui dit : « Jésus, fils de Marie, est-il vrai que tu aies dit aux hommes : Tenez-nous, ma mère et moi, pour deux dieux contre Dieu ? » (5:116). En questionnant ses créatures, le Seigneur cherche-t-il à susciter des protestations ou des aveux sur des affaires qui n'ont aucun secret pour lui, ou s'emploie-t-il à éclaircir des faits dont il ignore les tenants et les aboutissants ? À en juger par la façon dont les interrogés répondent, on serait enclin de penser que Dieu n'est pas omniscient. Ainsi, les anges prennent soin d'exalter la grandeur de Dieu, pour mieux rejeter la faute sur les djinns : « Ils disent : “Gloire à toi ! Tu es notre protecteur, pas eux. Ils adoraient plutôt les djinns, en qui la plupart croyaient” » (34:41). Si les anges étaient fautifs et entendaient le cacher, ne plaideraient-ils pas justement comme ils le font, en disant « ce n'est pas moi, c'est l'autre » ? En tout cas, force est de constater que les idoles (qui, elles, sont coupables) plaident exactement comme le font les anges : elles glorifient Dieu pour mieux accuser leurs associés (25:18). Quant à Jésus, il fait une réponse si obséquieuse, contournée et pleine de non-dit, qu'on le soupçonnerait presque de chercher à cacher sa responsabilité derrière la prétendue omniscience du juge qu'il magnifie : « Gloire à toi !

il n'est pas en mon pouvoir de m'attribuer ce qui n'est point à moi en vérité. Si je l'avais dit, tu l'aurais su, puisque tu connais ce qui est en moi, quand moi j'ignore ce qui est en toi. N'es-tu pas le connaisseur des mystères ? Je ne leur ai dit que ce que tu m'as ordonné : "Adorez Dieu, mon Seigneur et le vôtre !" Et j'ai été témoin contre eux aussi longtemps que j'étais parmi eux. Puis, quand tu m'as recouvré, c'est toi qui fus leur surveillant, et de toute chose, tu es témoin ! » (5:116-7).

Or, si Dieu n'avait pas une connaissance approfondie de toutes choses, et si son action pouvait être contrariée par des forces adverses, alors il serait vulnérable. Allah serait susceptible d'être contesté, de recevoir des blessures ou de subir des revers. D'ailleurs, n'est-il pas souvent méconnu, déconsidéré et méprisé ? Que de fois il se désole d'être objet d'ingratitude, d'indifférence et de rejet : « Dieu abonde en grâce à l'adresse des hommes, mais la plupart d'entre eux ne sont pas reconnaissants » (10:60) ; « La plupart des gens ne prêtent aucune attention à nos signes ! » (10:92) ; « La plupart des hommes se refusent si ce n'est au déni ! » (17:89, 16:83…).

D'autres versets vont plus loin et donnent à penser que Dieu serait contrarié par des puissances hostiles qui l'empêchent de parvenir à ses fins : « Ils veulent éteindre de leur bouche la lumière de Dieu, alors qu'il est décidé à parachever sa lumière, fût-ce contre le gré des dénégateurs » (9:32) ; « Eh bien, combattez les alliés de Satan : la ruse de Satan est fragile ! » (4:76) ; « Préparez contre eux ce que vous pouvez comme force et comme chevaux en alerte, pour effrayer l'ennemi de Dieu et le vôtre » (8:60, 61:8…). À entendre ces versets, et bien d'autres encore, c'est de l'homme que dépendrait la splendeur ou la perte, c'est de l'homme que dépendrait la victoire de Dieu ou celle de Satan.

Or, ce dernier paraît assuré de ses moyens. À peine est-il banni du jardin, qu'il se prépare à corrompre la multitude : « Il dit : "De ce même égarement dont tu m'as affligé, je veux hanter pour eux ta voie de rectitude. Que dis-je ? fondre sur eux de devant, de derrière, de droite et de gauche ; tu n'en trouveras pas beaucoup pour t'être reconnaissants » (7:16-7).

En contraste, Moïse, avec qui Dieu a scellé l'alliance et à qui il a enseigné les signes, se montre moins confiant. Malgré le réconfort et le soutien promis, – « N'aie pas peur, Moïse, les messagers n'ont point peur auprès de moi » (27:10) –, Moïse reste anxieux à l'idée de devoir affronter Pharaon. Il a beau savoir qu'Allah est à ses côtés, il insiste pour que son frère vienne avec lui (20:29-35, 28:33-4). Dans un autre compte-rendu, il conjure, sans détours, son Seigneur de le dispenser de l'épreuve et d'envoyer à sa place Aaron (26:12-4). N'est-ce pas là la preuve que Moïse doute de la toute-puissance de Celui avec qui il a contracté l'alliance ?

Ainsi, dans le va-et-vient entre la morale et le scandale, dans le balancement entre la thèse du Dieu juste et celle du Dieu arbitraire, prend forme l'idée que Dieu puisse ne pas être simplement omnipuissant. Le Créateur serait aux prises avec des puissances contraires et des obstacles inévitables. Lui, le Dieu infini et sans pareil, serait obligé de lutter contre des forces adverses dans les limites incontournables de la réalité historique. Méprisé dans sa grâce, et contrarié dans ses desseins, Allah doit combattre la corruption renaissante et la contenir. Mais il la laisse aussi renaître pour la résorber de nouveau. Ainsi, la création est sans cesse régénérée, recréée, dans une récurrence dont la fin n'est ni prévisible ni certaine (29:19, 50:15…).

Sous de tels cieux, les serviteurs de Dieu ne sauraient en rester aux conduites de la morale conventionnelle, ni se résigner au mal nécessaire. Sans cesser d'espérer en Dieu et de le craindre, ils sont incités à s'engager à ses côtés pour soutenir les forces novatrices, contrecarrer les résistances adverses, et œuvrer en vue d'une nouvelle intégrité. C'est toute la rhétorique coranique de la lutte sacrificielle qui trouve ici à se déployer (3:146, 9:20, 9:41…).

Dans cette nouvelle perspective, la vulnérabilité n'est pas considérée simplement comme un défaut ou une faiblesse. Liée au côté maternel de Dieu, elle est à l'origine d'une activité renouvelée de fécondation et d'engendrement, dans laquelle l'homme serait impliqué de façon décisive (36:81-2, 59:24…). Aussi, l'omnipotence de Dieu n'est plus pensée sur le simple mode de l'effectuation, de l'infaillibilité ou de l'emprise absolue. Allah est tout-puissant parce qu'il est seul à même d'ouvrir une possibilité inédite, seul capable de remédier au mal radical et d'inaugurer une vie nouvelle (22:39, 29:19-20…).

Toutefois, cette compréhension confine au dualisme, puisque le mal y acquiert une puissance comparable à celle du divin. Elle n'est donc esquissée qu'à demi-mots, et toujours en conjonction avec la conception contraire du Dieu invincible. Ainsi, le maître qui se laisse surprendre par ses serviteurs alors qu'il répand sur eux ses bienfaits, ce juge compatissant qui incline à pardonner à ceux qui l'ont offensé, ce créateur vulnérable qui lutte contre des forces adverses et renouvelle son œuvre en associant les hommes à ses projets, garde paradoxalement les qualités de l'omnipotence et de la toute-indépendance. Il est l'immuable (2:255), l'orgueilleux (59:23), le dominateur suprême (12:39), à qui revient la royauté des cieux et de la terre (48:14).

Partant, on pourrait vouloir relativiser les considérations portant sur la vulnérabilité de Dieu, de manière à préserver la conception convenue de la toute-puissance[92]. Certains énoncés coraniques plaident en ce sens (2:214, 20:72…) : ils semblent dire que la vulnérabilité de Dieu ne serait qu'apparente ou, plus exactement, provisoire. Allah ne triomphe-t-il pas toujours de ses ennemis sur le long terme ? Malgré des faiblesses passagères, et des flottements de courte durée, ne s'impose-t-il pas pour finir en maître dominateur, justicier et hautain (11:18, 12:110…) ?

Pourtant, le Coran ne s'arrête pas à la dogmatique religieuse traditionnelle. S'il affirme de façon ostensible que Dieu est un Seigneur tout-puissant, juste et impitoyable, il le présente aussi, de manière plus confidentielle, comme un créateur vulnérable et sans cesse confronté à la possibilité de l'échec. Dans le Coran, la toute-puissance de Dieu reste marquée par un trait de faiblesse radicale[93].

Pour résumer, on peut dire que le Coran articule trois lignes prédicatives rivales. Au niveau le plus fondamental, le texte met en présence les attributs contraires de la justice et de l'arbitraire de Dieu : il maintient la tension entre l'espérance et la crainte, entre la morale et le scandale, entre les thèses du théisme et celles de l'athéisme. Puis, sans mitiger les considérations contraires liées à la toute-puissance, il insinue l'idée plus confidentielle et profonde, que Dieu puisse être vulnérable à des forces résilientes de corruption. Les hommes sont alors appelés à s'évertuer aux côtés de Dieu contre le mal qui se trouve en eux et dans le monde. Dans cette troisième perspective, l'accent est mis, d'abord, sur l'inégalable puissance de Dieu en tant qu'il renouvelle sans discontinuer le créé, ensuite, sur la résilience du mal qui résiste à l'activité ordonnatrice de Dieu, enfin, sur la responsabilité que l'homme est sommé d'endosser dans l'ordre de la création.

La question du mal et sa résolution paradoxale

Les trois composantes prédicatives qui structurent le propos coranique ne sont pas le fruit du hasard. Comme nous allons brièvement le montrer, elles sont le produit d'une réflexion existentielle puissante, qui cherche à approfondir la question du mal à la lumière de la foi. Les trois lignes constitutives de la prédication coranique correspondent aux trois manières logiquement consistantes de résoudre le mystère d'iniquité dans un cadre monothéiste.

Pour comprendre ce point, il convient de considérer les propositions suivantes : (i) Dieu est tout-puissant, (ii) Dieu est bon et (iii) le mal ici-bas est radical. Chacune de ces affirmations, si elle est considérée isolément, est exacte[94]. Cependant, on ne peut pas logiquement les tenir toutes ensemble pour vraies. Si Dieu est tout puissant et bon, pour quelle raison le mal prospèrerait-il dans le monde ?

Pour sortir de la contradiction, il faut forcément abandonner l'une des trois propositions énoncées – ce qui donne trois façons de résoudre l'aporie, trois manières d'expliquer de façon consistante le rapport entre le bien, le mal et le divin :
(A) Si l'on sacralise les attributs divins de la toute-puissance et de la bonté (en sacrifiant donc la proposition (iii)), il faudra plaider la justice de Dieu malgré la souffrance et la méchanceté qui existent dans le monde. C'est la perspective de la religion morale, du théisme et de la théodicée qui s'impose.
(B) Si l'on estime, en revanche, que le mal demeure injustifiable et que l'on maintient fermement le postulat de la toute-puissance (en ignorant du coup la proposition (ii)), on sera amené à envisager la possibilité scandaleuse que Dieu puisse être méchant. Cet ordre de pensée, considéré séparément, recoupe les thèses de l'athéisme, dans la mesure où il ouvre sur un monde désenchanté et absurde où l'homme est soumis à la fatalité.
(C) Si l'on considère, enfin, que Dieu est bon mais que le mal reste injustifiable, on sera contraint de relâcher l'hypothèse de la toute-puissance (c'est-à-dire la proposition (i)). Le mal acquiert alors une forme d'extériorité contre laquelle Dieu doit lutter sans discontinuer. Cette représentation confine au dualisme et ne peut être qu'une pensée limite du discours monothéiste.

À l'évidence, aucune des trois manières logiquement consistantes de résoudre le problème du mal n'est satisfaisante. Toutes sont réductrices et galvaudent la complexité du phénomène étudié. Mais chacune garde sa rigueur et sa cohérence propre ; chacune peut aussi se prévaloir d'une forme de légitimité en raison de l'éclairage partiel qu'elle jette sur la réalité du mal. Par conséquent, la juste manière de traiter le rapport entre le bien, le mal et le divin serait de conserver les trois réductions possibles de l'aporie en les articulant ensemble dans une même proposition paradoxale. Et c'est exactement ce que fait le Coran.

L'histoire du bicornu

Les trois lignes prédicatives que nous venons de repérer sont reprises et explicitées sous forme narrative dans l'histoire du bicornu (18:83-102). Cette histoire puise dans des légendes connues à l'époque de Muhammad sur Alexandre le Grand, surnommé le bicornu. Elle relate le périple qui conduit ce dernier en différents lieux de la terre.

> « (83) Et ils t'interrogent sur le bicornu. Dis : Je vais vous réciter à son sujet quelques faits mémorables. (84) Nous l'avons fortifié sur la terre, et nous lui avons donné libre voie à toute chose. (85) Il suivit donc une voie… (86) jusqu'à ce que, parvenant au couchant, il découvrit que le soleil se couchait dans une source boueuse, et auprès d'elle, il trouva une peuplade. Nous dîmes : “Ô bicornu, ou bien tu les châties, ou bien tu uses de bienveillance à leur égard.” (87) Il dit : “Quant à celui qui est injuste, nous le châtierons, ensuite il sera ramené vers son Seigneur qui le punira d'un châtiment terrible. (88) Quant à celui qui a cru et fait bonne œuvre, il aura la plus belle récompense et nous lui stipulerons une part aisée de notre ordre.” (89) Puis, il suivit une voie… (90) jusqu'à ce que, parvenant au levant, il découvrit que le soleil se levait sur une peuplade à laquelle nous n'avions pas donné de voile pour s'en protéger. (91) C'est ainsi, et nous embrassions ce qu'il détenait en savoir. (92) Puis, il suivit une voie… (93)

> jusqu'à ce que, parvenant entre les deux digues, il découvrit en deçà une peuplade qui ne comprenait presque aucun langage. (94) Ils dirent : "Ô bicornu, Gog et Magog commettent du désordre sur terre. Ne pourrions-nous pas t'accorder un tribut, à charge qu'entre eux et nous tu établisses une barrière ?" (95) Il dit : "Ce dont mon Seigneur me fortifie est un bien meilleur. Aidez-moi cependant de votre force et je construirai entre vous et eux un remblai. (96) Apportez-moi des blocs de fer." Jusqu'à ce qu'ayant comblé l'espace entre les deux versants, il dit : "Soufflez !", et cela jusqu'à ce qu'il en fit une fournaise, puis il dit : "Apportez-moi du cuivre en fusion, que je le déverse dessus." (97) Ainsi, ils ne purent guère l'escalader ni l'ébrécher. (98) Il dit : "C'est là une miséricorde de mon Seigneur. Que la promesse de mon Seigneur vienne et le nivelle, et la promesse de mon Seigneur était vraie." (99) Nous laissâmes, ce jour-là, les uns déferler sur les autres, et l'on souffla dans la trompe et nous les rassemblâmes tous, (100) et nous présentâmes la géhenne aux ingrats pour de bon, (101) eux dont une taie fermait les yeux à mon rappel et qui ne pouvaient rien entendre. (102) Ceux qui ont dénié s'imaginent-ils se donner des protecteurs, hors moi, parmi mes serviteurs ? Nous avons apprêté la géhenne en guise de résidence pour les ingrats ! »

Ce texte obscur est compris de nos jours par les communautés musulmanes comme un apologue moral : le bicornu serait un monarque à la piété exemplaire, qui s'évertue selon les réquisitions du bien, dans la perspective imminente de la fin des temps. Une telle lecture n'explique pas réellement le texte : elle ne rend pas compte du développement narratif contrasté du récit, et laisse dans l'ombre la plupart des motifs qui s'y trouvent exposés.

De leur côté, les analystes occidentaux ont montré que le fragment coranique puise dans la tradition narrative associée à Alexandre le Grand et qu'il présente des correspondances précises avec des écrits apocalyptiques syriaques qui circulaient à l'époque de l'Antiquité tardive. Ils en ont conclu que le texte arabe est une reprise de la production syriaque. C'est ce que Mette Mortensen explique dans *Le Coran des historiens* : « La recherche récente a montré de manière convaincante que le récit de Dhû-l-Qarnayn (le bicornu) présent en Q18, 83-102 était une redite du récit concernant Alexandre que l'on trouve dans le Neṣhânâ[95] qui semble avoir été largement diffusé au VIIème siècle ». Or, comme l'écrit syriaque est trop tardif pour avoir été connu de Muhammad, certains chercheurs vont plus loin et estiment que le fragment coranique aurait été produit après la période de la prédication : « Dans la mesure où la Légende d'Alexandre a été composée en 629-630 au plus tôt, ajoute Mortensen, un certain nombre de chercheurs ont suggéré la possibilité qu'elle ne soit parvenue à la connaissance de la communauté coranique qu'après les conquêtes, en dehors de l'Arabie ». Ainsi, certains se hasardent à soutenir – sur la base de raisonnements fragiles – que le Coran aurait été rédigé sur une période longue qui s'étend au-delà de la mort du prophète. Puis, faute de trouver un sens à la version arabe de l'histoire d'Alexandre, ils reprennent l'opinion défendue de nos jours par la tradition musulmane et estiment que « l'histoire coranique se focalise sur l'éminence du châtiment divin à venir » (Mortensen, 2019 : 721-726).

Certes, le récit coranique n'est pas entièrement nouveau. Il emploie et reformule des éléments de légendes anciennes. Mais il ne s'agit pas d'une « redite » de récits préexistants, et on ne peut pas en conclure qu'il trouve son origine directe dans une production en particulier. En effet, si les histoires sur Alexandre qui circulaient à l'époque de l'Antiquité tardive pouvaient être appréciées des fidèles auxquels elles s'adressaient, et fonctionner comme des vecteurs de propagande, c'est uniquement parce qu'elles reprenaient un fonds de traditions connues de tous. Autrement, les référents symboliques que ces récits manipulent ne seraient pas compris, et la propagande serait inopérante. Voilà pourquoi l'histoire coranique ne s'inspire pas forcément de la *Neṣhânâ* produite en 629-630, mais que l'une et l'autre reprennent probablement, chacune à sa façon, une mythologie plus ancienne.

Comme nous allons le montrer brièvement, la version coranique est loin d'être anecdotique. En réécrivant l'histoire d'Alexandre le bicornu, dont il endosse lui-même la figure, le prophète arabe expose un aspect essentiel de son expérience de Dieu. À travers les trois étapes en quoi consiste le périple d'Alexandre, il retrace les trois temps de la décomposition logique du paradoxe qu'il défend sur le bien, le mal et le divin[96].

Dans la première étape de son périple (versets 85 à 88), le bicornu est appelé à gouverner selon les modalités qu'il verra opportunes. Il décide de juger chacun selon ses mérites, tout en comptant sur la justice suprême du Seigneur pour parfaire l'ordre et redresser l'iniquité. Alexandre met ainsi en avant l'idée du Dieu juste et tout-puissant. Adoptant le point de vue de la théodicée, il appréhende le bien et le mal dans une perspective de mise à l'épreuve et de rétribution, dans l'attente d'un épilogue qui sera donné à la fin des temps. Ce premier tableau reprend et met en scène les thèses convenues du théisme ou de la religion morale.

Tout à l'opposé, la seconde étape du voyage du bicornu (versets 89 à 91) marque l'arbitraire de Dieu ou son absence. Alexandre, malgré sa science et sa puissance, reste désarmé et sans voix devant la souffrance révoltante d'une population laissée en proie au feu brûlant du soleil. « C'est ainsi », ajoute le Coran, comme pour mieux souligner l'inexorable du mal. Le silence stupéfié du bicornu devant la passion incompréhensible des réprouvés est un silence d'indignation et d'incrédulité. L'injustifiable lui donne d'éprouver l'absurde de l'existence et le laisse aux prises avec une tentation athée.

Dans le premier environnement, la création est souillée sur le tard, le mal n'apparaissant qu'à la lueur du crépuscule (lorsque « le soleil se couchait dans une source boueuse »). En contraste, la deuxième scène campe un monde d'emblée déficient : avant même l'apparition de la lumière, le mal est déjà là et les réprouvés sont promis à la souffrance. Si le premier tableau raconte l'histoire morale d'un monde déchu après avoir été créé intègre, que l'homme doit s'évertuer de réhabiliter par la justice, la seconde scène découvre, au contraire, un monde scandaleux, où le mal est indéracinable et incompréhensible. Dans le premier contexte, Alexandre se conforme à l'idée du Dieu juste ; dans le second, il reste désemparé à l'idée que Dieu puisse être méchant.

Après avoir parcouru la terre d'un antipode à l'autre, Alexandre s'embarque pour sa troisième destination. C'est fort de l'expérience acquise qu'il aborde sa nouvelle et dernière épreuve (versets 92 à 98). Le troisième environnement n'apparaît ni déchu de sa perfection initiale, ni affecté d'une corruption originelle et irrémédiable. Cette fois, le monde semble stagner dans un état de développement inachevé. Les hommes qui ne comprennent « presque aucun langage » sont laissés dans l'enfance de la culture, et livrés à une forme de violence qui les dépasse : Gog et Magog sèment la corruption sur terre. Rendu au point ultime de son périple, Alexandre ne se contente pas d'affermir la justice dans l'espoir de redresser l'ordre corrompu. Il ne se résigne pas davantage à l'inexorable « C'est ainsi ». Il mobilise toutes les énergies de bonne volonté et s'emploie, par-delà la logique de la rétribution, à repousser l'anarchie hors de l'enceinte communautaire : « Aidez-moi de votre force et je construirai entre vous et eux un remblai ». Cependant, l'espace de paix que le bicornu parvient à instaurer est reconnu fragile et éphémère ; il est comme condamné d'avance, selon une échéance imprévisible mais inexorable, à être défait par le retour de la sécession et de la violence : « Nous laissâmes, ce jour-là, les uns déferler sur les autres » – l'image apocalyptique des deux mers qui se brisent l'une contre l'autre évoque, dans la poétique arabe ancienne, le choc des armées qui s'affrontent.

Les deux premiers contextes de l'histoire du bicornu s'accordent avec la toute-puissance de Dieu. Ils insistent, tour à tour, sur la justice et l'arbitraire, en faisant valoir une polarisation marquée des valeurs : le bien et le mal s'opposent comme le jour et la nuit, ou comme l'eau fertilisante et le feu dévastateur. En contraste, le troisième paradigme s'accorde avec l'idée que Dieu serait vulnérable à des forces résurgentes de corruption, et qu'il appelle ses fidèles à combattre à ses côtés pour renouveler la création. Dans ce cas, Alexandre s'engage en excédant la dichotomie figée des valeurs : il conquiert la paix dans la « fournaise », par le « cuivre en fusion » et le « fer ». Le bien (*khayr*) ne réside plus, pour lui, dans un idéal ou une norme de justice ; il ne tient pas davantage à un salaire ou à un tribut ; il se trouve dans la puissance reçue et renouvelée : « Ce dont mon Seigneur me fortifie est un bien meilleur (*khayr*) ». Doté de force et d'audace, Alexandre se sent investi d'une responsabilité unique dans l'ordre de la création.

Ainsi, l'histoire coranique du bicornu retrace bel et bien les trois façons logiquement consistantes de résoudre le mystère d'iniquité. Par là-même, elle redonne sous forme narrative les trois lignes prédicatives qui structurent l'ensemble de la récitation arabe.

Il est important de noter que l'épisode cataclysmique qui clôt le récit d'Alexandre peut être interprété de façon très différente. On peut le rattacher au troisième paradigme de l'histoire, comme figurant l'événement de rupture du processus continué de destruction-recréation du monde. De cette façon, on mettrait en exergue la vulnérabilité de Dieu et l'incertitude des fins dernières. Mais on pourrait aussi comprendre la catastrophe de la fin comme faisant référence au jugement eschatologique de Dieu. De cette manière, on restaurerait pleinement les présupposés de la toute-puissance : le pouvoir apocalyptique du Seigneur triomphe des puissances du monde, et tous ceux qui l'ont défié subissent les tourments de l'enfer. Mais, dans ce cas, il faut relever que l'antinomie fondamentale entre la justice et l'arbitraire de Dieu n'est pas levée : la morale est bien réaffirmée dès lors que les coupables sont justement châtiés ; mais, en même temps, le scandale perdure, dans la mesure où les ingrats faillissent parce qu'ils ont été rendus aveugles par « une taie [qui leur] fermait les yeux » et sourds au point de ne « rien entendre ». Ainsi, l'épilogue du récit ne consacre aucune ligne prédicative en particulier : l'histoire boucle sur elle-même, sans clore le débat sur le divin, ni parvenir à un dépassement dialectique de la contradiction.

En définitive, le Coran ne délivre pas un discours univoque et dénué d'ambiguïté sur le divin et la destinée humaine. Assurément, Muhammad croit en la justice de Dieu et en la résurrection de la chair, sans quoi sa foi serait vide. Porté par un enthousiasme profond, il reste convaincu que le bien l'emportera, et que la grâce divine ne manquera pas devant le mal qui déferle sur la création. C'est ce que signifie, en substance, le premier temps de l'histoire d'Alexandre. Mais, en même temps, comme l'indique le deuxième temps du péricope, Muhammad est pris de vertige devant le gouffre d'iniquité où l'humanité est plongée. Troublé par l'incompréhensible du mal, il questionne, sinon la sagesse de Dieu, du moins le souci qu'il a de l'homme. Sans relâche, le désespoir revient le guetter, et il se désole du caractère injustifiable de la souffrance et du scandale de la mort. Puis, dans la tension des considérations contraires de l'espérance et du désenchantement – dans le va-et-vient entre l'idée du Dieu juste et celle du Dieu arbitraire –, il esquisse un dépassement de la contradiction, en prêchant l'idée d'un créateur bon, mais contrarié par des forces ennemies, qui inciterait ses serviteurs à s'engager à ses côtés en vue d'un accomplissement. Entre le pour et le contre, entre le sens et l'absurde, la lutte pour la reconquête de l'intégrité peut offrir une issue ; non pas un moyen terme entre deux incompossibles, mais une manière drastique et énergique de trancher le nœud gordien.

Or, cette ultime avancée, que le bicornu assume à la frontière entre la religion du consentement et l'irréligion du désespoir, est problématique. Car si l'interprétation morale cherche à transformer le mal nécessaire en obstacle, épreuve, ou moyen-terme, elle ne parvient pas cependant à en abolir l'entière négativité. Le mal garde malgré tout quelque chose d'insoluble, d'inexplicable et d'injustifiable. Mais sans raison rassurante, comment Alexandre parvient-il à s'engager pleinement ?

Face au mal radical, et à ce qui reste impossible à remédier pour l'homme, seule la miséricorde de Dieu, c'est-à-dire la perspective d'une rédemption gracieuse, peut donner force à l'espérance de celui qui veut croire en dépit de tout. Alexandre, lui-même, n'avance dans son épreuve ultime qu'en s'ouvrant à la grâce de Dieu et en se plaçant à l'horizon de sa miséricorde : « C'est là », dit-il après avoir repoussé Gog et Magog, « une miséricorde de mon Seigneur ».

La miséricorde de Dieu

La formule *bismillāh ar-raḥmân ar-rahîm* (« au nom de Dieu le tout-miséricordieux le très-miséricordieux »), qui introduit toutes les sourates à l'exception notable d'une seule, lie indéfectiblement le nom de Dieu aux attributs de miséricorde et d'amour : « Invoquez Dieu, ou bien invoquez le tout-miséricordieux. Sous quelque nom que vous l'invoquiez, c'est lui qui a les noms les plus beaux » (17:110) ; « Allah est pardonneur et très-miséricordieux » (24:22) ; Il « est miséricordieux et tout-amour » (11:90, 2:105…).

Ne pourrait-on pas, dans ces conditions, rassembler l'ensemble du paradoxe coranique sous l'intitulé de l'amour miséricordieux ?

Il est certainement possible d'accorder la vulnérabilité de Dieu – avec ce qu'elle implique en termes d'étonnement, de revirement et d'apparente faiblesse – avec la longanimité de l'amour. À l'instar de toute âme éprise, Allah serait tributaire de ses aimés et désireux de les contenter. Que de fois il adopte ce qui plaît au cœur de ses serviteurs pour mesure de ses propres actions ; que de fois il se repent auprès d'eux et leur pardonne au lieu de sévir (8:70, 9:118…). Se laissant vaincre par le sentiment, il incline à revenir vers ceux qu'il aime, et s'emploie à les faire entrer dans sa lumière (2:37, 2:257…). Si Allah se trouve alors en position de faiblesse, c'est qu'il est comme enchaîné à ses créatures par la charité miséricordieuse qui l'habite. Que serait d'ailleurs l'amour de Dieu s'il n'acceptait pas d'être compromis, blessé, voire méconnu par ceux qu'il aime !

Or, le véritable amour, s'il est par essence vulnérable, ne renonce pas. Sa vulnérabilité n'est pas source d'abandon, mais de patience, de renouvellement et de pardon. Aussi, comme on l'a déjà noté, la vulnérabilité de Dieu donne naissance à une activité de reconquête et de recréation, qui est elle-même à mettre sur le compte de sa miséricorde. C'est ce que signale à propos l'étymologie des prédicats *ar-raḥmân* (le tout-miséricordieux) et *ar-raḥîm* (le très-miséricordieux). Ces termes renvoient par leur racine *raḥm*, à l'utérus, au sein maternel qui transmet la vie. Par là-même, la miséricorde de Dieu est d'emblée corrélée avec le don maternel de la vie et son renouvellement. C'est ce que confirme également l'utilisation récurrente du radical *raḥima* (qui signifie « avoir pitié, gracier et faire miséricorde »). Dans plus de cent cinquante occurrences, le radical sert à célébrer la bonté créatrice de Dieu et à énumérer les signes de l'expansion de sa grâce dans la sphère du monde : la régénération de la nature (7:57, 25:48), le renouvellement des générations (11:72-3, 15:56), l'affermissement continu de la création (16:5-7, 17:66), et la dissipation des maux, réitérée à chaque instant (7:72, 10:21), sont donnés en témoignage de la surabondante miséricorde de Dieu. Cette profusion ininterrompue, immotivée et victorieuse de bienfaits ne prouve-t-elle pas que l'amour de Dieu est plus fort que le péché, et que son pardon est plus grand que le mal (16:18, 6:147…) ? Ainsi, la toute-puissance de Dieu – en tant qu'elle qualifie sa capacité à vaincre infiniment l'excès du mal – serait elle-même un attribut de l'amour.

Il reste que si Dieu est bel et bien de force à vaincre la corruption renaissante, l'enracinement de celle-ci ne permet pas d'innocenter le Créateur de toute complicité avec elle. Allah garde un côté sombre qui ne peut être démenti – et qui justifie les considérations négatives que le Coran agrège sous l'intitulé de l'arbitraire. Cette part d'obscurité peut-elle trouver elle-même une raison d'être dans la mouvance de l'amour ? Pourrait-elle être rapportée, non pas à la partialité de Dieu, mais à l'impatience de son amour déçu ? Ne pourrait-on pas dire que les injustices choquantes, les souffrances criantes et les pertes inconsolables qui heurtent si profondément les consciences sont des moyens extrêmes que le Seigneur utilise, ou qu'il laisse advenir, pour détourner ses faibles serviteurs du monde éphémère auquel ils sont attachés (9:38-9, 28:59-60…) ? Dieu mettrait-il le mal à profit dans l'espoir de ramener à lui ses créatures, en leur montrant la vanité et la cruauté de leur façon de vivre (10:22-3, 16:53-55…) ? En ce sens, ce qui est mis sur le compte de l'arbitraire de Dieu serait en réalité une expression de l'amour – de l'amour déçu, excédé et sorti de ses gonds.

Par-delà les spéculations théoriques, l'hypothèse que l'amour miséricordieux soit le fin mot du paradoxe de Dieu trouve un support concret dans l'expérience de ceux et celles qui, à l'exemple du prophète et des siens, s'évertuent dans l'alliance avec lui. Ceux-là, en donnant du champ à leur amitié fraternelle, cherchent à se maintenir dans le bien et veillent à résoudre les rivalités qui les séparent de façon constructive, pour avancer vers la vie nouvelle qui leur est promise. S'ils se donnent réciproquement le nom de « camarades » (7:184, 34:46…), ou de « frères » (33:5, 49:10…), c'est parce qu'ils s'efforcent de former, dès ici-bas, une famille analogue à celle qu'ils espèrent rejoindre auprès de Dieu.

Ce développement positif, qui prend forme dans l'orbite de Dieu, ne s'arrête pas au seuil de la communauté croyante. Il s'ouvre aux autres existants – aux étrangers, aux arrivants, aux ennemis mêmes, qui sont invités à se convertir –, tout comme il s'intéresse, par-delà l'humain, au vivant en général. Ainsi se dessinent les contours d'une fraternité universelle, susceptible de conduire l'humanité à la réconciliation la plus large[97].

Pourtant, le Coran refuse de consacrer la synthèse et de rassembler le paradoxe qu'il défend sous un intitulé unique, fût-ce celui de l'amour. Et la raison tient encore une fois à la réalité du mal. Les conflits fratricides qui déchirent la communauté (4:88-90, 5:33-6…), les circonstances tragiques qui enténèbrent l'existence (2:266, 46:24-5…), les profondeurs de la déchéance humaine que rien ne semble pouvoir guérir (17:100, 43:15…), laissent la tentative de justification par l'amour miséricordieux en peine de résolution positive. Non seulement il est impossible d'imputer les misères du monde à la seule responsabilité humaine ; mais il est tout aussi difficile de comprendre le malheur qui s'abat sur les innocents (3:21, 8:25…), la tyrannie des forts sur les plus humbles (2:49, 7:141…), la mort (17:68-9), les maladies (9:91), les cataclysmes violents (29:38-43, 29:38-43…), comme de simples provocations que Dieu multiplierait pour inciter les hommes à se rendre disponibles à son amour. Scandale des inégalités, insanité de la violence, absurdité de la mort… le désenchantement porte l'excès dans l'autre sens, et donne à voir l'arbitraire de Dieu et son indifférence : « Allah n'a que faire de tous les mondes ! » (29:6)[98].

Ainsi, le prophète arabe continue de se heurter à un insondable mystère d'iniquité. À ses yeux, les attributs de l'amour et de la miséricorde restent « les plus beaux attributs » de Dieu, et ils constituent le fondement de toute relation authentique d'alliance avec lui. Mais ils ne permettent pas de circonscrire le mystère de Dieu, et ils ne fournissent pas la clé d'une synthèse à même de rassembler les perspectives rivales que la réalité du bien et du mal ouvre à la pensée et à l'imagination.

Aussi, loin de constituer un ensemble de propositions univoques, le Coran continue de mettre en présence les attributs lumineux de Dieu et ses traits sévères et ténébreux, sans les hiérarchiser, ni les réconcilier : « Ton Seigneur est le détenteur de pardon et de punition douloureuse » (41:43) ; « Redoutable est la violence de ton Seigneur. Lui qui instaure et recommence. Lui, le grand pardonneur, le tout-amour. Le maître du trône de gloire. Il réalise parfaitement ce qu'il désire » (85:12-6, 15:49…)[99].

En cohérence avec le maintien du paradoxe, l'attribut maître de la miséricorde traverse les autres composantes axiales de la prédication, sans les abolir, ni en amoindrir aucune. Certains versets associent la miséricorde à la justice divine : Allah « châtia ceux qui ont mécru (..) et après cela Allah accueillera le repentir de qui il veut, car Allah est pardonneur et très miséricordieux » (9:27). Ici, Dieu sanctionne avec une inflexible rigueur et tient en réserve sa miséricorde (cf. aussi 17:8, 17:54-57…). Dans d'autres fragments, la miséricorde est accolée à l'arbitraire avec lequel elle rivalise : « Il fait souffrir qui il veut et fait miséricorde à qui il veut ; c'est vers lui que vous serez ramenés » (29:21, 33:17, 17:86-7…). Ailleurs, la clémence ne se greffe plus aux qualités de la toute-puissance ; elle appuie la bonté d'Allah : « Et implorez le pardon de votre Seigneur et repentez-vous à lui. Mon Seigneur est miséricordieux et tout amour » (11:90, 2:105, 5:39…). Ainsi, l'attribut de la miséricorde est mêlé, tour à tour, aux qualités cardinales de la justice, de l'arbitraire et de la bonté qui charpentent la prédication coranique. L'attribut de la miséricorde complexifie le paradoxe de Dieu, mais ne l'étrécit nullement.

En laissant coexister des perspectives rivales, le Coran ne disqualifie pas la possibilité d'une relation aboutie avec Dieu. Au contraire, il estime que l'homme ne peut accomplir sa vocation qu'à travers une alliance étroite avec son Seigneur. En aiguisant le paradoxe, le Coran s'emploie alors à replacer les croyants dans la situation où Muhammad se trouvait lui-même : devant Dieu, en prise avec son mystère, et dans l'obligation d'assumer sous son inspiration les décisions fondamentales qui concernent l'orientation de leur vie présente et à venir. Dans ce cadre, la liberté de Dieu irait de pair avec une prise de responsabilité de l'homme devant lui.

Le sens du paradoxe

À l'image d'Alexandre, croire suppose de se convaincre que le mal dont l'homme est à la fois complice et victime n'est pas la marque d'une déchéance irrémissible, mais qu'il appelle à un effort nécessaire de redressement. Cette posture d'espérance ne peut que se recommander à la miséricorde de Dieu, car seul un secours gracieux peut venir remédier à ce qui demeure pour l'homme irrémédiable. Mais cela ne signifie aucunement que l'homme doive attendre que Dieu vienne le sauver au son de la trompette. Certes, la grâce reste, par essence, inattendue et imméritée. Mais elle ne peut plus être accueillie sans mérites, sans combats et sans précautions – sauf à se méprendre à nouveau sur la réalité du mal.

L'histoire du bicornu est riche d'instructions à cet égard. Pour commencer, elle souligne l'importance qu'il convient de donner à la toute-puissance de Dieu. À l'instar d'Alexandre, le croyant doit s'attacher à l'idée que Dieu est comblé de force, de gloire et de règne. Il doit développer son existence en référence aux convenances de la loi, aux valeurs de la justice et aux principes de l'émulation par le mérite (comme le signifie la première partie du récit), sans cesser de consentir au monde tel qu'il est, y compris dans ce qu'il a de plus scandaleux (comme l'indique la deuxième partie).

Le témoin de la foi, que figure Alexandre, ne parvient à la dimension plénière de son épreuve qu'après avoir été confronté à la réalité d'un mal invincible par l'action de la loi (première étape) et incompréhensible par la raison (deuxième étape). Il aura dû endurer la déréliction, en se maintenant dans le consentement et l'agir moral, avant de se sentir appelé à prendre en charge sa destinée et l'ordre même de la création (troisième étape).

L'avancée dans l'action offensive et sacrificielle n'évacue pas pour autant l'antinomie première entre la morale et le scandale. Le croyant en quête de miséricorde ne doit mitiger ni la justice de Dieu, ni son arbitraire. Sous peine de s'égarer, il doit maintenir la tension entre la confiance qu'il place en son Seigneur et la crainte qui lui est due. Il doit tenir compte d'exigences en litige : répondre à la fois des réquisitions de l'esprit et des nécessités de la matière, du commandement de l'amour et du principe de réalité, du monde à venir et du monde présent. Certes, les ordres contraires ressortissent à des logiques hétérogènes, et induisent des demandes qui ne sont pas négociables. Mais, c'est par leur articulation, et au prix de leur transformation mutuelle, que l'engagement devant Dieu devra être constitué. C'est en suivant cette même approche qu'Alexandre a cherché le secours de la grâce inexigible de Dieu.

Discipliné de la sorte, l'enthousiasme de la foi n'est plus désordonné, irrationnel ou aveugle. Couplé à un principe critique qui le règle, à une exigence de vertu qui l'élève, et à un impératif de productivité qui le rend fécond, il devient inséparable d'un élan de rénovation matérielle, morale et spirituelle[100]. Ainsi, Alexandre n'imagine pas pouvoir avancer dans la voie de Dieu sans lutter pour l'avènement d'un monde plus juste, plus fraternel et pacifié – sans chercher, autrement dit, à concrétiser les prémices du royaume de Dieu dans l'espace, la matière et le temps.

Une validation apportée par la plus haute tradition arabe

Notre interprétation de la parabole du bicornu trouve d'emblée sa justification dans le fait qu'elle éclaire un passage considéré comme abscons par les commentateurs actuels, en apportant une solution locale qui s'accorde avec le sens général de l'œuvre : le paradoxe exposé sous forme narrative dans l'histoire d'Alexandre structure l'ensemble du Coran, ses développements narratifs et ses multiples recommandations.

Notre interprétation peut aussi se prévaloir de la caution que lui apportent des références incontestables de l'histoire arabe. Elle trouve notamment une corroboration dans la conception que fait le grand poète al-Ma'arrî du rapport entre le bien, le mal et le divin. Particulièrement instructive à cet égard est la correspondance que celui-ci a engagée vers la fin de sa vie avec le chef des missionnaires fatimides Abû Naṣr al-Mu'ayyad fi i-dîn[101]. Dans cet échange de lettres, les deux hommes s'affrontent, et nous donnent à entendre deux manières de penser le monde, de concevoir la vérité, et de vivre la foi.

Le missionnaire fatimide figure le représentant de la religion instituée, avec ses certitudes rationnelles, ses convictions dogmatiques, son habileté dialectique et son ton inquisitoire. La pensée du prédicateur ismaélien est claire, assurée et objective. Empreinte d'aristotélisme, et coulée dans une langue conceptuelle précise, elle récapitule les arguments adverses pour mieux les contrer, et progresse vers une résolution jouée à l'avance.

Chez al-Ma'arrî, c'est tout le contraire. La foi du poète ascète va de pair avec le désespoir de la raison. Elle passe par l'épreuve du doute, et se confronte sans répit à une remise en cause humble et douloureuse. À la fois résignée et indignée, cette pensée existentielle est sans cesse en mouvement, mais ne conclut jamais ; elle n'apaise pas la contradiction, mais l'aiguise et s'en nourrit.

Un passage en particulier de cette correspondance doit attirer notre attention. Réagissant contre les certitudes auréolées de bonne conscience de son interlocuteur, al-Ma'arrî développe un raisonnement aporétique en trois temps sur le rapport entre le bien, le mal et le divin. Il écrit :

> « Considérons un énoncé composé d'un sujet et d'un prédicat et qui a deux moyens termes, l'un négatif et l'autre exclusif, et disons : "Dieu ne fait que le bien"[102]. Cette proposition est-elle véridique ou trompeuse ?
>
> Si l'on dit qu'elle est véridique, mais que nous voyons les malheurs prédominer et les bienfaits que l'on sollicite nous échapper, nous saurons alors que tout cela relève d'un mystère profond que ne pressent que le plus averti.
>
> Mais n'est-il pas dit dans le Livre saint : « Qu'un bien les atteigne, et ils disent : "C'est de la part d'Allah." Qu'un mal les atteigne, ils disent : "C'est dû à toi (Muhammad)." Dis : "Tout est d'Allah." Mais qu'ont-ils ces gens, à ne comprendre presque aucune parole ? »
>
> Supposons encore qu'une personne ajoute : Le Prophète, que la prière et la paix d'Allah soient sur lui, disait ceci, lorsqu'il désirait entreprendre un voyage : "Ô Dieu, garde-nous des heurts du voyage, de la mélancolie du dépaysement et de la vue du malheur pour nos proches, nos enfants et nos biens". Cette personne demande si toutes ces choses, pour la protection desquelles le Prophète implore Dieu, si tous ces obstacles qui n'apportent pas le bonheur constituent des bienfaits ou des malheurs. Si l'on répond : Ce sont là des choses redoutables et abominables, alors on aura contredit la proposition envisagée [à savoir que Dieu

ne fait que le bien], parce que la réalité de ces choses abominables apporte un démenti formel à la proposition.

À supposer que la personne ajoute : La proposition évoquée n'est donc pas vraie, mais son contraire l'est [c'est-à-dire que Dieu fait le mal], alors ce serait contrevenir à toute décence que de poursuivre la discussion.

Mais si elle dit en revanche que la proposition est biaisée et qu'après réflexion celle-ci est à reconsidérer, alors on est obligé de dire : "Dieu, loué soit-Il, fait le bien et le mal". Et si la personne refuse cela, il ne lui reste que ce que prétendent les mages mazdéens, à savoir que le monde a deux démiurges : l'un étant Ohrmazd, le faiseur du Bien, et l'autre Ahrima, le faiseur du Mal. Mais que Dieu nous garde de tenir de tels propos, honorons plutôt notre précepte et efforçons-nous, les bras grands ouverts, de le poursuivre[103] »

Il n'est pas difficile de voir qu'al-Ma'arrî reprend dans ce fragment les trois temps de l'aporie coranique, qu'il reformule à l'aide du langage et des références philosophiques de son époque. Il nous donne une explication de la parabole du bicornu de la sourate 18. Ainsi, le poète commence par faire sienne la conception théiste du Dieu providentiel et tout-puissant, en considérant que « Dieu ne fait que le bien ». Puis, il déconstruit la proposition, jusqu'à suggérer « le contraire », l'hypothèse que Dieu puisse être méchant, arbitraire ou indifférent – en parvenant ainsi aux confins de l'athéisme. Enfin, dans la tension des considérations opposées, il évoque la vision dualiste de la lutte cosmique entre le bien et les forces de corruption.

Al-Ma'arrî déploie les différentes possibilités logiques du rapport entre le bien, le mal et le divin, sans supprimer ni dépasser les moments contradictoires – ce qui finit d'ailleurs par agacer le missionnaire qui lui demande : « Et quand il [al-Ma'arrî] dit après l'énumération de toutes ces thèses : "Que

Dieu nous garde de tenir de tels propos, mais honorons plutôt notre précepte”, ce “notre précepte” figure-t-il parmi les thèses énumérées ou en dehors d’elles ? S'il se trouve parmi elles, quelle est la thèse qu’il est préférable de suivre selon lui, pour que nous la suivions ? Et s’il se situe en dehors d’elles, alors quel est-il, et que dit-il ? » Le missionnaire n’obtiendra pas de réponse qui puisse le satisfaire, parce qu’à l’instar de Muhammad, al-Ma‘arrî s’en tient au paradoxe.

Le recoupement que nous venons de faire entre le texte coranique et l’œuvre de l’un des plus grands poètes arabes peut être étendu à d’autres questions essentielles. On verrait alors que la lecture du Coran que j’ai faite, loin de tout essentialisme et dans le respect de la matérialité du texte, est conforme aux témoignages d’éminents représentants de la pensée arabe. Les travaux que j’ai publiés sur les grands poètes al-Ma‘arrî et al-Mutanabbî vont dans ce sens. Ils montrent que mon interprétation du Coran ne rompt avec les conceptions dominantes de l’Islam que pour mieux retrouver une tradition arabo-musulmane plus haute, plus féconde, et dont l’autorité est incontestable. Alors, le plus surprenant sera de découvrir que mon effort rigoureux de littéralité, et mon écoute de la tradition la mieux reconnue, rencontrent en fin de compte la modernité la plus audacieuse.

Annexe II

Le Coran et la filiation divine de Jésus

S'interroger sur la filialité divine de Jésus, c'est poser les questions cruciales de la vocation de l'homme, du rapport à l'autre et de l'absolu de l'amour. Pour le dire en un mot, si Jésus est le fils de Dieu, alors tout être humain peut croire qu'il est destiné à l'être, et le moyen d'y parvenir est l'amour. En revanche, si Jésus n'est pas filialement uni à Dieu, ou s'il n'a pas connu l'ignominie de la croix, alors nous ne pouvons plus être sûrs qu'il existe un sacrifice adéquat pour l'expiation des offenses, ni une victoire sur la mort, ni une vie éternelle auprès de Dieu. Nier la filiation divine de Jésus a pour conséquence ultime de ne plus pouvoir écarter l'hypothèse de la finitude et du néant de l'homme.

Discorde entre Juifs et Chrétiens

« La reconnaissance de la filiation divine de Jésus est considérée comme le caractère spécifique du christianisme »

(Kasper, 2010 : 243). Pour les Chrétiens, la vie du Christ est surnaturelle de part en part. Fils de Dieu dès le ventre de sa mère, Jésus a mené une vie sans péché, en restant fidèle aux idéaux de la charité et de l'amour du prochain. Cet homme innocent a été persécuté et crucifié. Mais Dieu le ressuscita en signe de salut pour tous les hommes. Aussi, les Chrétiens considèrent que Jésus est la parole éternelle de l'Amour : en lui, « Dieu s'est révélé et communiqué une fois pour toutes, d'une manière singulière et définitive, qui n'a pas d'équivalent et ne saurait être dépassée. C'est pourquoi la confession de Jésus-Christ Fils de Dieu est une formule condensée qui exprime ce qu'il y a d'essentiel et de spécifique dans toute la foi chrétienne » (Kasper, 2010 : 244). C'est donc en imitant Jésus que les Chrétiens croient pouvoir se frayer un chemin vers le royaume de la vie éternelle et accomplir leur vocation de fils adoptifs et bien-aimés de Dieu.

Pour les Juifs, Jésus n'est ni prophète ni messie. Il n'a pas été conçu par l'Esprit Saint, ni n'a été ressuscité au troisième jour de sa mort. C'est un imposteur ou un fou qui a prétendu être le fils de Dieu. N'a-t-il pas été crucifié pour avoir profané la loi et prétendu être l'égal du Très-haut ? En rejetant le credo du christianisme, les Juifs redonnent l'avantage à l'exécution des commandements et à l'appartenance communautaire comme étant les moyens par excellence du salut. Pour eux, le fils de Dieu reste Israël : « Ainsi parle le Seigneur : Israël est mon fils, mon premier-né » (Ex4:22). C'est donc en vivant comme un « peuple élu », en accord avec leur idéal de perfection religieuse, que les Juifs pensent se rapprocher de Dieu et mériter leur élection. Mais ce faisant, ne relativisent-ils pas l'attribut de la paternité divine et l'idée même de la rédemption universelle ?

La querelle qui oppose les Juifs et les Chrétiens sur la filialité divine de Jésus touche aux idées que chaque parti se fait de Dieu, du culte qu'il s'agit d'observer et de la perfection éthique qu'il convient de poursuivre. En faisant de Jésus le fils de Dieu, les Chrétiens insistent sur la providence du Créateur, sur la force de l'espérance, sur la nécessité de suivre les commandements de la charité, et sur la promesse du salut pour tous. En refusant la percée opérée par le christianisme, les Juifs mettent l'accent sur l'altérité de Dieu, sur les ressorts de la crainte, sur la primauté de la loi, et sur leur élection qu'ils considèrent comme particulière.

Dans ce débat, l'Islam contemporain se tient dans une curieuse position d'entre-deux. D'un côté, il rejoint le christianisme en professant la naissance virginale, la résurrection et la messianité de Jésus (quoique ce dernier est réputé avoir été élevé auprès de Dieu sans subir la crucifixion). Les Juifs sont alors blâmés pour ne pas avoir reconnu en Jésus la parole de Dieu. Mais, de l'autre côté, l'Islam majoritaire s'aligne sur le judaïsme : il fait du fils de Marie un simple serviteur de Dieu, et reproche aux Chrétiens de le diviniser. Cette position contrastée, qui souligne le caractère merveilleux de la vie de Jésus sans lui concéder de stature divine, est défendue en exaltant la transcendance de Dieu et sa façon supranaturelle d'agir dans le monde. En cela, l'Islam contemporain renforce l'orientation superstitieuse et prescriptive qu'il donne à la religion.

Dans les limites du présent article, je voudrais montrer que le texte coranique se prête, sur la question de la filialité divine de Jésus, à une tout autre interprétation que celles prônées par les exégètes contemporains. Je passerai successivement en revue les principaux versets ayant trait à la question, et je montrerai que leur signification excède les lectures qui en sont données de nos jours. Nous verrons que le Coran surplombe les conceptions contrastées du christianisme, du judaïsme et de l'Islam actuels. Il développe, dans le sillage des Écritures premières et en rivalité avec elles, une ligne prédicative puissante, axée sur la nécessité du témoignage.

Le statut hors-norme de Jésus dans le Coran

Le Coran confère à Jésus un statut hors du commun. Né d'une femme chaste insufflée par l'Esprit Saint (Coran 4:171), Jésus est élevé auprès de Dieu aussitôt après sa mort (4:158). Entre sa naissance miraculeuse et son élévation, il réalise des prodiges qui ne sont donnés à aucun autre d'accomplir : il guérit l'aveugle, ressuscite les morts, et crée la vie à partir de l'argile (5:110). Sur ce fond de célébrations hyperboliques, le Coran proclame que Jésus est « la parole » vivante de Dieu (4:171) – faisant écho au prologue de l'Évangile de Saint Jean où la divinité du Verbe est proclamée[104]. Ainsi, le Coran semble accréditer la filiation divine de Jésus.

Cependant, allant contre cette première série de versets, d'autres passages insistent sur l'humanité du Christ. Jésus est « un serviteur » comblé de bienfaits (43:59) ; « Il n'était, le Messie, fils de Marie, qu'un messager – d'autres messagers sont passés avant lui –, et sa mère, une véridique. Et tous deux mangeaient de la nourriture » (5:75) ; « Pour Dieu, la semblance de Jésus est celle d'Adam ; il le créa de terre, puis il lui dit : Sois ! Et il advint » (3:59). En mettant l'accent sur la condition humaine de Jésus, le Coran semble cette fois lui dénier la filiation divine.

Néanmoins, il est possible de lire les derniers versets cités sans remettre en cause la parenté divine de Jésus, en les considérant comme autant d'affirmations qui rappellent que la Parole de Dieu est une parole incarnée et vécue jusqu'au bout de la condition humaine. Ainsi, l'énoncé suivant : « Pour Dieu, la semblance de Jésus est celle d'Adam ; il le créa de terre, puis il lui dit : Sois ! Et il advint », évoquerait la semblance de Jésus, et non pas la vérité de son être. Le verset dirait que Jésus a endossé la condition humaine en se faisant semblable en tous points à Adam, mais c'est le seul Adam – à qu'il faudrait rapporter les propositions de la fin du verset – que Dieu créa de terre et à qui il donna l'ordre d'exister. Quant à la véritable nature de Jésus, elle est aussi ancienne que la Parole qu'il incarne.

De façon analogue, on pourrait placer l'ensemble des versets qui parlent de la condition commune du fils de Marie dans le sillage de la prédication chrétienne : « Il n'était qu'un serviteur » (43:59) ; « Il n'était, le Messie, fils de Marie, qu'un messager – d'autres messagers sont passés avant lui –, et sa mère, une véridique. Et tous deux mangeaient de la nourriture » (5:75). Ces versets signifient que Jésus a pleinement revêtu la réalité des hommes et que ni lui ni Dieu n'ont triché avec l'incarnation. Comme le rappelle l'Évangile, « Lui qui, dès l'origine, était de condition divine, ne chercha pas à profiter de l'égalité avec Dieu, mais il s'est dépouillé lui-même, et il a pris la condition du serviteur. Il se rendit semblable aux hommes en tous points, et tout en lui montrait qu'il était bien un homme » (Ph 2:6-8). En insistant à son tour sur l'humanité de Jésus, le Coran nous dirait que l'incarnation n'est pas une comédie, ni la passion, un simulacre[105]. Les actes de Jésus, ses efforts et ses sacrifices lui ont coûté, et c'est pourquoi son épreuve reste significative pour nous.

Le sens équivoque de la formule « fils de Marie »

L'ambiguïté du discours coranique ressort à nouveau dans la manière dont le Christ est désigné. Sur les vingt-cinq fois où il est nommé, Jésus est qualifié à vingt-quatre reprises par l'expression « fils de Marie ». L'appellation fait valoir l'humanité de Jésus, et rappelle qu'il est l'enfant d'une femme humble entre toutes. Mais la formule « fils de Marie » met aussi en évidence l'absence du père – et ce d'autant plus nettement que l'usage en vigueur dans les sociétés patriarcales arabes veut que l'on nomme le fils en référence au père et non à la mère. Le défaut de paternité appuie-t-il alors la thèse des Juifs, qui considèrent Jésus comme un enfant naturel, ou conforte-t-il au contraire le témoignage des Chrétiens qui attestent que le Christ a été engendré sans père terrestre, par l'action fécondante de l'Esprit Saint dans le sein d'une vierge ?

Sur cette question, les indications coraniques demeurent contradictoires. Certains versets semblent conforter la thèse du surnaturel : il est dit que Marie a su « préserver son sexe » et « qu'elle a été insufflée par l'esprit » saint ; puis il est reproché aux Juifs de proférer à son encontre « une immense calomnie » (21:91). Mais, en même temps, le Coran précise, avec un brin de malice, que le messager chargé d'annoncer à Marie la venue d'un enfant lui est apparu sous la forme d'un « homme accompli » (19:17) – détail qui est loin d'être innocent au vu de la polémique sur la virginité de Marie. Dans un autre passage, le Coran colporte l'accusation infamante d'adultère dont les proches de la Vierge s'étaient fait l'écho, comme s'il voulait redonner crédit au point de vue des Juifs : « Ils dirent : "Marie, tu as commis une chose épouvantable ! Sœur d'Aaron, ton père n'était pas homme de mal, ni ta mère une souillon" » (19:27).

De nouveau, le propos coranique s'avère tendu entre deux lignes prédicatives rivales : l'une, proche du christianisme, défend la naissance miraculeuse de Jésus et élève le fils de Marie à l'apothéose d'un principe quasi-divin ; l'autre, adjacente au judaïsme, rattache Jésus à sa base terrestre, évoque le caractère naturel de sa conception, et questionne le rapport entre la parole qu'il représente et celle, originelle, qui énonce et fonde le créé[106].

Refus de la filiation par nature, mais équivoque quant à l'adoption

Rompant avec toute ambiguïté, certains versets récusent de façon explicite l'idée que Dieu ait eu un enfant : « Créateur des cieux et de la terre, comment aurait-il un enfant, alors qu'il n'a pas de compagne ? » (6:101) ; « Il n'a pas engendré, ni n'a été engendré » (112:3, 37:152). Ces dénégations catégoriques sont redoublées d'objurgations adressées aux christolâtres (5:116) et aux trinitaires : « Ne dites pas : Trois ! Cessez, ce serait mieux pour vous ! Allah est un Dieu unique. Gloire à lui qu'il eût un fils ! À lui tout ce qui est aux cieux et sur la terre ! » (4:171). Ces énoncés appuient l'unicité de Dieu, et sanctionnent le refus de cautionner toute filiation par engendrement – c'est-à-dire toute union quant à la nature – entre le Créateur et ses créatures. En cela, le Coran s'oppose bel et bien au credo du christianisme tel qu'il est exprimé dans le symbole de Nicée-Constantinople[107].

Mais cela résout-il pour autant la question ? Si Dieu n'a pas de compagne, d'égal ou de progéniture qui lui soit consubstantiel, ne pourrait-il pas « avoir pris (*'itakhaza*) » – c'est-à-dire adopté – telle ou telle de ses créatures pour fils ? Ne peut-on envisager la possibilité d'une filiation par adoption et non par engendrement ?

« Ils ont dit : "Allah a pris (*'itakhaza*) un fils !" Gloire à lui ! C'est à lui ce qui est dans les cieux et la terre et c'est devant lui que tous s'inclinent. Créateur des cieux et de la terre, lorsqu'il décrète un ordre, il lui dit : Sois ! Et il advient » (2:116-7) ; « Si Allah voulait prendre (*'itakhaza*) un enfant, il choisirait ce qu'il veut parmi ce qu'il crée. Gloire à lui ! C'est lui Allah, l'unique, le dominateur suprême ! » (39:4) ; « Dis : Si le tout-miséricordieux avait un enfant, je serais, moi, le premier à l'adorer – Gloire à lui, Seigneur des cieux et de la terre, Seigneur du trône, au-delà de ce qu'ils imaginent ! » (43:81).

Ces versets commencent par rappeler l'exorbitante prétention du christianisme (« Dieu a pris un fils »), avant d'exalter Dieu : « Gloire à lui ! ». Le cri de glorification peut naturellement s'entendre en un sens critique, comme un déni de ce qui précède : « Ils ont dit : "Allah a pris un fils !" Gloire à lui ! », c'est-à-dire : Gloire à lui, jamais Dieu ne ferait une chose pareille.

Mais une telle interprétation est problématique, car elle marque la différence entre Jésus et la Parole vivante de Dieu par laquelle tout a été créé. Or, comme on l'a dit, le Coran insiste sur leur identité : le fils de Marie est « la parole » de Dieu (4:171) et, en cela, il n'est pas étranger à sa décision victorieuse telle qu'elle a été formulée dès le commencement.

Du coup, il devient possible d'entendre les versets cités et le cri de glorification qui les traverse de façon positive : « Ils ont déclaré : "Allah s'est donné un fils !" Gloire à lui ! ». Comprenons : « Gloire à lui, quelle chose extraordinaire il a faite ! ». Pour stupéfiant que cela puisse paraître, Dieu a pris un fils ! Lui, « le dominateur suprême », dont le *fiat* peut absolument tout, n'est-il pas libre d'adopter qui bon lui semble ? Bien sûr que oui ! « Si Allah voulait prendre un enfant, il choisirait ce qu'il veut parmi ce qu'il crée » ; il est « au-delà de ce qu'ils imaginent ». Ainsi, l'intitulé de la transcendance, sur lequel insiste la fin des versets, viendrait non pas contester la révélation évangélique, mais l'accréditer dans ce qu'elle a d'inouï.

Mais somme toute, la suite d'énoncés que nous venons de citer ne peut être élucidée de façon univoque. Ces versets, où Dieu est exalté en lien avec l'évocation de la filiation divine de Jésus, peuvent se lire comme des affirmations enthousiastes qui certifient que Dieu s'est donné un fils, ou comme des négations sceptiques qui refusent d'assigner à Dieu un enfant ou un égal. En réalité, ces énoncés associent les deux.

La controverse sur la filialité des anges

D'autres passages reprennent à nouveau la question de la filiation. Dans l'un d'eux, le prophète arabe s'en prend à un groupe de croyants qui assimilaient les anges aux filles de Dieu[108]. C'est pour lui l'occasion de fustiger la misogynie de certains de ses contemporains. Pour souligner l'incohérence de ces gens qui divinisent des anges-femmes alors qu'ils répugnent à avoir des filles, le prophète s'écrie : « Demande-leur : ton Seigneur a-t-il des filles et eux des garçons ? Ou bien avons-nous créé des anges femelles, et en sont-ils témoins ? Ah que non, ils vont jusqu'à dire dans leur imposture : Allah engendra ; mais ils mentent ! – Il choisit les filles sur les garçons. Qu'avez-vous donc à juger ainsi ? Ne réfléchissez-vous pas ? » (37:149-155).

Ce passage fustige les adorateurs des anges-femmes pour avoir érigé leurs déités en filles naturelles de Dieu : « Ils vont jusqu'à dire dans leur imposture : Allah engendra ; mais ils mentent ! ». La divinisation de la créature – ou son affiliation à Dieu par engendrement – est à nouveau rejetée.

Mais pour le reste, la dialectique de ces versets est curieuse. Pour prouver l'inanité de l'affirmation des idolâtres, le prophète leur demande si leur Seigneur pourrait raisonnablement avoir pris pour enfants des filles plutôt que des garçons. L'argumentation est reprise à l'identique dans d'autres passages : « Votre Seigneur aurait-il réservé pour vous des fils et pris pour lui des filles parmi les anges ? » (17:40) ; Votre Seigneur « aurait-il pris pour lui-même des filles parmi ce qu'il crée, et vous aurait accordé par préférence des fils ? » (43:16). Le réquisitoire procède ici par l'absurde, en jouant ironiquement sur les préjugés misogynes des idolâtres. Mais le prophète n'exclut nullement que Dieu ait pu adopter certaines de ses créatures. Seules, l'idée que Dieu ait engendré un enfant, et la possibilité qu'il ait discriminé entre ses créatures sont refusées.

Relevons, en passant, que la fin du fragment 37:149-155 utilise une figure de style que les rhétoriciens arabes appellent le *qaẓf al-kalâm* (littéralement, le « jet de paroles »). L'affirmation « Il choisit les filles sur les garçons » est proférée par les idolâtres, et aurait dû être précédée d'un énoncé citant qui en précise l'attribution. Mais le propos est rapporté en mode direct, sans l'énoncé citant qui aurait dû l'introduire. Si l'on retranche la figure de style, le texte lirait : « Ils vont jusqu'à dire dans leur imposture : "Allah engendra", mais ils mentent !

Ils disent : "Il choisit les filles sur les garçons". Qu'avez-vous donc à juger ainsi ? Ne réfléchissez-vous pas ? ». À l'oral, l'omission de l'énoncé citant peut être assumée en marquant une inflexion de ton ou un changement de posture.

En tout état de cause, la controverse portant sur le statut des anges ne clarifie en rien la question de la filialité de Jésus. Tout ce que l'on peut dire, c'est que le Coran continue de célébrer l'extraordinaire parole de Dieu qu'est Jésus, tout en défendant l'unicité de la transcendance contre toute forme de consubstantialité avec les réalités créées. Dans cette optique, la filiation par engendrement est exclue. Mais la filialité par adoption est laissée comme une modalité d'alliance possible entre Dieu et ceux qu'il a choisis[109].

L'apophatisme poussé à l'extrême

En laissant ouverte la possibilité que Dieu ait pu adopter un enfant, et qu'il se soit ainsi lié filialement à la parole de miséricorde qu'est Jésus, le Coran n'introduit-il pas un biais qui conduit à donner un égal à l'Unique ? Si Dieu choisit d'adopter un fils, peut-il se comporter à son égard autrement que s'il avait été issu de sa propre chair ? Dieu peut-il se donner un enfant et ne pas le couvrir d'un amour total et inconditionnel ? Si l'on répond par la négative, alors il n'y aurait plus de sens à différencier entre la filialité par adoption (qui est une union par alliance) et la filiation d'engendrement (qui est une union par nature). Envisager la première aurait la même signification et les mêmes conséquences que la seconde.

Aussi, pour exclure toute forme d'association préjudiciable à l'unicité de Dieu, le prophète arabe va pousser la négation apophatique à son terme. Il va disqualifier toutes les représentations, les attributions et les allégations faites sur le divin, y compris l'idée de la paternité par adoption : « Dis : "Louange à Dieu, qui ne s'est pas donné (*'itakhaza*) d'enfant, qui n'a point d'associé dans la royauté, ni besoin de protecteur contre la moindre vilenie. Exalte-le donc toujours plus grandement !" » (17:111, idem en 25:1). Ces déclarations signifient-elles que le Coran aurait tranché la question de la filialité divine de Jésus dans le sens du déni ?

En fait, il n'en ait rien. Car à partir du moment où le fils de Marie est identifié à la « parole » de Dieu (4:171) – dès lors qu'il est affirmé que « [le] Seigneur s'est prescrit à lui-même la miséricorde » en faisant sienne ou en adoptant la parole d'amour que Jésus incarne (6:54, 6:12) –, il devient difficile de ne pas lier indéfectiblement Dieu et Jésus en leur conférant la même majesté. Ne pas le faire serait entériner le fait que Dieu puisse changer de parole, abandonner ce qu'il s'est prescrit à lui-même et se rendre duplice.

À cet égard, il convient de noter que le verset 17:111 (cité ci-dessus), qui libère Dieu de toute forme d'association et de parenté, est précédé d'une déclaration aux présupposés contraires, qui associe Dieu aux attributs de la miséricorde et reconnaît implicitement ses liens privilégiés avec Jésus : « Dis : "Invoquez Dieu, ou bien invoquez le très miséricordieux. Sous quelque nom que vous l'invoquiez, c'est lui qui a les noms les plus beaux. Et n'élève pas trop la voix dans ta prière, ni ne l'effectue à voix trop basse, mais cherche une juste voie entre les deux" » (17:110). L'appel à la prière ne se justifie que dans la mesure où Dieu est identifié au tout-miséricordieux et que sa relation à Jésus est privilégiée. C'est parce que Jésus est à la fois parole filiale par excellence et réponse parfaite, qu'il peut y avoir une juste voie de prière et de dialogue avec Dieu.

Mais, somme toute, le Coran ne résorbe pas la controverse ouverte sur la filiation divine de Jésus. De même, comme on l'a montré dans l'annexe I, il ne règle pas une fois pour toutes la question de la véracité de Dieu. Attentif à la réalité des signes que le divin donne de lui-même dans le monde, il ne réduit pas l'antinomie fondamentale entre le théisme et l'athéisme, entre l'idée du Dieu juste, bienveillant et fidèle et celle du Dieu indifférent, cruel ou duplice.

D'un côté, pour appuyer le parti de l'espérance et cautionner la perspective du salut, le Coran va continuer à lier indissociablement Dieu à sa parole de miséricorde, qui est Jésus, en nous assurant que Dieu ne triche pas, ne ment pas et ne change pas d'avis[110]. De l'autre côté, dans sa volonté d'exalter l'unicité de la transcendance et sa liberté, jusque dans ses expressions d'hostilité envers l'homme, le Coran va appuyer l'arbitraire de Dieu et s'attacher à affranchir le divin de tout rapport d'association ou de parenté[111]. S'il s'était tenu à la première exigence, il aurait enfermé le divin dans une compréhension trop humaine et forcément idolâtre. Mais s'il s'était arrêté à la seconde, il aurait sanctionné un apophatisme dont les conséquences ultimes seraient de nier Dieu. Dans les deux cas, il aurait également galvaudé le rapport paradoxal que le divin entretient avec le bien et le mal. Ne pouvant donc négliger ni l'une ni l'autre des positions contraires, ni en soutenir aucune séparément, le Coran continuera à les présenter ensemble dans des formulations hyperboliques et ambivalentes, qui signifient que Jésus est, et n'est pas, le fils de Dieu.

La sourate Maryam

La sourate Maryam (n°19) contient deux fragments importants sur la filialité de Jésus. Comme les autres, ces fragments peuvent être lus de manière contradictoire, comme des confirmations enthousiastes de la filiation divine de Jésus, ou comme des dénégations qui refusent toute association sacrilège avec le divin. Commençons par les lire dans leur sens positif.

La lecture de la sourate à la lumière de l'espérance

La sourate Maryam s'ouvre par le rappel des histoires de Zacharie (versets 2 à 15) et de Marie (versets 16 à 33). Les deux récits suivent un même mouvement d'ensemble et reprennent un certain nombre de formules distinctives. Le texte évoque successivement la visitation de Marie (versets 16 à 21), son enfantement en exil (versets 22 à 27), la calomnie dont elle fut l'objet (verset 28) et l'élection de son fils nouveau-né (versets 29 à 33). Jésus est finalement présenté comme « la parole de vérité » (*qawl al-haqq*) – expression qui n'apparaît qu'une seule fois dans le Coran : « Voilà Jésus, fils de Marie, parole de vérité, dont ils doutent – Il ne convient pas à Dieu de prendre (*'itakhaza*) un enfant. Gloire à lui ! S'il décrète un ordre, il n'a qu'à dire : Sois, et cela advient ! » (19:34-5).

Pour lire ces versets dans le sens de l'apologie chrétienne, il faudrait attribuer l'énoncé « Il ne convient pas à Dieu de prendre un enfant » aux incrédules, en considérant que leurs propos sont rapportés sans énoncé citant (comme dans le verset 39:153 discuté précédemment). Dans ce cas, le prophète prendrait à partie ceux qui doutent de « la parole de vérité » et répètent qu'« il ne convient pas à Dieu de prendre un enfant ». À ceux-là, il répond en glorifiant Dieu et le pouvoir créateur de son *fiat* : « Gloire à lui ! S'il décrète un ordre, il n'a qu'à dire : Sois, et cela advient ! ». La célébration de la toute-puissance signifie que rien n'aurait pu empêcher Dieu de prendre, comme il l'a fait, Jésus pour fils, même si une telle adoption paraît inconvenante[112]. Cette lecture s'inscrirait dans le droit fil du plaidoyer que le début de la sourate prononce en faveur de Marie, et équivaudrait à une profession de foi ardente en la filiation divine de son fils.

Par la suite, la sourate Maryam retrace brièvement les sagas prophétiques d'Abraham, d'Isaac et de Jacob, puis de Moïse, d'Ismaël et d'Idriss, en les plaçant sous le signe christique de l'universalité et de la résurrection.

Enfin, après un long développement consacré aux événements derniers, où se mêlent des considérations rivales portant sur la justice, l'arbitraire et la miséricorde de Dieu, la sourate se clôt sur la reprise du thème de la filialité : « Ils ont dit : "Le tout-miséricordieux a pris (*'itakhaza*) un enfant" – Vous avancez certes là une chose inouïe (*'iddan*[113]) ! Peu s'en faut que les cieux ne s'entrouvrent à ces mots, que la terre ne se fende, que les montagnes ne tombent en décombres ! Ils ont attribué au tout-miséricordieux un enfant ! Et il ne convient pas au tout-miséricordieux de prendre un enfant ! Tous ceux qui sont aux cieux et sur la terre se rendront auprès du tout-miséricordieux en adorateurs / serviteurs (*'ibâd*). C'est qu'il les a dénombrés, et comptés un à un. Et au jour du relèvement, ils viendront à lui individuellement. Pour ceux qui croient et effectuent les bonnes œuvres, le tout-miséricordieux sera plein d'amour » (19:88-96).

Ce passage commence par rappeler la conviction du christianisme : « Ils ont dit : "Le tout-miséricordieux a pris un enfant" ». Cette déclaration est aussitôt jugée « inouïe ». Mais là-dessus, tout le monde s'accorde ! Croyants et incroyants, Juifs et Chrétiens, conviennent que la filiation divine de Jésus passe l'entendement. Saint Paul l'affirme d'ailleurs avec force dans ses Épîtres : « Nous prêchons un Messie crucifié, scandale pour les Juifs et folie pour les non-juifs » (1Co1:23).

Au regard de la raison, la thèse du christianisme est donc bien inconvenante, et le Coran le confirme à son tour : « Il ne convient pas au tout-miséricordieux de prendre un enfant ». Mais en redonnant voix à l'argument des incrédules – argument qu'il avait précédemment repoussé –, le prophète arabe ne change pas d'avis. Ce n'est pas parce qu'il « ne convient pas (*mâ yanbaghî*) au tout-miséricordieux de prendre (*'itakhaza*) un enfant » qu'il ne l'a pas fait. D'ailleurs, on trouve dans le Coran un autre fragment (25:17-8) où les expressions *mâ yanbaghî* et *'itakhaza* apparaissent ensemble. Dans ce passage, Dieu interroge les idoles et leurs adorateurs lors d'une comparution solennelle. Les premiers se défendent de toute infidélité en disant : « Gloire à toi ! Il ne convient pas (*mâ yanbaghî*) que l'on prenne (*'itakhaza*) en ton lieu des associés… ». Ici, les expressions *mâ yanbaghî* et *'itakhaza* renvoient à une possibilité jugée inconvenante, mais qui s'est malgré tout produite : les idoles ont bel et bien pris leurs adorateurs pour associés[114]. Autant dire que l'énoncé « Il ne convient pas (*mâ yanbaghî*) au tout-miséricordieux de prendre (*'itakhaza*) un enfant » ne contredit pas nécessairement que Dieu ait pu adopter un fils[115]. L'énoncé souligne surtout l'exorbitance d'une telle possibilité.

Que Dieu ait pu prendre un enfant est si énorme, et lourd de conséquences, que la création entière s'en trouve chamboulée, renversée, mise sens dessus-dessous : « Peu s'en faut que les cieux ne s'entrouvrent à ces mots, que la terre ne se fende, que les montagnes ne tombent en décombres ! ». Si l'annonce de l'adoption d'un fils par Dieu n'était pas digne de foi, produirait-elle de tels effets ? Le sol tremblerait-il, et les montagnes que Dieu « a fixées solidement sur la terre pour qu'elle ne branle pas » (21:31, 27:61…) vacilleraient-elles à l'écoute d'une parole inepte ou futile prononcée par des mécréants ? À l'évidence, non. C'est parce que l'annonce est inouïe, mais vraie, que les éléments sont sidérés et la création affolée. D'ailleurs, chaque proclamation de la parole de vérité, chaque épiphanie du divin, prend valeur dans le Coran d'événement cataclysmique. Ainsi, lorsque le Seigneur apparaît à Moïse, il « rayonna en éclats sur la montagne et la pulvérisa, et Moïse tomba foudroyé » (7:143). De même, il est dit : « Si nous avions fait descendre ce Coran sur une montagne, tu l'aurais vu se fendre et s'affaisser par crainte d'Allah ! » (59:21). S'il s'en faut donc de peu pour que les cieux ne s'entrouvrent, que la terre ne se fende, et que les montagnes ne tombent en décombres à l'annonce de l'adoption d'un fils par Dieu, ce serait parce que cette annonce est authentique.

La fin de la sourate Maryam ne contredit pas non plus la proposition chrétienne. Au contraire, elle insiste sur son caractère inouï pour mieux la confirmer. Oui, le « tout-miséricordieux » rassemblera « tous ceux qui sont aux cieux et sur la terre » et, ce jour-là, il s'intéressera « individuellement » à chacun d'entre eux, les ayant « dénombrés » et « comptés un à un ». Puis, « le tout-miséricordieux » comblera de sa charité « ceux qui croient et effectuent les bonnes œuvres » : il sera pour eux « plein d'amour », comme s'ils étaient ses fils[116].

Appréhendés dans la logique de la confiance, les fragments sur la filialité de la sourate 19 confirment l'ascendance divine du fils de Marie. Ils en soulignent l'inouï, de manière à faire valoir l'insondable richesse de la grâce divine, et à soutenir l'espérance des croyants en des temps marqués par l'injustice et la souffrance. Mais, comme nous le verrons, ces fragments ont aussi pour but d'inciter les croyants à la conversion radicale qu'exige l'élévation de Jésus. À cet égard, ils sont dirigés non seulement contre les Juifs et leur dénégation, mais aussi contre les Chrétiens, accusés de recouvrir l'inouï du fait christique et l'appel au témoignage héroïque qu'il contient.

La lecture de la sourate Maryam à la lumière du désenchantement

Mais il serait erroné de s'arrêter à une lecture lyrique et enthousiaste des versets sur la filialité. Les fragments que l'on a interprétés à la lumière de l'espérance peuvent et doivent être également lus dans la mouvance du désenchantement. Ils auraient alors valeur de réfutation : « Il ne convient pas à Dieu de prendre un enfant ! S'il décrète un ordre, il n'a qu'à dire : Sois, et cela advient ! » (19:35). Comprenons : Dieu ne s'est certainement pas donné un enfant, quand bien même il aurait été en son pouvoir de le faire. Le maître souverain et sans égal reste jaloux de sa liberté, et son décret n'est lié par aucune parole donnée d'avance. Il serait alors « inouï » (19:89) – pour ne pas dire insensé – de clamer qu'il s'est donné un fils. Une telle audace ne manquerait pas, en revanche, de soulever sa colère dévastatrice : « Peu s'en faut que les cieux ne s'entrouvrent à ces mots, que la terre ne se fende, que les montagnes ne tombent en décombres ! » (19:90). La menace, comme le signifie la fin du passage, entend rappeler aux hommes que Dieu compte les rassembler tous au jour du grand bouleversement, pour les juger « individuellement » en vérité. Ce jour-là, seuls les vertueux qui ont cru en lui sans lui donner d'associé, et qui ont préféré l'humilité aux vanités du monde, recevront son pardon et ressusciteront dans la gloire d'une félicité éternelle : « Pour ceux qui croient et effectuent les bonnes œuvres, le tout-miséricordieux sera plein d'amour » (19:96).

Cette façon de lire les versets mettrait l'accent sur la différence abyssale qui demeure entre Dieu et ses créatures. Certes, Jésus se tient au sommet de l'abnégation et de la bonté ; mais pas plus que Satan, qui se trouve au comble du mensonge et de la méchanceté, il ne doit être rattaché filialement à Dieu. Il faut donc redire que le Seigneur garde la haute main sur sa création et qu'il peut faire ce que bon lui semble : « S'il décrète un ordre, il n'a qu'à dire : Sois, et cela advient ! » (19:35). Du reste, aucune existence ne peut être dite antérieure au créé. Quand bien même Jésus aurait été le premier-né de la création, il reste semblable aux autres humains qui ont été tirés de la boue : « Pour Dieu, la semblance de Jésus est celle d'Adam, que Dieu créa de terre, puis il lui dit : Sois ! Et il advint » (3:59).

Toutefois, dans un monde marqué par le mal radical, l'exaltation de la liberté de Dieu ne manquera pas de projeter un horizon tout à fait démoralisant. Si la bonne nouvelle incarnée par Jésus ne liait pas Dieu indéfectiblement comme le ferait un fils – en d'autres termes, si la parole d'amour que Jésus représente était distincte de celle originelle qui énonce et fonde le créé –, alors rien n'interdirait de penser que Dieu puisse avoir une volonté décisive différente de celle que le fils de Marie a révélée. Cette possibilité ravive le spectre de l'abandon et la crainte d'une fin ténébreuse qui s'impose à tous. Allah aurait-il pris une irrévocable distance avec la mesquinerie humaine ? Irait-il jusqu'à abandonner celui qui lui a consenti le don filial de sa volonté en se conformant avec héroïsme au commandement de l'amour ? « Dis : "Qui pourrait, de quelque façon que ce soit, retenir Dieu d'anéantir le Messie fils de Marie et sa mère, et les habitants de la terre jusqu'au dernier ? À Dieu appartient la royauté des cieux et de la terre, et de ce qui se trouve entre les deux. Il crée ce qu'il veut et il est de force à toute chose !" » (5:17).

De façon négative, l'intitulé de la transcendance signifie que Dieu pourrait ne pas racheter l'humanité et laisser le monde aller au pire. Mais, selon une aspiration résolument positive, le même intitulé de la transcendance autorise de croire que Dieu ait pu se lier par la libre résolution de son amour à la parole de miséricorde incarnée par Jésus, et qu'il ne reniera jamais sa promesse de résurrection dernière : « Dis : "À qui appartient ce qui est aux cieux et sur la terre ?" Dis : "À Dieu. Il s'est prescrit à lui-même la miséricorde. Il vous rassemblera, à n'en point douter, au jour de la résurrection !" » (6:12). Dieu peut aussi tenir la parole qu'il a révélée en Jésus et élever les vertueux dans la gloire du Christ ressuscité.

Ainsi, le Coran ne cesse de présenter ensemble l'affirmation et la négation – ou, pour parler comme les théologiens, la cataphase et l'apophase – en enserrant, dans un même propos, la théologie de l'espérance qui affirme que Dieu s'est donné un fils en Jésus, par qui s'ouvre le chemin de la résurrection, et l'irréligion du désespoir, qui dénie à l'homme toute affiliation divine, au risque de sanctionner le non-sens de la vie.

L'incipit de la sourate 18

« Louange à Dieu qui fit descendre sur son adorateur le livre, et il n'y a point introduit de tortuosité ! Parfaitement droit, pour avertir d'une violence terrible venant de sa part et annoncer aux croyants qui effectuent les bonnes œuvres qu'ils auront un beau salaire, où ils s'éterniseront. Et pour avertir ceux qui disent "Dieu a pris un enfant". Ils n'en ont aucun savoir, pas plus que leurs pères. Énorme est cette parole qui sort de leur bouche, alors qu'ils ne disent que le mensonge ! Tu vas peut-être te consumer de chagrin sur leurs pas parce qu'ils ne croient pas en ce discours ! » (18:1-5).

Ce passage s'en prend violemment aux tenants de la filiation divine de Jésus, et leur reproche de mentir. Ceux qui clament sur un ton de certitude que « Dieu a pris un enfant », comme s'ils possédaient le savoir, ne mentent-ils pas, en effet, en prétendant détenir le secret de la transcendance et la signification ultime de la vie ? Le Coran leur signifie qu'ils ne peuvent enfermer la vérité de l'événement christique dans un savoir clos et définitif, sans offenser Dieu : « Ils n'en ont aucun savoir, pas plus que leurs pères ». Dieu seul détient la connaissance des origines et de la fin : « Eux n'ont aucun savoir à ce sujet, ils ne font que suivre la conjecture » (53:28) ; « Dis : l'inconnaissable relève seulement d'Allah » (10:20) ; « C'est lui qui détient les clefs de l'inconnaissable. Nul autre que lui ne les connaît » (6:59) ; « Dieu seul sait et vous ne savez pas ! » (2:232, 16:74…).

Ceux qui érigent la filialité divine de Jésus en un savoir acquis et indiscutable outragent le mystère de Dieu et des fins dernières. Mais ils professent aussi à voix haute une doctrine inouïe, sans chercher à en clarifier la portée, ni se sentir obligés d'en répondre. Ils répètent de leur « bouche » « une parole énorme », sans réfléchir aux obligations qu'une telle parole leur impose, ni s'évertuer à la traduire en acte. Ceux qui disent « Dieu a pris un enfant » sont ainsi accusés de ne pas vivre en conformité avec l'idée qu'ils professent. Dans un autre passage, les Chrétiens sont spécifiquement désignés comme ceux « qui disent de la bouche croire, sans croire du cœur » (5:41). Et le Coran de répéter : « C'est chose grandement haïssable à Dieu que de dire ce que vous ne faites pas » (61:2-3).

Au fond, ceux qui professent que « Dieu s'est donné un fils » sans en témoigner de façon vitale ne sont guère différents des hypocrites qui « donnent [aux croyants] satisfaction de leur bouche, alors que leur cœur dénie » (9:8). C'est pourquoi le Coran les fait taire : « Énorme est cette parole qui sort de leur bouche, alors qu'ils ne disent que le mensonge ! ». C'est parce que leur proclamation de foi est hypocrite, qu'ils sont traités de menteurs. De la même façon, l'Évangile avait imposé le silence aux esprits impurs, alors même qu'ils se prosternaient devant Jésus en s'écriant : « Tu es le fils de Dieu » (Mc 3:11-2, idem en Mc 1:34).

L'incipit de la sourate 18 s'en prend donc au dogmatisme chrétien et lui reproche de détourner les croyants du témoignage. Les fidèles qui adhèrent de façon dogmatique à l'idée de Jésus-Christ Fils de Dieu, érigeant en un savoir absolu ce qui n'est pas connaissable, ne cherchent plus le sens de la paternité divine et ne s'engagent plus sur le chemin escarpé de la résurrection ; ils s'abritent derrière des certitudes sécurisantes, et développent à partir d'elles des comportements d'ingratitude et une vision pervertie du salut. Ainsi, il n'est pas rare d'entendre des Chrétiens ou des Judéo-chrétiens s'écrier, alors même qu'ils s'obstinent dans l'impiété : « "Nul n'entrera au jardin que Juifs ou Nazaréens", voilà leurs aspirations ! Dis : "Donnez votre preuve, si vous êtes véridiques !" » (2:111)[117]. Dans ce verset comme ailleurs, le Coran ne rejette pas la bonne nouvelle de l'Évangile. Il met au défi ceux qui confèrent au fils de Marie la filiation divine, et se disent sauvés par son sacrifice rédempteur, d'apporter des preuves, de donner visibilité au royaume auquel ils prétendent être destinés[118].

Que les communautés du Livre aient galvaudé le sens de l'héroïsme christique, en ne s'estimant plus tenues de reconduire le combat de la délivrance à l'épreuve du mystère de Dieu, désole Muhammad au plus haut point : « Tu vas peut-être te consumer de chagrin sur leurs pas parce qu'ils ne croient pas en ce discours ! ». Le discours coranique auquel les mauvais croyants ne croient pas, et auquel Muhammad voudrait qu'ils adhèrent, n'est pas contraire au message évangélique. Il s'en prend au dogmatisme de la foi, et entend replacer l'idée de la paternité divine que le fils de Marie a révélée dans le cadre d'un culte non-idolâtrique de Dieu.

Ainsi, l'incipit de la sourate 18 découvre une signification qui déborde celle qu'on lui attribue de nos jours. Dans l'entrelacs des propositions apophatiques qui le structurent, le passage formule un plaidoyer inconditionnel en faveur de Jésus. S'attaquant à l'hypocrisie de ceux qui enferment l'événement christique dans des clôtures dogmatiques, il enjoint aux croyants de témoigner vitalement de leur foi en la paternité de Dieu, dont Jésus est la voie et le révélateur.

La signification de l'ambivalence

Comme nous venons de le montrer, tous les versets coraniques ayant trait à la filialité de Jésus sont à double entente[119]. Ils peuvent être compris avec le lyrisme de l'espérance, comme signifiant que le Créateur s'est donné un fils en Jésus qui est sa parole vivante. Dans ce cas, la création, inaugurée par amour, serait dans l'attente d'une rédemption dont l'élévation de Jésus est le signe. Mais les mêmes passages peuvent être entendus avec la rigueur de l'apophatisme, ou avec l'ironie du désenchantement, comme dénonçant l'orgueilleuse croyance qui attribue à Dieu un fils. La distance qui sépare le divin de l'humain étant alors marquée, rien ne permet plus d'écarter la possibilité de l'absurde et le non-sens de la vie. Sans l'assurance du salut que délivre l'affiliation divine de Jésus, l'homme reste un lieu d'incohérence, de désir et d'instinct de mort.

L'ambivalence que le Coran entretient sur le statut du Christ est parfaitement en accord avec le paradoxe qu'il défend sur le divin (cf. Annexe I). De façon négative, le propos coranique signifie que Dieu ne saurait être affranchi des attributs de l'absurde et que, de ce fait même, la position de l'homme dans l'ordre de la création, et sa participation à la gloire de Dieu, ne sont plus garantis.

Mais l'inouï du fait christique n'est pas relativisé pour autant. Aux yeux de l'envoyé arabe, le fils de Marie reste la vérité la plus haute et la plus englobante : Jésus figure une humanité toute pénétrée de Dieu, et c'est à partir de son témoignage que l'énigme du divin peut être approchée et approfondie.

Dans cette optique, l'ambivalence du discours coranique acquiert une portée positive : elle permet de détruire les raccourcis théologiques et libère la foi de ses fausses sécurités. Les croyants, ne pouvant plus s'accrocher à des formules définitives, ni s'abriter derrière des certitudes sécurisantes, ni se réfugier dans des illusions consolatrices, sont obligés de se mettre à l'épreuve et de prouver leur foi. Leur adhésion au Christ – c'est-à-dire la croyance en la victoire du fils de Marie sur la mort et le péché – ne peut plus trouver de sens sinon à travers une avancée concrète, endurée à l'épreuve du paradoxe de Dieu, sur le chemin de la résurrection. Ainsi, l'élévation du fils de Marie devient le symbole d'une épreuve de délivrance que les croyants sont appelés à reprendre et à élargir, à l'horizon d'une renaissance d'ores et déjà commencée. C'est à la faveur d'un tel engagement que la paternité de Dieu pourrait regagner une signification dans le cadre de son secret maintenu.

On comprend alors mieux la stratégie prédicative du Coran. En mettant en question la filiation divine de Jésus, au moment même où il célèbre son élévation et en fait la parole de Dieu, le Coran interdit aux croyants de se croire les aimés, les héritiers ou les fils de Dieu, s'ils ne répondent pas à l'appel pressant de Jésus à devenir frères d'une manière nouvelle. Obligation leur est faite d'avancer sur le chemin de la résurrection et de concrétiser, à l'épreuve du mystère de Dieu, une communauté humaine plurielle et fraternelle.

Les croyants qui se mettent en quête d'un monde réconcilié doivent garder à l'esprit l'ambivalence du divin, et donc se maintenir dans la tension productive des considérations rivales de l'espérance et de la crainte. C'est ce que nous confirme l'analyse de l'histoire d'Alexandre dans l'Annexe I : au plus fort de son épreuve, Alexandre le bicornu entreprend d'œuvrer, dans la tension entre morale et scandale, et par-delà la dichotomie figée des valeurs, à la consolidation d'un nouvel ordre de culture et de paix. Si, dans cet effort constamment relancé de maturation et de dépassement, le don de soi par où Jésus est passé constitue encore la voie par laquelle les fidèles sont tenus de le suivre, cette voie n'est plus celle du renoncement, de l'arrachement ascétique ou de la bonté inconditionnelle et empreinte de culpabilité. Elle ne s'accorde pas davantage avec le mépris de l'éthique générale, le rejet des sagesses du monde, et l'indifférence aux drames qui s'y produisent. La juste orientation implique un investissement total, productif et libérateur, entrepris à la confluence du salut par la foi et de la justification par les œuvres, où le tout de l'homme serait assumé et voué à être intégralement refondé. Ainsi, pour Muhammad et les siens, l'annonce inouïe de la filialité divine de Jésus se trouve mêlée à la possibilité que l'esprit de Dieu puisse venir accomplir son œuvre radicale en eux et avec eux.

Désormais, la parole de Dieu n'est plus enfermée dans une connaissance arrêtée ou dogmatique, comme figée dans un savoir de mort. Elle est réinvestie, mise en danger et renouvelée dans une herméneutique du témoignage, où chaque être humain est appelé, à la suite du dernier prophète, à devenir témoin[120]. Aussi, la parole de Dieu n'est pas consommée. Dans la tension maintenue entre son ineffabilité et sa vérité incarnée en Jésus, elle est projetée dans une économie ouverte et potentiellement sans fin de la révélation : « Quand bien même tout ce que la terre compte d'arbres servirait de calame, et que la mer, grossie de sept autres mers, se ferait encre, les paroles de Dieu ne s'épuiseraient pas. Dieu est le très-puissant, le sage » (31:27). Dans l'histoire de révélation et de témoignage qui s'annonce, les Écritures ne constituent pas simplement le lieu où se trouvent consignés le mystère de Dieu et l'absolue centralité du fils de Marie. Elles forment un espace fondamental d'intelligibilité au sein duquel le croyant peut poursuivre son itinéraire en quête de sens et de renaissance.

Annexe III

Le rapport homme-animal dans le Coran

Dans le Coran, l'animal est désigné par le mot *dâbba*, un dérivé du radical verbal *dabba* qui signifie marcher à pas lents ou ramper, et qui s'applique indifféremment à la bête rampante, à l'enfant en bas âge ou au vieillard qui se traîne. Le terme *dâbba* évoque donc la proximité de l'animal avec la terre : « Devant Allah se prosternent tout ce qui est dans les cieux et toute bête (*dâbba*) sur la terre, ainsi que les anges, sans s'enfler d'orgueil » (Coran 16:49). Parfois, l'accent étant mis sur l'égale humilité des créatures terrestres, l'espèce humaine est incluse dans le règne plus large de l'animal : « Allah a créé de l'eau toute bête (*dâbba*). Les unes marchent sur le ventre, d'autres sur leurs deux pieds, d'autres encore sur quatre » (24:45, 42:29). En d'autres occasions, les êtres humains sont distingués de l'ensemble des animaux : « Sont également de couleurs différentes, les humains (*al-nâs*), les bêtes (*dâbba*) et les bestiaux » (35:28) ; « Ne vois-tu pas que c'est devant Allah que se prosternent tous ceux qui sont dans les cieux, tous ceux qui sont sur la terre, le Soleil, la Lune, les étoiles, les montagnes, les arbres, les bêtes (*dâbba*) et beaucoup de gens (*nâs*) ? » (22:18). Mais voilà que le prophète, apparemment excédé, ne fait plus de différence entre les hommes et les autres créatures : « Si Allah tenait rigueur aux gens (*nâs*) pour leur iniquité, il ne laisserait subsister sur terre aucune bête (*dâbba*) » (16:61, 35:45). Les hommes sont, tour à tour, apparentés, différenciés, puis confondus avec les animaux.

Comme l'indiquent ces quelques versets, le discours coranique ne s'accorde ni avec une conception dualiste du monde, ni avec une vision moniste de la nature, mais combine les deux perspectives dans une même affirmation paradoxale. Pour le montrer, nous commencerons par mettre en évidence la première composante, qui correspond à la thèse de l'exception humaine. Puis, nous ferons évoluer notre compréhension du discours coranique, jusqu'à parvenir à la conception contraire de l'animalité humaine. Les énoncés que nous aurons convoqués pour les besoins de la démonstration sont en réalité équivoques, et peuvent être lus selon les perspectives rivales que le Coran retient et met constamment en tension.

Le Coran défend donc une compréhension anthropologique paradoxale, qui marque contradictoirement l'indifférenciation entre l'homme et l'animal et leur radicale différence. Cette façon de situer l'homme dans l'ordre du vivant est, comme nous l'avons montré dans le premier volet de notre travail, la seule pertinente sur le plan phénoménologique, et la seule féconde du point de vue écologique.

En fin d'annexe, nous chercherons à décrire, à partir de l'histoire coranique de Salomon, le type d'attitude qui aurait vocation à s'établir entre l'homme et l'animal au creuset du paradoxe de Dieu. Nous verrons que la prédication coranique s'emploie à faire émerger, loin de tout angélisme, mais à contre-courant des justifications que l'homme se donne pour légitimer sa domination sur le reste du monde vivant, des modes de rencontre, d'alliance et de rivalité avec les autres existants, qui s'inscrivent dans la quête du monde durable et réconcilié pour lequel les vrais croyants œuvrent et se battent.

Entre exceptionnalité humaine et animalité humaine

L'affirmation d'une hiérarchie entre l'homme et l'animal

Une première série de versets distingue l'homme des autres vivants et célèbre sa domination sur la nature. Dieu, nous dit le Coran, a élevé l'être humain à une dignité distinctive. Il l'a doté de raison et lui a infusé l'esprit (15:28, 38:71). Il l'a porté à la sociabilité et l'a institué en couples (49:13). Puis, il l'a installé dans le jardin en « successeur » et l'a pourvu de la capacité de nommer les choses (2:30-3) : « Adam ! Habite le jardin, toi et ton conjoint, et mangez-en sans contrainte, de partout où vous voudrez, mais de cet arbre n'approchez pas ; vous seriez du nombre des injustes » (2:35). Dans les limites imparties, il est donné liberté à l'homme de cultiver et d'exploiter à sa guise les autres règnes du vivant. Le Coran ne manque pas d'ailleurs de rappeler les bienfaits utilitaires, ludiques ou esthétiques que la nature et les animaux apportent à l'homme : lait (16:66), viandes (22:28), vêtements (16:5), tentures (16:80), etc. La création n'a-t-elle pas été entièrement voulue pour l'homme et son contentement (39:6, 40:79) ?

En écho à ces déclarations, le Coran marque une opposition à caractère éthique entre les hommes éclairés par l'esprit et ceux qui déchoient dans l'animalité. Les individus qui se détournent de Dieu, n'écoutent plus la raison et se livrent sans repères à la passion, retombant dans la naturalité la plus fruste. Ils deviennent comparables à des bêtes sourdes et muettes, à des animaux serviles et rebutants : « Les plus viles des bêtes (*dâbba*) auprès d'Allah sont les dénégateurs, et ceux-là ne croient point » (8:55) ; « Les plus viles des bêtes (*dâbba*) auprès d'Allah sont les sourdes, les muettes, qui ne raisonnent pas » (8:22). De même, les transgresseurs sont assimilés à « des singes abjects » (7:166) ; les réprouvés à des « singes » et des « porcs » (5:60) ; et « ceux qui sont chargés de la Torah mais n'en assument pas la charge » à « des ânes encombrés de livres » (62:5). En plaçant ainsi l'activité de l'esprit et la victoire sur l'animalité au principe de la bonne guidance, ces considérations semblent reconduire la thèse de l'exception humaine.

Mais déjà, les énoncés cités comportent quelque chose de troublant, qui les rend réfractaires au dualisme convenu. Le fait que les hommes aveuglés, égarés et réprouvés soient « les plus viles des bêtes (*dâbba*) » signifie-t-il qu'ils ont régressé au point d'être inclus dans l'ensemble inférieur formé par les animaux, ou qu'ils sont tombés au niveau le plus bas de l'animalité humaine ? Dans un cas, on postule une rupture ontique au sein du monde vivant ; dans l'autre, on instaure une simple distinction éthique à l'intérieur d'un même règne animal qui inclut l'homme.

La déconstruction de la hiérarchie convenue entre l'homme et l'animal

En tout cas, la thèse de l'exception humaine se trouve doublement contestée dans le Coran : d'abord, en raison de l'irrémédiable bestialité dont font preuve les hommes ; ensuite, au vu de l'indéniable humanité dont témoignent parfois les bêtes. Une fois cette double objection assumée, la différence entre l'homme et l'animal, sans être annulée, devient insituable et irréductible à un critère sûr.

D'un côté, il est reconnu que l'homme cultive en lui un principe d'intempérance et de cruauté qui justifie les accusations les plus graves à son encontre. L'homme, fulmine le Coran, est « très injuste et très ignorant » (33:72), il est « très avare » (17:100), et avec cela « un disputeur acharné » (16:4), « de tous les êtres, le plus grand disputeur » (18:54, 36:77). « Vraiment l'homme est un ingrat déclaré ! » (43:15, 14:34).

Que les hommes soient capables de dénaturer ce qui les rend humains, que cette perversion n'épargne personne et puisse être plus fondamentale que toute volonté propre, ne peut que bousculer les postulats de l'exception humaine et brouiller la distinction établie entre les ordres naturels. Comment ne pas admettre, en effet, que le côté bestial de l'homme est aussi primordial que sa part d'humanité ? D'ailleurs, si l'on s'en tenait au seul jugement moral, aucun être humain ne serait digne de l'exceptionnalité qu'on lui prête. Tous seraient inhumains, et tous passibles de la peine capitale, puisque tous, sans exception, participent, activement ou par leur inaction, à la perpétuation du mal et à la récurrence du meurtre. Ne fût-ce la longanimité de Dieu, précise le Coran, aucune « bête (*dâbba*) » ne serait soustraite à la justice divine poursuivant le crime : « Si Dieu s'en prenait aux gens pour ce qu'ils acquièrent, il ne laisserait à la surface aucune bête (*dâbba*). Seulement, il les ajourne jusqu'à un terme fixé… » (35:45). Ici, c'est par un jugement négatif que l'homme et l'animal sont confondus.

Mais si les hommes s'abaissent parfois jusqu'à se comporter comme des bêtes inconscientes et cruelles, les animaux, à l'inverse, démontrent des traits d'humanité qui les rendent curieusement comparables aux êtres humains dans ce qu'ils ont de plus distinctifs. Ainsi, le messager coranique remarque que « les ovins », « les caprins », « les camélidés », ou encore « les bovins », vivent naturellement en « couples » et font preuve, au gré de leur comportement, de la même sollicitude conjugale et familiale que les humains (6:143-4). En épiant la nature et ses agencements, il trouve que la sociabilité existe sous sa forme achevée à de multiples niveaux, et sur différentes branches de l'arbre de l'évolution, chez l'homme, chez les mammifères, et jusque chez les insectes comme la fourmi (27:18) ou l'abeille (16:68). À ses yeux, il n'est pas abusif de dire que les oiseaux possèdent un langage, que les fourmis parlent (27:18, 27:20), que l'araignée ou l'abeille ont

« une maison » (16:68, 29:41), ou encore qu'il existe de véritables « communautés » animales, analogues à celles des humains et structurées de la même façon qu'elles. Partant, une parenté sociologique plus essentielle est suggérée : « Nulle bête sur la terre, nul oiseau volant de ses deux ailes, qui ne soit comme vous en communauté ! » (6:38). Cette fois, c'est par un jugement positif que l'homme et l'animal sont rapprochés.

Dans certains passages, la hiérarchie d'ordre ontologique, sociologique ou morale marquée habituellement entre l'homme et l'animal n'est plus simplement réduite ou obscurcie ; elle est carrément inversée. Ainsi, quand les troupes de Salomon parviennent « à la vallée des fourmis, l'une d'entre elles dit : "Allons, fourmis, entrez dans vos demeures, que Salomon et ses armées ne vous écrasent sans s'en apercevoir !" » (27:18). Les marques spécifiques des espèces sont ici opportunément inversées. Le prophète, l'homme le plus éclairé, est privé de langage, et telle une bête, il est inconscient du mal qu'il produit. En contraste, la bestiole parle d'une voix éclatante, vit en société et témoigne d'humanité.

La présence en l'homme de forces radicales de dépravation, non moins que l'existence, chez les plus humbles créatures, d'expressions de bonté et d'intelligence, soulèvent des objections décisives à l'encontre de la hiérarchie taxinomique traditionnelle et des orientations spirituelles et morales énoncées en lien avec elle[121]. Certes, l'humain est différent de l'animal mais, dorénavant, on ne peut plus distinguer l'homme par l'attribution de qualités spécifiques, ni assigner à telle ou telle fonction vitale des valeurs univoques. La hiérarchisation convenue entre l'être raisonnable, social et doué de parole, et l'animal instinctif, sauvage et incapable de véritable langage, est bien marquée dans le Coran ; mais elle est simultanément déconstruite, de manière à ne laisser subsister qu'une différence inobjectivable entre l'une et l'autre des créatures.

Même la religion n'est plus considérée comme un lieu de distinction réservé à l'homme. Le Coran considère que si la création entière participe d'un même dessein, alors tout en son sein concourt à exalter Dieu, et chaque chose fait preuve, à sa façon, de religiosité : « Vers Dieu se prosternent tout ce qui est aux cieux et toute bête (*dâbba*) sur la terre, et les anges qui ne s'enflent pas d'orgueil » (16:49) ; « Les sept cieux le glorifient, ainsi que la terre et ceux qui s'y trouvent. Il n'est aucune chose qui par la louange ne le glorifie. Mais vous ne comprenez pas leur glorification ! » (17:44, 22:18).

Le Coran va encore plus loin et considère que la révélation de Dieu, dignité suprême dans l'ordre de la création, n'est pas réservée à l'homme. Allah fait don de sa révélation à l'ensemble de ses serviteurs : à la terre, aux cieux (41:12) et même aux abeilles : « Et voilà ce que ton Seigneur révéla aux abeilles : "Prenez des demeures dans les montagnes, les arbres, et les treillages" » (16:68).

Faut-il faire un pas de plus et imaginer que l'animal a vocation, au même titre que l'homme, à être un jour ressuscité ? Il n'est pas indifférent de relever à ce sujet que plusieurs versets comparent les hommes ressuscités à des animaux : les multitudes « qui sortent des tombeaux » sont comme « des sauterelles déferlantes » (54:7), et les réprouvés comme « des onagres épouvantés fuyant devant un lion » (74:50). Certains récits insinuent directement l'idée que l'âne (2:259), l'oiseau (2:260), ou le chien (18:21-2) puissent avoir part à la résurrection. Ailleurs, il est dit que « les bêtes sauvages » seront « rassemblées » au jour du grand règlement de comptes (81:5).

Entre l'homme et la nature entière, une continuité nouvelle commence à apparaître, de sorte qu'il n'est plus aberrant de penser que l'ensemble de la création ait pu être tirée d'une source unique, mettant toutes les créatures en rapport les unes avec les autres : « Allah a créé de l'eau toute bête (*dâbba*). Les unes marchent sur le ventre, d'autres sur leurs deux pieds, d'autres encore sur quatre » (24:45) ; « Les dénégateurs ne voient-ils pas que les cieux et la terre formaient un chaos que nous avons ensuite disloqué, et que nous avons tiré toute matière vivante de l'eau ? Ne croiront-ils donc pas ? » (21:30).

Le double sens de la déconstruction coranique

Comme nous l'avons signalé d'emblée, le discours coranique ne juxtapose pas des énoncés contradictoires, mais enserre des visions opposées dans un même propos ambivalent. Tous les versets que nous avons présentés dans un sens en particulier recèlent en réalité l'ambivalence. C'est notamment le cas des versets suivants : « Les sept cieux le glorifient, ainsi que la terre et ceux qui s'y trouvent. Il n'est aucune chose qui par la louange ne le glorifie. Mais vous ne comprenez pas leur glorification ! » (17:44) ; « Nulle bête sur la terre, nul oiseau volant de ses deux ailes, qui ne soit comme vous en communauté ! » (6:38) ; « Créateur des cieux et de la terre, il a fait, pour vous, de vous-mêmes des couples, et des bestiaux des couples » (42:11) ; « Il vous a pourvus d'enfants et de bestiaux » (26:133) ; etc.

Tous ces versets mêlent le lyrisme et l'ironie, et sont à double tranchant. Pris dans un sens positif, ils contribuent à instaurer une parenté d'envergure universelle entre tous les êtres vivants. Ainsi, la nature, dont l'activité se voit subsumée sous l'intitulé de la louange, est transfigurée en hymne céleste par l'immense amour du Créateur. Les animaux, placés en situation de vie collective et conjugale, sont élevés à la même sacralité que l'humain ou l'ange, et mis en relation avec Dieu qu'ils glorifient. Les diverses sociétés d'êtres qui peuplent la terre sont bénies de Dieu, au même titre que la communauté des croyants. Enfin, le salut est promis à tous. Le chien, fidèle ami de l'homme, ressuscitera avec lui (18:21-2), ainsi que les autres créatures qui subsistent au ciel et sur la terre, fussent-elles hostiles ou privées d'entendement (19:93-6). Toute la création renaîtra pour séjourner auprès de Dieu.

Interpréter en ce sens l'effacement des frontières entre les espèces, c'est exprimer un souci de plus grande humanité et de compassion envers toutes les créatures. C'est lutter contre les formes d'exclusion qui se servent de la frontière naturaliste pour déshumaniser des groupes d'hommes et de femmes. C'est aussi considérer que l'animal n'est pas un simple objet du monde, consommable par l'homme et offert à sa prédation, mais le sujet de son propre environnement et, en tant que tel, protégé par l'interdit qui commande de ne pas « tuer l'âme que Dieu a rendue sacrée » (17:33).

Cependant, le lyrisme hyperbolique doit également être entendu au second degré, avec sa charge ironique ou sarcastique. En ce sens, les versets que l'on a cités signifieraient que la nature est composée de créatures incompréhensibles les unes aux autres, toutes prosternées devant la toute-puissance du maître des mondes et entièrement dévolues à son apologie (17:44). Le corps formé par la communauté des croyants est privé de son caractère mystique et comparé à des sociétés de mammifères ou d'oiseaux (6:38). Les vivants sont tous rendus égaux pas le nivellement vers le bas : la vie produisant des couples humains et des couples animaux (26:133), des enfants et des bestiaux (42:11). C'est la seule matérialité précaire et périssable qui constitue le lieu de communauté entre l'humain et l'animal.

Ici, loin de rendre compte d'un souci charitable envers les plus avilis, la remise en cause de la segmentation taxinomique reflète une volonté désespérée ou cynique, qui ravale l'homme à un rang inférieur. En concédant à de sobres insectes le privilège de la révélation, le Coran en galvaude l'idée et l'assimile à une activité instinctive et triviale. En faisant ressusciter le chien ou l'âne, il moque à mots couverts les prétentions grandioses des prophètes, et poursuit de ses sarcasmes les fantasmes d'immortalité de l'homme, au risque de ratifier un naturalisme nihiliste, et la perspective d'une fin sans lendemain. Dans cette suite d'idées, rien n'empêcherait que les comportements les plus décriés soient tolérés dans le cercle social désacralisé. À la limite, c'est l'interdit absolu qui s'en trouverait atténué, la société humaine se laissant contaminer par le droit naturel de tuer que l'on tolère envers l'animal.

Mais, en réalité, le Coran ne privilégie aucune des deux orientations que l'on vient de marquer. Il découvre un monde double, à la fois corseté de raisons et arraché à l'emprise de la raison, rempli de Dieu et déserté par Dieu, organisé et détraqué, humanisé et avili.

La place incertaine de l'homme dans la création

Le paradoxe consacré par le Coran est lourd de conséquences. Pour le moins, il signifie que l'homme n'est plus assuré de la place centrale qu'il croit occuper au centre de la création. Il est vrai que le Coran reprend à son compte la rhétorique biblique convenue, et soutient que l'être humain est une créature à part, distinguée dès l'origine par une mission singulière. Les mondes n'étaient pas entièrement formés, et les entités n'avaient pas encore reçu de nom, que l'homme était déjà l'objet d'une préférence divine et le destinataire d'une charge toute particulière. Gratifié d'un rôle prépondérant, et pourvu d'une capacité de domination sur les choses et les autres règnes du vivant, il peut légitimement prétendre avoir reçu la lieutenance du royaume (33:72).

En même temps, le Coran insiste sur la place spécifique que les autres êtres vivants occupent dans le plan de la création, et sur l'attention que Dieu leur porte. Il souligne que la création n'est pas faite exclusivement pour l'homme. Les montagnes, par exemple, « ont été ancrées en jouissance pour vous [les hommes] et pour vos troupeaux » (79:33). De même, les ressources et les bienfaits de la terre ont vocation à être partagés entre tous les vivants : « Voici une chamelle. Qu'elle ait un jour d'abreuvement, et vous un autre jour, à jour convenu » (26:155). De façon plus générale, le Coran répète que l'eau qui descend du ciel – symbole de la miséricorde de Dieu et du souffle créateur de vie – est destinée aussi bien aux hommes qu'aux bêtes et aux plantes (25:49, 32:27, 80:32...). Comme nous l'avons indiqué, la grâce de Dieu, sa louange, sa révélation, sa résurrection, sont des bénédictions qui touchent toutes les créatures. En conséquence, la terre, les végétaux et les animaux ont une valeur intrinsèque et une raison d'être qui ne dépend pas uniquement de l'homme, de ses espérances et des promesses qui lui sont faites.

D'ailleurs, on ne peut pas dire que la puissance créatrice de vie soit entièrement ordonnée à la convenance et au profit de l'homme. N'y-a-t-il pas, en concurrence avec la ligne d'évolution qui mène à l'être bipède, d'autres courbes divergentes qui pourraient prévaloir sur elle ? Au vu de la myriade d'espèces existantes, animales ou végétales, et de toutes celles dont on n'a même pas l'idée, on ne peut que douter de l'éminence accordée à la créature humaine et de la centralité qui lui est dévolue dans l'ordre de la création[122]. Le doute ne retire rien à l'ascendant que l'homme exerce sur son environnement, mais ruine tout de même les raisons qu'il se donne pour s'arroger un privilège exclusif sur le monde, les garanties qu'il peut avoir quant à son avenir, non moins que l'assurance d'être au centre des préoccupations de Dieu et du développement de la création. « [Le Seigneur dit :] Si nous le voulions, nous mettrions sur la terre, au lieu de vous, des anges pour vous succéder ! » (43:60).

Au demeurant, la terrible réalité du monde ne manque jamais de rappeler aux humains la position précaire qui est la leur. Devant la terre qui est prise soudain de tremblements (73:14, 99:1), et qui est changée en « autre chose que la terre » (14:48), sous les cieux « pliés » (21:104), « écorchés » (81:11) ou « secoués de tourbillons » (52:9), ou face à des mers qui « jaillissent et débordent » (82:3), que valent ces giclées d'hommes et de femmes qui se succèdent ici-bas ? Au vu des fléaux que produisent les cataclysmes naturels, au regard des séismes que génère la barbarie humaine, et à l'aune de la rupture – ô combien absurde – que représente la mort, ce ne sont plus les seules prétentions anthropocentriques qui paraissent risibles, c'est l'ordonnancement du cosmos qui devient sujet à interrogation, c'est l'indestructibilité de la nature qui ne paraît plus assurée, et c'est la sagesse de Dieu ou sa puissance créatrice qui en viennent à être suspectées. L'hétérogénéité de la création, son incroyable prodigalité et son effarante violence sont-elles l'œuvre d'un architecte majestueux et pondéré, ou le fait d'un démiurge extravagant et fou ?

Dès lors que l'antinomie fondamentale portant sur le divin n'est pas tranchée – et elle ne peut l'être sans retomber dans une simplification ennemie du savoir –, la vérité de la condition humaine elle-même reste suspendue entre des considérations antithétiques. L'homme est laissé en position incertaine, entre l'espérance d'être au centre des visées éternelles de Dieu, et la crainte d'être détaché de Dieu et stagnant avec les autres bêtes, dans l'horizon bouché du simple fait d'exister.

Mais le Coran ne prêche aucunement un agnosticisme renonciateur, qui mettrait Dieu entre parenthèses. Tout en maintenant la tension des perspectives contraires, il appelle les hommes à avancer sur le chemin de la résurrection, et à collaborer à l'œuvre rédemptrice de la grâce qui, sans relâche, redonne vie à la terre et aux créatures qui l'ont perdue. Il exhorte les croyants à surmonter toujours à nouveau les nécessités qui les tiennent captifs de la déchéance, à s'élever au-dessus de leur condition présente, et à lutter pour un monde meilleur, cohérent et durable.

Dans ce cadre, le rapport paradoxal instauré entre l'humain et l'animal recoupe plusieurs significations, que nous allons préciser à partir du récit coranique de Salomon. En premier lieu, l'animalité en l'homme – le corporel, l'instinctif ou le passionnel – n'est plus affectée d'un signe exclusivement négatif ; elle doit être domestiquée et mise au service d'un développement intégral. Ensuite, la suprématie de l'homme sur le reste du monde vivant, n'étant plus considérée comme un droit légitime, doit être repensée et justifiée à la lumière de l'effort entrepris dans la voie de Dieu. Enfin, la vie pleine et réconciliée que les croyants appellent de leurs vœux, et à laquelle ils s'efforcent de donner visibilité, doit faire place à toutes les autres créatures, et s'enraciner dans un monde fécond et durable ici-bas.

Les alliances de Salomon avec les autres qu'humains

Salomon le bâtisseur, le plus sage des prophètes d'Israël, figure dans le Coran le guerrier libérateur des peuples et des nations. Ayant résolu d'accomplir une œuvre vertueuse que Dieu puisse agréer (27:19), il mobilise ses forces et ses troupes. Il ne se contente pas de discipliner ses passions et de fédérer ses alliés dans la foi ; il mobilise largement toutes les forces terrestres et célestes à sa disposition : « Ses troupes de djinns, d'hommes et d'oiseaux furent rassemblés et répartis en rangs devant lui » (27:17). Dans ce déploiement réussi, toutes les énergies, des plus grossières aux plus éthérées, sont agencées, hiérarchisées, et soumises à un même commandement.

À première vue, Salomon semble reproduire le schéma traditionnel de domination. Il cherche à régenter les différents ordres du créé, en imposant cohésion et discipline. Il n'hésite pas à exercer une violence répressive et ordonnatrice, allant jusqu'à menacer d'égorger la huppe qu'il soupçonne d'avoir déserté (27:20-1). Puis, il déchaîne la guerre contre l'idolâtrie, au mépris de l'intérêt économique, et des séductions mercantiles déployées par la reine de Saba (27:35-7). À l'évidence, Salomon se prend pour le vicaire de Dieu et le passage de son glaive dans l'histoire. Dans son esprit, les problèmes sont militarisés, posés d'abord en termes d'efficacité et de puissance. La dimension d'emprise est prééminente, la nature étant elle-même sollicitée, domestiquée et mise à contribution.

Toutefois, en y regardant de près, la stratégie déployée par Salomon s'avère très différente des logiques anthropocentriques, exclusivistes et uniformisatrices de puissance. La raison fondamentale de cette différence réside dans le fait que le prophète investit son environnement et engage ses combats, avec un souci constant de justification devant Dieu[123].

Un aspect particulièrement remarquable de l'affirmation de Salomon est son refus de la division entre humains et non-humains. C'est en alliance avec l'ensemble du vivant que l'homme de Dieu entreprend son œuvre de libération et de redressement. Ainsi, il apprend « le langage des oiseaux » et expérimente avec eux des liens inusités de compagnonnage et de collaboration. De même, il enrôle dans ses rangs des « djinns » de nature et d'espèce différentes, et en retire toutes sortes de services. Au fond, Salomon reconnaît la contribution essentielle que les autres vivants peuvent apporter à son combat, l'imbrication de leurs intérêts avec ceux de l'homme, et la part qui leur revient dans le monde réconcilié pour lequel il se bat.

Salomon accorde aussi suffisamment de personnalité aux autres vivants, pour ne pas les discréditer ni les exploiter aveuglément, mais pour construire des relations avec chacun d'entre eux. Son armée, loin d'être monolithique et uniforme, fait bon accueil à la pluralité et à la différence. Sous son commandement, djinns, hommes et oiseaux, forment une seule fraternité combattante, décidée à lutter contre ce qui obstrue la voie de Dieu. Au sein de cette alliance, les capacités spécifiques de chaque catégorie d'êtres sont valorisées : les oiseaux pour leur discernement (27:22), et les djinns pour leur force, leur savoir ou leur dévouement (27:39). Les personnalités individuelles, loin d'être réprimées, sont encouragées dès lors qu'elles sont fortes et solidaires, à l'instar de la huppe, ou de ce « diablotin de djinn », ou de « cet autre qui avait une connaissance de l'Écriture » (27:22-31, 39-40). Salomon déploie ainsi une stratégie d'intendance respectueuse de l'altérité, et favorise l'épanouissement de chaque être placé sous son autorité dans le sens de sa nature et de ses fonctions.

D'ailleurs, comme le montre l'épisode de la huppe (27:22-7), s'il démontre de la rigueur et une certaine cruauté pour préserver la discipline et l'efficacité, Salomon maintient également un espace de délibération, ouvert à la diversité des savoirs et des expériences, pour résoudre les différends et déterminer collectivement la direction à suivre. En cela, il opère selon une approche diplomatique qui est aux antipodes de la pratique violente.

Enfin, il faut noter que, derrière son apparente dureté, Salomon fait preuve d'une compassion active, et porte une attention particulière à la nature et aux plus vulnérables. Alors que la guerre menace et que le fracas des armes retentit, il continue de prêter l'oreille aux réclamations des autres existants, comme aux plaintes des plus insignifiantes créatures que sont les fourmis (27:18).

En somme, Salomon, sans cesser d'exercer l'ascendant qui lui est donné sur les autres êtres vivants, les sauvegarde, les intègre à ses projets, les associe à ses combats, valorise leurs capacités propres, noue avec eux des alliances mutuellement bénéfiques, et leur promet une pleine place dans le monde réconcilié pour lequel il se bat[124].

La démarche de Salomon s'avère fructueuse. C'est en effet la huppe – qu'il n'aurait pas hésité à égorger si elle avait déserté – qui, grâce à ses capacités spécifiques, lui révèle « une nouvelle sûre » et « ce qu'il n'aurait pas appris » de lui-même ; c'est elle qui le met sur le chemin de la croisade victorieuse contre la reine de Saba (27:22-5).

Le double sens du merveilleux coranique

L'utilisation du merveilleux dans l'histoire de Salomon sert à évoquer le rapport à des êtres auxquels l'on dénie habituellement le statut de sujet, le droit au bien-être, ou la capacité d'entrer dans des relations fructueuses avec l'homme. Mais le merveilleux coranique doit aussi être apprécié à la lumière des élaborations analogiques auxquelles il donne lieu. Le rapprochement opéré entre les oiseaux et les anges est significatif à cet égard. On trouve, d'un côté, des volatiles ailés qui se tiennent en rangs devant Salomon, lui parlent et l'informent de ce qui est pour lui inconnaissable (27:17-27), et de l'autre, des « anges messagers dotés de deux, trois ou quatre ailes » (35:1), qui se présentent devant leur Seigneur « en rangs » (37:1), l'exaltent (40:7) et le renseignent sur tout ce qui se passe (43:80)[125].

L'analogie entre les oiseaux et les anges signifie, en un sens positif, que les premiers sont – au même titre d'ailleurs que les autres « animaux (*dâbba*) » – « des signes / des prodiges / des fragments de révélation (*'âyât*) » (45:4). Salomon, qui a appris leur langage, comprend le secret subtil de leurs mouvements et de leurs chants, et parvient à saisir ce qu'ils disent. Il obtient d'eux des révélations aussi précieuses et décisives que celles qu'il reçoit des anges. Ainsi, Salomon trouve Dieu non seulement dans le temple de son âme et dans l'approfondissement de la prière, mais aussi dans la création extérieure, à travers la méditation amoureuse de ces signes divins que sont la nature et les autres qu'humains.

Mais le merveilleux coranique n'est pas dénué de connotations sacrilèges, et le rapprochement entre les anges et les oiseaux peut aussi se comprendre en un sens parodique. Dans cette perspective, les êtres spirituels, qui servent d'intermédiaires entre Dieu et les hommes, seraient caricaturés en simples volatiles. On se retrouverait dans un monde sans transcendance : la révélation ne serait qu'une puissante

inspiration romantique, et le prophète un drôle d'oiseau, angélique par certains côtés, et bestial par d'autres.
La double lecture de l'analogie coranique nous rappelle que l'épreuve authentique de la foi se déroule sur le fond d'une antinomie non résolue entre la religion de l'espérance, qui voit une mystique en toute chose et un Univers rempli de Dieu, et l'irréligion du désenchantement, qui désacralise le monde et le considère comme déserté par Dieu. Dans ce contexte de foi, et comme le montre l'histoire de Salomon, les non-humains ne sont plus considérés comme de simples moyens, soumis à la domination et à l'exploitation. Ce sont des êtres dont les intérêts propres sont imbriqués dans ceux de l'homme, et dont la vocation est d'entrer avec lui, sans angélisme, ni négation des rapports de force, dans des coutumes, des pratiques et des alliances mutuellement bénéfiques et respectueuses de l'altérité de chacun. Les autres créatures sont des cohabitants de la Terre, avec qui l'homme partage l'énigme d'être vivant, et avec lesquels il est appelé à développer les prémices d'une harmonie universelle et durable.

Notes

[1] D'une certaine façon, Hans Jonas l'avait déjà dit : « La nouvelle nature qualitative de certaines de nos actions nous ouvre toute une nouvelle dimension d'ordre éthique et celle-ci apparaît sans précédent dans les normes et les canons des éthiques traditionnelles » (1974). Des penseurs contemporains font le même constat. Willis Jenkins (2014), par exemple, considère que nos traditions morales sont incapables de générer une action pratique qui soit à la hauteur des problèmes auxquels nous sommes confrontés. Il conclut à l'« incompétence » de nos cadres et concepts éthiques actuels.

[2] Nous choisissons de concentrer notre réflexion critique sur la position officielle de l'Église catholique romaine, en raison du nombre de fidèles qu'elle régit, de l'influence qu'elle exerce sur la pensée globale, et de la profondeur de ses élaborations théologiques : « Le Pape François a plus d'autorité épistémologique et morale que n'importe quel scientifique, philosophe, politologue ou homme politique au monde. Il a l'avantage d'être à la tête d'une hiérarchie à laquelle 1,2 milliard de personnes sont affiliées. Organisée davantage comme une multinationale que comme un État-nation, l'Église catholique et ses membres sont répartis dans tous

les pays du monde. Si tous ceux qui se disent catholiques ne suivent pas les enseignements du Pape dans tous les domaines, aucune voix sur terre n'est plus écoutée que la sienne » (Jamieson, 2015).

[3] Cette situation rend évidemment impossible toute lecture sérieuse du Coran selon le critère du *setz in leben.*

[4] Le travail de Guillaume Dye, présenté notamment dans *Le Coran des historiens* (2019), est un exemple frappant du type de recherche et d'argumentation offert par les études révisionnistes. Considérant que « le Coran fonctionne comme un palimpseste, où des matériaux préexistants sont arrangés et retravaillés », Dye tend à relier toutes les discontinuités de composition du texte coranique à un prétendu processus rédactionnel, dont il tente de reconstituer l'histoire. Les explications qu'il propose sont parfois si fantaisistes qu'elles démontrent par l'absurde l'inanité des vues qu'il défend. Prenons « l'exemple » que l'auteur présente à l'appui de ses thèses comme « le plus éclatant ». Après avoir « déconstruit » la sourate 55, et trouvé qu'il y avait là deux strates d'écriture, Dye conclut : « En résumé, nous avons l'*auteur 1*, qui a composé la version originale de la sourate 55 – un auteur brillant et savant, avec un vrai talent poétique et une très bonne connaissance des récits bibliques et des homélies syriaques, comme celle de Nasrai –, et l'*auteur 2*, qui a interpolé les v. 8-9, en utilisant sa connaissance d'autres *logia* coraniques, mais qui était incapable de comprendre ce que l'*auteur 1* avait voulu dans le v. 7. L'*auteur 2* n'a donc clairement pas le même bagage que l'*auteur 1*, notamment dans sa connaissance des traditions chrétiennes ; plus important peut-être encore, il n'a apparemment pas pu bénéficier du contrôle de quelqu'un qui, dans la communauté des croyants (*mu'minūm*), aurait su ce que *mīzān* signifiait dans le v.7 » (2019 : I,822). Est-il sérieux d'imaginer qu'un texte aussi essentiel que le Coran ait pu être réécrit sur la base de considérations aussi triviales, et qu'il ait été laissé en l'état sans que personne n'y trouve à redire, jusqu'aux découvertes fulgurantes de Guillaume Dye et de ses émules ?

[5] Les plus anciens manuscrits du Coran que nous possédons datent de la première période omeyyade, soit une cinquantaine d'années après la mort du prophète arabe. Ces manuscrits nous livrent des fragments de texte conformes à la vulgate actuelle. Cela signifie que l'histoire de la

transcription du texte coranique, quelle qu'elle ait été, s'étend sur quelques décennies tout au plus.

[6] Les littératures du monde sémitique antique utilisent des règles, des procédés et des modes de composition différents de ceux du monde gréco-latin. La rhétorique sémitique articule notamment différents niveaux de discours sur la base d'un jeu complexe de symétries, dont les formes fondamentales sont le parallélisme, le chiasme et la composition concentrique.

[7] Cuypers (2012b) oppose deux écoles, la sienne, qui applique les principes de l'analyse rhétorique, et celle de la critique historique qui se livre à une déconstruction grossière du texte : « Le désaccord entre les deux écoles tient essentiellement à leur point de départ divergents : la discontinuité du texte est-elle réelle, ou n'est-elle qu'une apparence ? La critique historique, partant de la première hypothèse, déconstruit le texte pour remonter à ses sources (*les logia prophétiques* de Wansbrough), supposant une évolution plus ou moins longue de ces sources, avant qu'elles n'aboutissent au texte canonique, dans lequel les interventions rédactionnelles finales sont facilement repérables (croit-on). L'analyse rhétorique part de l'hypothèse inverse : sous ce qui nous apparaît comme un désordre du texte, se cache en réalité une structure déterminée, obéissant aux règles de la rhétorique sémitique ».

[8] Rappelons que la logique grecque de l'Antiquité commande de respecter trois grands principes : le principe d'identité (« une proposition s'explique ou se vérifie par elle-même »), le principe de la non-contradiction (« une proposition ne peut être à la fois vraie et fausse »), et le principe du tiers exclu (« une proposition est forcément vraie ou fausse »).

[9] Il s'agit des *Impératifs, poèmes de l'ascèse* (2009) et de *Mutanabbî, le prophète armé* (2013), tous deux publiés aux éditions Actes Sud.

[10] La rencontre des mondes sémitique et grec a eu lieu au sein du judéo-christianisme avant de s'accomplir en Islam. Mais, en Islam, cette rencontre s'est étalée sur une période plus étendue, suscitant des débats théologiques, juridiques et linguistiques intenses qui n'ont pas été encore relus à leur juste valeur. Le réexamen de ces témoignages ne manquerait pas de jeter un éclairage précieux sur l'histoire des premiers siècles de

l'Islam, et offrirait aux chercheurs des éléments d'arbitrage qui ne pourraient être obtenus autrement.

[11] Pour un aperçu de ce processus, on pourra se reporter à l'article de Louise Roblin (2019) ou à celui de Bertrand Sajaloli et Étienne Grésillon (2016).

[12] Certaines traditions ont été plus particulièrement mises à profit, notamment la théologie de la création (Retz, Moltmann, Ganoczy, Berry), la théologie de la libération (Guttierez, Boff) et la spiritualité franciscaine (François d'Assise, Bonaventure, Duns Scot, Guillaume d'Ockham).

[13] Selon Paul Santmire, il existe trois approches concurrentes pour formuler une théologie écologique. L'approche reconstructiviste consiste à se libérer des formulations kérygmatiques et dogmatiques traditionnelles pour reconstruire une théologie authentiquement écologique. L'approche apologétique entreprend d'édifier la théologie écologique sur les fondements positifs de la tradition chrétienne. Enfin, l'approche révisionniste – à laquelle on pourrait rattacher la démarche du Pape François – se situe quelque part entre les deux précédentes : elle ambitionne de revisiter la tradition et de la reformuler dans le cadre d'une théologie écologique (2000 : 6-10).

[14] Dans son encyclique, François cite explicitement les travaux de ses prédécesseurs et s'appuie sur eux, notamment *Pacem in terris* de Jean XXIII, *Octogesima adveniens* de Paul VI, *Redemptor hominis* et *Centesimus annus* de Jean-Paul II, ou encore *Caritas in veritate* de Benoît XVI.

[15] Bien avant *Laudato si'*, Lynn White (1967), qui accusait le christianisme d'être à l'origine de la crise écologique actuelle, voyait en François d'Assise une figure à même d'inspirer la nécessaire refondation de la religion chrétienne et de nos relations à la nature : « Je propose, avait-il écrit, François d'Assise comme saint patron des écologistes ».

[16] Par la suite, les références aux citations tirées de *Laudato si'* seront abrégées en *LS*, suivies du numéro du paragraphe, sans mentionner l'auteur ni l'année de publication.

[17] La transcendance du Dieu chrétien n'est pas une puissance souveraine et glorieuse qui impose sa volonté aux choses et aux hommes sans limite

ni résistance, ni une distance infinie qui ne peut jamais être traversée. Pour le Pape, l'extériorité de Dieu et la différence qui le singularise (*LS* 88) restent inséparables de son immanence au monde, de l'alliance qu'il a conclue avec sa création, et de l'intimité qu'il voudrait instaurer avec chacune de ses créatures (*LS* 233). Une telle compréhension évite le double écueil du panthéisme et du dualisme.

[18] En faisant de la nature une expression de l'amour trinitaire, le Pape rompt définitivement avec le mouvement de désacralisation du monde que le christianisme médiéval a initié et que la philosophie moderne a radicalisé (*LS* 79, 85, 234). François proclame que « l'Univers » est habité par Dieu, qui s'y « déploie » et « le remplit tout entier » (*LS* 233). Mais en avançant cette perspective, il n'annule pas la « distance infinie entre la nature et le Créateur » (*LS* 88). Il ouvre des pistes théologiques fécondes pour fonder la présence de Dieu dans le monde, sans les confondre comme le fait le panthéisme (*LS* 78, 90).

[19] Et le Pape d'ajouter : « Il y a donc une mystique dans une feuille, dans un chemin, dans la rosée, dans le visage du pauvre. L'idéal n'est pas seulement de passer de l'extérieur à l'intérieur pour découvrir l'action de Dieu dans l'âme, mais aussi d'arriver à le trouver en toute chose, comme l'enseignait saint Bonaventure : "La contemplation est d'autant plus éminente que l'homme sent en lui-même l'effet de la grâce divine et qu'il sait trouver Dieu dans les créatures extérieures" » (*LS* 233).

[20] Pour une revue du thème de l'interconnexion de l'ensemble de la création dans la vision chrétienne de l'écologie, voir Hyun-Chul, 2004.

[21] Pour une brève présentation de ces trois interprétations, cf. Bourg, D. (2019 : 51-80).

[22] La thèse de la domination s'autorise des injonctions bibliques à soumettre la terre, à dominer la nature et à se montrer redoutable à l'égard des autres vivants : « Dieu dit : "Faisons l'homme à notre image, selon notre ressemblance. Qu'il soit le maître des poissons de la mer, des oiseaux du ciel, des bestiaux, de toutes les bêtes sauvages, et de toutes les bestioles qui vont et viennent sur la terre." Dieu créa l'homme à son image, à l'image de Dieu il le créa, il les créa homme et femme. Dieu les bénit et leur dit : "Soyez féconds et multipliez-vous, remplissez la terre et soumettez-la. Soyez les maîtres des poissons de la mer, des oiseaux du ciel, et de tous les animaux qui vont et viennent sur la

terre !" » (Gn 1,26-8) ; « Vous serez la crainte et la terreur de tous les animaux de la terre, de tous les oiseaux du ciel, de tout ce qui va et vient sur le sol, et de tous les poissons de la mer : ils sont livrés entre vos mains. Tout ce qui va et vient, tout ce qui vit sera votre nourriture ; comme je vous avais donné l'herbe verte, je vous donne tout cela ! » (Gn 9,2-3).

[23] La thèse de la lieutenance se réclame plus particulièrement du verset suivant : « Le Seigneur Dieu prit l'homme et le conduisit dans le jardin d'Éden pour qu'il le travaille et le garde » (Gn 2,15).

[24] La thèse du service fraternel s'appuie notamment sur les versets de la Genèse, où l'homme et les autres entités, provenant d'un même Créateur, et formés de la même glaise, prennent place dans une nature fraternelle et commune sans hiérarchie prédéfinie : « Alors le Seigneur Dieu modela l'homme avec la poussière tirée du sol ; il insuffla dans ses narines le souffle de vie, et l'homme devint un être vivant. Le Seigneur Dieu planta un jardin en Éden, à l'orient, et y plaça l'homme qu'il avait modelé. Le Seigneur Dieu fit pousser du sol toutes sortes d'arbres à l'aspect désirable et aux fruits savoureux » (Gn 2,7-9).

[25] Adolphe Gesché (1986) souligne à juste titre qu'à proprement parler, l'objection du mal ne contredit pas l'existence de Dieu, comme le pense l'athéisme populaire, mais l'idée de justice et de bonté que s'en font habituellement les religions : « L'athéisme [qui invoque la réalité du mal pour rejeter Dieu] manifeste en somme une haute idée de Dieu. "J'honore plus votre Dieu en disant qu'il n'existe pas, qu'en disant qu'il a voulu ou permis le mal", semble-t-on nous dire. L'incroyant manifeste ici que le Dieu auquel il croirait d'aventure n'est pas quelconque. C'est presque comme s'il défendait Dieu contre son œuvre, la jugeant indigne de lui. Ce que cette attitude manifeste, c'est que l'existence de Dieu n'est pas niée pour des raisons impitoyables, mais bien plutôt comme en raison d'un désir déçu. On a d'ailleurs pu parler de l'athéisme comme d'une déception, qui très exactement porte sur (l'idée qu'on se fait de) Dieu ». L'athéisme, qui fonde son refus de Dieu sur l'objection du mal, reste en réalité prisonnier de l'idée idolâtrique que le théisme s'en fait.

[26] Adolphe Gesché (1986) rappelle que les démarches de la théodicée sont multiples : « Tantôt les arguments sont d'ordre négatif : il s'agit de montrer comment et pourquoi Dieu ne peut être tenu responsable, direct

ou indirect, du mal, ni dans son origine, ni dans son maintien, sauf à introduire le principe de la "permission" du mal en vue de sauvegarder la liberté de l'homme. Tantôt, l'argumentation est positive. Soit de type éthique : thèse de l'épreuve et du châtiment. Soit d'allure cosmologique : thèse du meilleur des mondes possibles; de l'harmonie de l'ensemble (qui suppose les inévitables déchets de détail) ; de l'impossibilité de coexistence de deux parfaits (Dieu et le monde). Soit enfin, théories de nature métaphysique: le mal n'a pas d'être, le mal n'est pas (l'être et le bien coïncident, convertuntur), le mal est "simplement" une absence : absence de bien ».

[27] « La foi chrétienne est toujours pour l'homme un scandale, et cela pas uniquement en notre temps. Que le Dieu éternel se préoccupe de nous êtres humains, qu'Il nous connaisse ; que l'Insaisissable soit devenu en un moment déterminé saisissable ; que l'Immortel ait souffert et soit mort sur la croix ; qu'à nous, êtres mortels, soient promises la résurrection et la vie éternelle – croire tout cela est pour les hommes, une véritable exigence » (Benoît XVI, 2014).

[28] Peter Forster et Bernard Donoughue (2015) estiment que « dans l'ensemble, l'encyclique semble bien intentionnée mais quelque peu naïve ». « Son doux idéalisme aspire à un monde dans lequel les chats ne chassent plus les souris, un monde dans lequel les espèces ne s'entretuent pas et ne se mangent pas (la plupart le font), un monde dans lequel les espèces ne s'éteignent plus, malgré le fait scientifique fermement établi que la plupart des espèces qui ont jamais existé se sont déjà éteintes par le biais du fonctionnement normal du processus d'évolution ».

[29] Le parti pris de l'athéisme et la prédication de l'arbitraire de Dieu se rejoignent dans la mesure où tous deux sanctionnent la fatalité du monde, le premier sous la forme du néant de Dieu, et le second sous l'intitulé de la partialité de Dieu. Les deux s'accordent pour dire que le mal commis et subi reste sans justification ultime, consacrant le désenchantement d'une condition humaine laissée sans rédemption possible.

[30] Une telle compréhension conduirait à cautionner tout à la fois – et donc aussi à renvoyer dos à dos – la doctrine de la création et la théorie de l'évolution, le principe du péché originel et l'affirmation de

l'innocence principielle de l'homme, le dogme de la filiation divine de Jésus et le rejet de toute relation filiale avec Dieu. L'instruction ambivalente qui en résulterait serait rétive à toute clôture dogmatique et hostile à toute prétention de savoir absolu.

[31] L'ensemble des dualités coraniques (d'ordre éthique, psychique, physique ou topographique) sont informées en référence aux différentes composantes du paradoxe énoncé. Elles sont surchargées d'ambivalences et prises dans des dispositions en chiasme sans résolution systématique possible. De même, les récits rapportés dans le Coran, sous forme fragmentaire et répétitive, mêlent, sans discontinuer, différentes strates de sens, dont les plus réservés viennent nuancer, compléter, voire contredire, la ligne apparente du propos. Les histoires coraniques changent de sens et de portée selon les choix privilégiés par l'exercice de lecture et l'ordre adopté dans l'harmonisation des fragments. Prises ensemble, les diverses possibilités de lecture renouvellent et approfondissent l'intelligence du paradoxe (cf. *Le livre descendu* : t.2, pp. 87-132).

[32] Celui qui s'astreint à la discipline coranique du paradoxe s'affranchit de la pensée manichéenne, des illusions communes et de toutes sortes d'erreurs sur la vérité. Il s'élève à un niveau de compréhension qui lui donne de saisir les perspectives adverses et les exigences qui habitent chacune d'elles, par-delà les oppositions triviales et les différences d'exclusion. En donnant l'hospitalité aux points de vue contraires, il devient capable de se rendre témoin des plus grands drames avec un esprit libre et lucide – ce qui est déjà une façon de promouvoir l'unité et de repousser la violence. Mais en explorant, dans l'inquiétude, l'opposition – tranchée mais insituable – qui demeure entre le vrai et le vain, le croyant serait conduit à affouiller la compréhension des drames dont il est témoin, en se déprenant toujours plus de ses conditionnements étriqués. Il serait porté à interroger ses exigences fondamentales, à investiguer des possibilités tenues prisonnières par le sens commun, et à projeter des perspectives nouvelles au cœur des situations où il se trouve.

[33] Le cosmo-théisme est une perspective philosophique et religieuse qui conçoit l'univers (ou le cosmos) comme une totalité unifiée et divine. Contrairement au monothéisme traditionnel où Dieu est distinct et transcendant par rapport au créé, le cosmo-théisme intègre la divinité au sein même de l'univers. Comme le panthéisme, le cosmo-théisme

considère que le divin est immanent à l'univers ; mais alors que le premier tend à être une déclaration métaphysique générale sur l'identité de Dieu et de la nature, le second inclut une perspective téléologique et des implications éthiques et spirituelles spécifiques.

[34] N'oublions pas que la tradition chrétienne a largement contribué à la désacralisation de la nature et à la diffusion des doctrines du mépris du monde en combattant les dieux païens et étrangers : celui qui veut aimer Dieu, expliquait-on alors, doit transcender sa nature créée et mépriser le monde et ses vanités.

[35] Ajoutons que la foi chrétienne fournit aux croyants des motivations auxquelles les non-croyants n'ont pas accès : « la fidélité à Dieu » (LS 93), le devoir de « gratitude » envers lui (LS 220), le désir de répondre à « ce dont le monde de Dieu a besoin » (LS 9), la volonté de « laisser jaillir toutes les conséquences de [la] rencontre avec Jésus-Christ » (LS 216), tout cela ne peut que renforcer l'engagement du croyant en faveur de l'environnement et des pauvres.

[36] Patrick McMullan (2017) estime que « l'échec de l'encyclique à appeler l'humanité à pleurer et à contempler la mort de toute vie est peut-être l'échec singulier de l'appel de François à la conversion écologique ».

[37] De même, la genèse n'évoque plus uniquement des événements révolus d'instauration, mais un début sans cesse renouvelé, une aube toujours rallumée. L'à-venir, son enfer et son paradis, ne désignent plus simplement des situations dernières dont la mise en place serait séparée de l'histoire en cours, mais des réalités en train d'advenir, quand bien même elles ne se concrétiseraient dans leur plénitude qu'à la fin des temps.

[38] C'est ce que nous confirment avec éloquence les histoires des prophètes. Dans le Coran, la terre promise dont Moïse et les enfants d'Israël ont hérité en quittant l'Égypte ne peut être séparée de la terre où ils ont connu l'esclavage (cf. *Le livre descendu* : t.3, pp.78-88). De la même façon, Joseph ne rétablit pas l'unité des siens hors de la terre d'Égypte où il a subi la servitude, mais en obtenant une position d'autorité en terre d'Égypte, après avoir persévéré dans l'effort de vertu et le refus des vanités du monde (cf. *Le livre descendu* : t.3, pp.483-511).

[39] Les textes doctrinaux de l'Église réaffirment invariablement ces constantes. La constitution pastorale *Gaudium et Spes* stipule ainsi : « En vérité, l'homme ne se trompe pas lorsqu'il se reconnaît supérieur aux éléments matériels et qu'il se considère comme irréductible, soit à une simple parcelle de la nature, soit à un élément anonyme de la cité humaine. Par son intériorité, il dépasse en effet l'univers des choses : c'est à ces profondeurs qu'il revient lorsqu'il fait retour en lui-même où l'attend ce Dieu qui scrute les cœurs et où il décide personnellement de son propre sort sous le regard de Dieu. Ainsi, lorsqu'il reconnaît en lui une âme spirituelle et immortelle, il n'est pas le jouet d'une création imaginaire qui s'expliquerait seulement par les conditions physiques et sociales ; bien au contraire, il atteint le tréfonds même de la réalité » (Vatican II, 1965 : 14).

[40] Naturellement, l'homme ne possède rien par lui-même, et c'est Dieu qui lui donne la force intérieure de coopérer avec lui : « Ce n'est que grâce à la bonté de Dieu que l'homme, le mendiant, reçoit la richesse divine, que Dieu peut donner quelque chose, que Dieu nous rend acceptable le cadeau en nous rendant capables d'être pour Lui des offrants » (Benoît XVI, 2014).

[41] Le christianisme inclinerait par là-même à privilégier les principes de la justice distributive et de l'égalité de proportion, au détriment de l'égalitarisme strict et correctif (dont l'acception est pourtant nécessaire à la lutte contre les relations installées de domination). Certains analystes établissent également une corrélation entre la théologie de la grâce et l'attachement du christianisme au schéma traditionnel de la famille et à l'inégalité entre les sexes qui lui est associée. Marcel Hénaff (2000), reprenant à son compte les analyses de Bartolomé Clavero, considère ainsi que la théologie catholique se distingue par l'affirmation de trois types de priorité : « priorité de la relation généreuse et charitable face à la relation contractuelle et à l'ordre de la justice [équivalence] ; priorité de l'égalité proportionnelle et distributive en regard de l'égalité stricte et commutative ; priorité de l'ordre familial et amical sur les instances publiques et administratives ».

[42] Certains observateurs considèrent l'encyclique du Pape François comme fondamentalement antimoderne. Russell Ronald Reno (2015), par exemple, estime que « dans cette encyclique, François exprime de manière frappante des sentiments anti-scientifiques, anti-technologiques

et antiprogressistes. En fait, il s'agit peut-être de l'encyclique la plus antimoderne depuis le Syllabus des erreurs, le rejet hautain par Pie IX, en 1864, des concepts de l'ère moderne ».

[43] De même, dans la compréhension coranique, l'esprit vit en l'homme avec l'instinct, dans un rapport qui peut être approprié et salutaire (lorsqu'il procède de la vraie foi), ou bien impropre et funeste (lorsqu'il ressortit à l'idolâtrie).

[44] François s'inquiète également des tendances de la technique à l'autonomisation et à l'accroissement inconditionné (*LS* 136) : « De fait, la technique a un penchant pour chercher à tout englober dans sa logique de fer, et l'homme qui possède la technique sait que, en dernière analyse, ce qui est en jeu dans la technique, ce n'est ni l'utilité, ni le bien-être, mais la domination : une domination au sens le plus extrême de ce terme » (*LS* 108).

[45] Le Pape reconnaît la nécessité de faire entrer les sciences et techniques en démocratie : il faut, écrit-il, « garantir une discussion scientifique et sociale qui soit responsable et large, capable de prendre en compte toute l'information disponible » (*LS* 135). Mais François est conscient qu'il ne suffit pas de mettre en place une gouvernance large, éclairée et inclusive pour infléchir la logique de déploiement de la techno-économie, mais qu'il faut produire un changement plus profond de mentalités et de rapport au monde.

[46] Joseph Ratzinger exprime « la conviction de fond de la foi chrétienne et de sa philosophie » dans les même termes : « *In principio erat verbum* – au commencement de toutes choses est la force créatrice de la raison. (…) Le logos n'apparut pas seulement comme une raison mathématique au fondement de toutes choses, mais comme un amour créateur jusqu'au point de devenir co-souffrance avec la créature » (2006 : 101-2). Pour le christianisme, l'amour et la raison coïncident au plus profond et expriment le fondement même ou la loi du réel.

[47] Au nombre de ces règles, il faut compter « le principe du respect de la vie humaine, de sa conception jusqu'à son terme naturel », « le devoir de rechercher la vérité », « l'exigence de justice », « l'attente de solidarité », ou encore le précepte fondamental de « faire le bien et éviter le mal » (Benoît XVI, 2007).

[48] La Commission Théologique Internationale estime que « le concept de loi naturelle (…) permet un dialogue qui, dans le respect des convictions religieuses de chacun, fait appel à ce qu'il y a d'universellement humain dans chaque être humain. Un échange sur le plan de la raison est possible lorsqu'il s'agit d'expérimenter et de dire ce qu'il y a de commun à tous les hommes doués de raison et de dégager les exigences de la vie en société » (2009 : 114).

[49] La simple affirmation de l'existence de Dieu permet de réfréner les excès de l'orgueil humain, en mettant un terme définitif à « l'idée d'un être humain autonome, tout-puissant et illimité » (François, 2023 : §68) : « La meilleure manière de mettre l'être humain à sa place, et de mettre fin à ses prétentions d'être un dominateur absolu de la terre, c'est de proposer la figure d'un Père créateur et unique maître du monde, parce qu'autrement l'être humain aura toujours tendance à vouloir imposer à la réalité ses propres lois et intérêts » (*LS* 75). Le Pape estime que l'homme ne peut échapper à la tentation dévastatrice de la démesure, de l'autonomie absolue et de la domination sans limite que s'il se pense sous l'autorité d'une transcendance et en relation avec elle. L'idée est reprise par Paulo Rodrigues (2019) dans sa critique du transhumanisme et de ses ambitions : « L'être humain en quête de son humanité ne peut pas se comprendre uniquement à partir de ses seules ressources ou de la pure immanence. Il gagne quand il comprend la possibilité de se penser à partir de cet excès qu'on appelle « Dieu » et de se mesurer à partir d'un Autre plus grand que lui-même. Telle est, peut-être, l'unique mesure adéquate ».

[50] Selon les termes de Frédéric Rognon (2020), la non-puissance est « la possibilité de faire des choses mais le choix de ne pas les accomplir lorsque, après discernement, elles ne seraient pas réalisées dans un esprit d'amour et de responsabilité ». Faisant écho aux thèses de Jacques Ellul, l'auteur rappelle « l'exemple de Jésus à qui on demande de faire des miracles mais qui les refuse s'ils visent à manifester sa toute-puissance ». « À l'heure actuelle, la non-puissance pour les Chrétiens disciples du Christ consiste à le suivre sur ce chemin, en dépit de la technique à laquelle ils ont accès ».

[51] Et l'auteur de citer la célèbre pensée de Pascal : « On ne voit rien de juste ou d'injuste qui ne change de qualité en changeant de climat. (…)

Le larcin, l'inceste, le meurtre des enfants et des pères, tout a eu sa place entre les actions vertueuses (Pensées, n°230) ».

[52] Conférer, dans ces conditions, l'immuabilité ou l'universalité à la série de prescriptions légales qui ont jalonné l'histoire fondatrice du prophète est un contresens. Celles-ci ne sont absolues que pour ceux à qui elles étaient dictées, et ne sont pertinentes que pour le monde et la durée qu'elles étaient censées régir. Ce qui possède une portée générale, et définit le propre de la voie coranique, ce sont les attitudes éthiques et herméneutiques exemplifiées par l'envoyé arabe et les siens (cf. *Le livre descendu* : t.2, pp.25-32).

[53] Il faut, écrit le Pape, instaurer « des espaces de discussion où tous ceux qui, de quelque manière, pourraient être directement ou indirectement concernés (…) puissent exposer leurs problématiques ou accéder à l'information complète et fiable pour prendre des décisions en faveur du bien commun présent et futur » (*LS* 134).

[54] On pourrait même se demander, avec Flores d'Arcais, si la position chrétienne ne conduit pas à affaiblir l'engagement en faveur des valeurs écologiques et humaines qu'elle entend défendre. Donner aux dispositions morales un fondement absolu dans la loi naturelle, en les considérant comme inaliénables et imprescriptibles, ne laisse-t-il pas entendre que ces dispositions « seront tôt ou tard reconnues », et qu'elles ne nécessitent pas d'investissement particulier en leur faveur « puisqu'elles sont inscrites dans la nature » (Flores d'Arcais, 2006) ? Pour quelles raisons faudrait-il suivre la voie exigeante de l'abnégation et du dévouement fraternel que l'Église nous prescrit, si la cause de l'amour est inscrite dans l'ordre de la création et que Jésus, par son sacrifice, nous a déjà pardonné et sauvés ?

[55] Relevons que le Coran instaure entre l'individu et la société un rapport analogue à celui qu'il établit entre la nature et la culture, ou entre l'esprit et la matière : un rapport d'inclusion réciproque, de double transcendance de chaque terme sur l'autre. Les analyses de notre premier volume ont montré que ce type de rapport est le plus pertinent d'un point de vue phénoménologique, et le seul capable de répondre aux exigences de la cause écologique.

[56] Pour mieux comprendre de quoi il s'agit, il peut être utile de revenir à la présentation que Karen Warren (2009) donne du cadre conceptuel

d'oppression. L'auteur considère qu'historiquement, du moins à l'intérieur de la culture patriarcale occidentale, les dominations jumelles des femmes et de la nature ont été justifiées par des raisonnements qui peuvent être résumés comme suit : « (1) Les femmes sont identifiées à la nature et avec le règne de ce qui est physique ; les hommes sont identifiés à ce qui est "humain" et au règne de ce qui est spirituel. (2) Celles et ceux qui sont identifiés à la nature et au règne de ce qui est physique sont inférieurs à ("en dessous de") celles et ceux qui sont identifiés à ce qui est "humain" et au règne de ce qui est spirituel ; ou, inversement, ces derniers sont supérieurs aux ("au-dessus des") premiers. (3) Par conséquent, les femmes sont inférieures aux ("en dessous des") hommes ; ou, inversement, les hommes sont supérieurs aux ("au-dessus des") femmes. (4) Pour tout X et Y, si X est supérieur à Y, alors X est justifié à soumettre Y. (5) Par conséquent, les hommes sont justifiés à soumettre les femmes ».
Le cadre conceptuel qui sous-tend cette argumentation, et qui sert à fonder autant la subordination patriarcale de la femme que l'exploitation instrumentale de la nature, instaure entre l'être humain et l'animal, entre l'homme et la femme, entre la raison et la passion, et entre l'esprit et le corps, un même type de relation – qui consiste à situer les premiers « au-dessus » des seconds, comme en position de maîtres ou d'intendants. C'est en vertu d'une seule et même logique que le spirituel, le rationnel et le culturel sont tenus pour des traits constitutifs de l'humanité, et que le matériel, le passionnel et le naturel sont dévalorisés et rapportés à la femme. D'un même mouvement, la nature se trouve féminisée, la femme naturalisée, et les deux soumises à la domination virile.

[57] Indépendamment de l'encyclique du Pape, Jacques Blondel (2003) nous met en garde contre « le mythe de l'aménité universelle d'une "Mère-Nature" bonne et généreuse » : « Les êtres vivants, nous rappelle-t-il, sont immergés dans un environnement dangereux, qui risque à tout moment de les éliminer du jeu de la vie — d'où une nécessité permanente d'adaptation qui est le moteur même de l'évolution organique ». Pour Peter Forster et Bernard Donoughue (2015), qui font eux directement référence à *Laudato si'* , « imaginer que la civilisation humaine puisse se développer sans concurrence ni impact négatif sur le monde naturel au sens large relèverait d'un idéalisme trompeur ».

[58] On pourra lire à ce sujet Grey, 2020.

[59] Le Coran utilise la notion polysémique de *wilâya* pour évoquer la relation de Dieu avec ses créatures et, par analogie, celle que l'homme devrait entretenir avec son environnement. La notion de *wilâya* renvoie concurremment à trois modalités relationnelles différentes (qu'on retrouve dans les trois lignes prédicatives de la Genèse) : elle désigne un lien de domination de type maître-esclave ; elle qualifie un rapport d'intendance impliquant des obligations ; et elle caractérise une relation de dévouement fraternel et charitable. Ainsi, le Seigneur (en tant que *wâlî*) apparaît tout à la fois comme juge et maître, appui et allié, donateur et bienfaiteur : il entretient avec ses subordonnés un rapport paradoxal de domination, de gouvernance et d'amour. Dans cette élaboration, le Coran reprend à son compte la percée de l'Évangile, en identifiant le maître au serviteur aimant qui se tient aux côtés des faibles, mais il retient toutefois ce renversement dans les schèmes convenus de l'Ancien Testament, qui décrit principalement le maître comme un dominateur souverain ou un allié (cf. *Le livre descendu* : t.3, pp. 177-187).

[60] La fresque élaborée par le Coran n'est pas un collage composite de perspectives antinomiques. C'est une peinture unique, polarisée et ambivalente du vivant, qui peut toujours être réduite à l'une ou à l'autre de ses facettes antipodiques. On pourrait conserver la seule vision convenue d'une nature bien réglée, en considérant les rapprochements opérés entre les formes du vivant comme de simples procédés analogiques, sans répercussion sur l'ordre ontologique convenu. On pourrait, au contraire, figer le discours coranique de façon à faire ressortir l'idée d'une nature indifférenciée, au sein de laquelle les espèces ne seraient plus concevables en termes essentialistes. D'un côté, on réaffirmerait l'exceptionnalité de l'homme ; de l'autre, son inclusion dans la nature animale et végétale à égalité avec les autres entités.

[61] « Les femmes et les enfants sont quatorze fois plus susceptibles que les hommes de mourir à la suite de catastrophes écologiques » (Clifford, 2017).

[62] « J'avais espéré, écrit Emily Reimer-Barry (2015), qu'une encyclique sur la justice environnementale puiserait dans les riches traditions bibliques et spirituelles du christianisme, qui offrent un éventail de symboles créatifs pour Dieu, y compris Dieu en tant que mère ». Agnes Brazal (2021) ajoute que « dans une perspective écoféministe postcoloniale, une image plus inclusive de la Trinité et de la famille de

la création, qui soient en relations mutuelles, peut être un moyen plus fructueux de promouvoir une éthique du soin [comme fondement de l'écologie intégrale] ».

[63] « L'idée que les femmes sont naturellement subordonnées en raison de leur statut secondaire dans l'ordre de la création, et l'idée qu'elles doivent être soumises de force, en punition de la révolte d'Ève contre sa subordination, qui a causé l'entrée du péché dans le monde, sont répétées sous diverses formes dans l'enseignement chrétien classique » (Radford Ruether, 2009 : 93).

[64] Pour faire ressortir la composante du consentement, il faudrait mettre l'accent sur le versant naturaliste et créationniste du paradoxe coranique. On donnerait alors l'avantage à l'antériorité de l'ordre sociétal et des principes structurants de la famille sur les désirs d'innovation et les revendications individuelles. On rappellerait que la perte des différences, et la prolifération anarchique des revendications particulières, causent une dislocation catastrophique du lien social. On redirait que l'homme et la femme doivent accepter les déterminismes corporels élémentaires de leur nature créée et les fonctions qui leur sont associées : à la femme revient notamment la maternité, même si ses charges doivent être partagées par les conjoints. La confirmation de l'ordre préétabli est aussi une façon de rappeler les avantages du régime traditionnel, les réussites dont il peut se prévaloir, et les virtualités qu'il tient en réserve. L'institution familiale, fondée sur le pacte conjugal et la naturalisation de la différence des sexes, n'offre-t-elle pas, aux femmes et aux enfants en particulier, un cadre de sécurité et de grandissement ?

[65] En insistant sur le versant culturaliste et évolutionniste du paradoxe coranique, on ferait ressortir la composante de la contestation et de la nécessaire réforme. On donnerait voix aux désirs d'émancipation et d'expérimentation des possibles sans aprioris. On rappellerait que la distribution des rôles au sein de la famille et de l'édifice social, ainsi que les manières communes d'être homme ou femme, procèdent d'une structuration culturelle complexe – impliquant des coutumes, des habitudes corporelles, des élaborations cognitives, des montages institutionnels, etc. – qui se donne l'apparence d'un fait de nature. Ce système normatif, qui maintient les femmes en position subalterne, n'a pas vocation à demeurer immuable. La maternité, notamment, n'a pas à être le principe exclusif d'une définition de la femme, ni l'ultime ratio de la

féminité, même si elle représente un critère indépassable de différence entre les sexes. C'est pour appuyer ce point de vue que le Coran met en avant, à partir d'histoires connues, l'exemple de femmes occupant des fonctions ou assumant des charges que la société traditionnelle réserve d'ordinaire aux représentants du sexe masculin. Ainsi, l'histoire de la reine de Saba plaide pour l'engagement politique de la femme, et évoque la valeur de sa différence dans ce domaine. Les filles de Shu'ayb offrent l'exemple de jeunes femmes actives, qui participent à la gestion des affaires économiques de leur famille dans le respect des convenances. L'épouse de Pharaon figure la femme rebelle qui est sauvée pour avoir dénoncé l'œuvre corruptrice de son mari et imploré l'aide du Ciel contre lui. Dans cet ensemble, c'est Marie qui brise le dernier bastion réservé à la masculinité. Avant elle, les hommes passaient pour avoir l'exclusivité des révélations divines. Mais, depuis qu'elle a porté aux mondes la parole de Dieu, sans qu'aucun homme connu n'intervienne dans cet enfantement, c'est chaque femme qui se trouve confirmée à sa suite dans sa vocation à être témoin de Dieu.

[66] Ici comme ailleurs, la dynamique de la liberté est arrimée à la situation historique du sujet et aux montages qui le précèdent dans l'ordre de la nature, de la culture et du politique. Sans cet ancrage, l'existant serait livré aux jeux de la passion et aux chimères de l'auto-fondation. N'ayant pas de lieu où s'inscrire, il se perdrait dans l'évanescence de l'improvisation et dans la démesure du virtuel. À l'inverse, s'il s'en tenait au passé et au joug de la nécessité qui s'impose à lui, il se couperait de ses possibilités les plus propres et s'abîmerait dans une forme ou une autre de désespoir.

[67] Le genre est alors autant un donné auquel il faut consentir, qu'une tâche éthique à accomplir. Il peut être comparé à un texte énigmatique, qui doit être reçu, respecté dans ses dispositions fondamentales, et incarné de façon individuelle.

[68] François écrit en ce sens : « Paix, justice et sauvegarde de la création sont trois thèmes absolument liés, qui ne pourront pas être mis à part pour être traités séparément sous peine de tomber de nouveau dans le réductionnisme » (*LS* 92).

[69] « La foi en Dieu-Trinité, qui se laisse pleinement illuminer par l'avènement christologique de la rédemption de l'homme et de la communion

avec Dieu, est radicalement inclusive de la réconciliation des hommes avec Dieu et en Dieu » (CTI, 2014 : §56).

[70] « Tous ces principes, précise Jean Bosco Kainga (2014), [à savoir : la douceur et l'humilité, la paix et la patience, le refus de la vengeance et l'amour des ennemis, le pardon et la réconciliation] sont largement partagés par d'autres religions. Mais, dans le christianisme, ils constituent d'abord un autoportrait de Jésus dans la mesure où il se décrit lui-même : "Je suis doux et humble de cœur". Ensuite, ils s'enracinent dans les thématiques du retour du Christ à la fin des temps et du jugement dernier. Ils définissent enfin la manière d'être chrétien et de vivre avec les autres dans le monde et dans les sociétés en vue du royaume de Dieu ».

[71] L'Évangile comporte des versets éristiques et combatifs, notamment ceux qui parlent de violence et de glaive : « [Jésus dit] : Je ne suis pas venu apporter la paix mais le glaive » (Mt X,34) ; « Pensez-vous que je sois apparu pour porter la paix sur la terre ? Non, je vous le dis, mais la division » (Lc XII, 49-51, ou encore Lc XX II,35-38).

[72] L'appréciation coranique traduit la compréhension paradoxale que le messager arabe pouvait avoir de sa propre expérience du conflit violent. L'ensemble du drame qui mène à l'irruption de la violence, de ses prémices à son aboutissement, et jusque dans le jugement porté à son sujet a posteriori, en atteste. Avant de dégénérer en conflit, le mal est éprouvé comme tentation, épreuve périlleuse et résistance intérieure ; dans l'instant, il se vit comme rechute dans la barbarie, effort de discipline ou ivresse de la transgression ; après coup, il devient contrition coupable, colère accusatrice, voire délectation triomphale ou perverse. L'ensemble de ces tonalités affectives témoignent de l'impureté de la volonté humaine ; mais elles manifestent également une liberté paradoxale, qui ne se serait pas exprimée dans l'activisme de la non-violence ou dans la passivité de la souffrance.

[73] La nature une et double de la violence est apparentée dans le Coran à celle du sang, et nul ne peut entièrement pénétrer les secrets de cette dualité. On trouve, d'une part, le sang impur des menstrues, de la bête tuée illicitement, du meurtre prohibé, de la guerre désastreuse et du martyr inconsidéré. D'autre part, c'est le sang pur de la bête immolée selon le rite, le liquide chaud qui chemine dans les artères et entretient

la vie, ou encore la sève nourricière du sacrifice béni et rédempteur. C'est une même substance qui endiable les hommes et qui les sanctifie, un même élément qui les pousse à la mort et qui les fait revivre (cf. *Le livre descendu* : t.2, p.143).

[74] Le sens de la fraternité est également étayé dans le Coran selon une double acception, l'une hospitalière, et l'autre de nature combative et insurrectionnelle. La première conçoit la fraternité en termes de sollicitude réciproque et d'accueil des exclus ; la seconde l'apprécie à la lumière des luttes soutenues ensemble. L'amitié fraternelle se mesure d'abord à l'aune de la solidarité quotidienne ; mais elle éclate au grand jour face à l'adversité, et se révèle au feu des situations d'exception, dont la guerre, dans ses différentes déclinaisons, représente le cas paroxystique (cf. *Le livre descendu* : t.3, pp.586-623).

[75] L'irénisme est une attitude d'esprit qui tolère des erreurs graves, ou des situations de profonde iniquité, par désir exagéré de paix et de conciliation. Cette attitude a été condamnée par l'encyclique *Humani Generis* (Pie XII, 1950).

[76] « Comment passer sous silence, écrit Jean-Paul II à ses cardinaux, les formes de violence qui ont été perpétrées au nom de la foi : guerres de Religion, tribunaux de l'Inquisition et autres formes de violation des droits de la personne ? Il est significatif que des méthodes coercitives préjudiciables aux droits humains aient ensuite été appliquées par les idéologies totalitaires du XXe siècle, et soient encore employées par les intégristes islamistes. De ces méthodes coercitives sont nés les crimes du nazisme hitlérien et du stalinisme marxiste » (1994 : §7).

[77] L'article donnera naissance à un livre ayant le même titre (Nancy, 2018).

[78] Selon Nancy, il y a traditionnellement deux façons de concevoir l'émancipation de l'homme et sa position dans le monde. La conception grecque consacre l'auto-suffisance d'un sujet libre qui se pense comme auto-déterminé. La conception juive suppose en revanche l'hétéronomie : l'enfant d'Israël ne sort de l'esclavage et ne devient lui-même qu'en répondant à l'appel d'un Tout-Autre et en s'abandonnant à lui dans la confiance. Le christianisme va procéder à la synthèse. En mettant « le Dieu en l'homme » et en promettant « l'homme à la vie divine », il opère l'alliage entre le monde juif et le monde grec, entre l'extériorité de

l'appel et l'intériorité du mouvement du logos. Cette synthèse produit un nouveau type humain, « le sujet simultané de sa propre autonomie et de sa non moins propre hétéronomie ». Cette conjonction paradoxale engage, selon Nancy, toute l'histoire du christianisme et, au-delà, celle de l'Occident.
La mise en tension des postulations opposées de l'autonomie et de l'hétéronomie est pertinente. Ce sont les postulations unilatérales qui posent problème. D'un côté, l'autonomie intégrale – qui fait du sujet libre un être auto-fondé et intolérant à toute domination extérieure – méconnaît les multiples dimensions d'hétéronomie auxquelles l'homme est soumis. De l'autre, l'hétéronomie – qui fonde le sujet et sa singularité sur l'altérité radicale – tend à négliger les principes émancipateurs du libre examen, de l'auto-émancipation et de l'immanence.

[79] Il semble que la constitution des sociétés humaines, leur distinction et leur identification doivent toujours impliquer une certaine logique d'exclusion et des formes d'inimitié à l'égard d'autres groupes considérés comme étrangers : « Toutes les sociétés, cultures ou civilisations », précise Jean-Luc Nancy dès l'amorce de son article (2017), « ont connu l'inimitié ou l'hostilité envers des groupes extérieurs. L'idée même du propre (natif, familier) opposé à l'étranger (sans commune attache, pas de la maison : en grec, métèque) n'est pas dissociable de la socialité. Toutes les sociétés ou tous les peuples ont aussi connu et connaissent en leur propre sein la discrimination plus ou moins marquée de certains groupes au profit d'une ou de quelques classes, castes ou catégories dominantes. En d'autres termes, chaque peuple – au sens de l'identité d'un corps social qui se reconnaît comme tel – connaît une pulsion de distinction, voire d'exclusion des autres ou bien d'autres peuples (eux-mêmes reconnus tels) ».

[80] Comme nous l'avons signalé, il s'agit d'un reproche adressé au monothéisme en général. Le culte du Dieu Unique, lorsqu'il est conçu dans un cadre de pensée essentialiste, devient un « monotono-théisme » selon la formule de Nietzsche. Il renforce les visées homogénéisantes de maîtrise politique et technique.

[81] La conception coranique de la communauté (*umma*) est congruente avec ces considérations. Définie à la lumière contrastée de l'espérance et du désenchantement, ses frontières demeurent indéterminées, mais toujours ouvertes à l'accueil des exclus, des arrivants, et des ennemis

mêmes pour peu qu'ils se repentent (cf. *Le livre descendu* : t.3, pp. 359-373).

[82] Comme le cadre relativiste n'admet pas de référence extérieure incontestable et commune aux parties en présence, la détermination du vrai, du juste ou du légitime aura tendance à se confondre avec la lutte pour la reconnaissance et le verdict de l'histoire. Dans un monde relativiste, ce n'est pas la vérité qui donne sa force à une revendication, mais la force de la revendication qui décide de sa vérité. Ainsi, le relativisme irait de pair avec un pragmatisme cynique qui ne peut qu'être préjudiciable à la cause écologique.

[83] La relation coranique à Dieu donnerait aussi un sens existentiel concret à l'idée de « l'inconstructible » chère à Frédéric Neyrat et à la fonction qu'il lui assigne. Rappelons que pour Neyrat (2016), la notion de « part inconstructible de la Terre » figure ce qui permet la suspension du mode de domination constructiviste, et à partir duquel il devient possible d'instaurer d'autres manières de faire sens, d'accueillir l'altérité et de laisser venir des mondes nouveaux.

[84] Si, dans notre discussion théologique, nous avons omis d'aborder le facteur démographique, c'est parce qu'il ne constitue pas, comme nous l'avons indiqué d'emblée, un levier pertinent d'ajustement pour le court et moyen terme. Mais pour le long terme, la question peut être cruciale si la croissance de la population mondiale ne s'infléchit pas. L'adoption de politiques adéquates serait alors nécessaire pour contenir l'augmentation démographique dans des limites compatibles avec les capacités écologiques de la Terre.
Or le christianisme, à l'instar des autres religions morales, s'oppose à toute politique de limitation des naissances. Il sacralise la vie humaine et professe que Dieu ne manquera pas de pourvoir aux besoins des âmes qu'il crée – c'est-à-dire que la nature donnera le nécessaire pour peu que les hommes respectent les lois divines. Par conséquent, le christianisme refuse d'admettre qu'il puisse y avoir un conflit entre la croissance démographique et les capacités écologiques de la biosphère. Pour le Pape, « la croissance démographique [quelle qu'elle soit] est pleinement compatible avec un développement intégral et solidaire » (*LS* 50). En contraste, l'athéisme paraît préférable, car il se tient à égale distance des préjugés natalistes et antinatalistes. Mais, en rejetant toute injonction morale et toute dimension transcendante à l'homme, il se trouve désarmé

face aux risques de dérives discriminatoires inhérentes aux politiques de contrôle des naissances. Il n'est pas non plus en mesure d'opposer d'objections décisives aux glissements eugéniques des pratiques scientifiques abusives, laissant la porte ouverte à des mesures attentatoires à la dignité de l'homme et à sa condition. Ainsi, les perspectives adverses du théisme et de l'athéisme se découvrent également insuffisantes, alors même que chacune d'elles retient des exigences et valorise des considérations qui ne peuvent être négligées. Ce serait donc une nouvelle fois dans la tension maintenue entre les considérations contraires portées sur le divin – conformément à ce que réalise la prédication coranique – que se trouverait la position de principe la mieux adaptée au traitement des questions démographiques soulevées par le drame écologique.

[85] Le Bulletin de Théologie des Religions a proposé, dans l'une de ses chroniques bibliographiques, un compte-rendu critique du premier volume de mon essai *Le livre descendu*. Les auteurs, Geneviève Comeau et Michel Younès (2018), soulignent « la rigueur méthodologique et la qualité argumentative et démonstrative » de mon essai, et considèrent que « les principales intuitions [du *Livre descendu*] sont justement et rigoureusement démontrées ». Mais ils ne voient dans mon essai qu'une simple critique des lectures traditionnelles qui ne retiennent, quant à elles, qu'un aspect du texte coranique : « Concrètement, [la thèse] permet de rendre compte de la pluralité des lectures que les Musulmans continuent à faire, accentuant jusqu'à l'excès l'une des approches disponibles. En s'appropriant le texte coranique de cette manière, on voit une critique forte et justifiée des postures classiques qui restent sur le registre de l'évidence ». Les auteurs ne voient rien d'autre, rien des implications historiques, philosophiques et théologiques de la lecture que je propose. C'est comme s'ils ne comprenaient pas le sens et la portée des paradoxes coraniques, et ramenaient le formidable travail rhétorique, linguistique et poétique de l'œuvre, et son infaillible cohérence paradoxale, à « une juxtaposition d'affirmations antinomiques » sans signification herméneutique (un peu à la manière de ce que font les tenants des théories révisionnistes actuellement en vogue dans les milieux orientalistes).

[86] Ce type de présentation se retrouve dans tous les articles sur « Allah » des encyclopédies qui font autorité (cf., par exemple, l'article de Roger

Aranaldez dans l'*Encyclopædia Universalis,* ou encore celui de Louis Gardet in *Encyclopaedia of Islam*).

[87] Les renvois au Coran ne sont pas exhaustifs, mais donnés à titre d'exemple. Les traductions de l'arabe sont faites par l'auteur.

[88] L'égarement de la créature, ou le rapt de sa volonté, sont souvent présentés en concomitance avec son inconduite : c'est parce que les hommes iniques se sont mal conduits qu'ils finissent aveuglés. Mais parfois, la décision divine paraît bel et bien être à l'origine de la faute et du dévoiement. La volonté céleste s'apparente alors à un esprit de perdition qui, tel un vent imprévisible et néfaste, souffle où il veut (46:24-5, 51:40…).

[89] Les morceaux de versets que l'on a sollicités pour étayer l'une ou l'autre des perspectives adverses peuvent toujours être réinterprétés dans la logique contraire de celle qu'ils appuient par leur sens obvie, pour peu qu'on les replace dans un fragment plus large, et que l'on fasse jouer l'ambiguïté des phrasés et les jeux linguistiques que le texte concentre. Pour une présentation des procédés d'ambivalence utilisés dans le Coran, cf. *Le Livre descendu* : t.1, pp.42-270.

[90] Sur le millier de versets dans lesquels les attributs de Dieu sont mentionnés, près de trois cents évoquent son savoir et deux cent cinquante sa puissance.

[91] Relevons à ce sujet que toutes les notions ayant trait à la volonté, à l'intention ou à l'action sont déclinées dans le Coran selon un double procédé d'imputation. D'un côté, c'est Dieu qui est réputé commander les mouvements qui animent la création. De l'autre, ce sont les hommes qui se voient dotés d'une capacité d'agir par eux-mêmes. Ainsi, le verbe *qaḍâ* et ses dérivés (déterminer, juger, décider, achever…) servent d'abord à qualifier le décret souverain de Dieu (2:117, 3:147, 6:2, 14:22…). Mais les mêmes termes sont parallèlement utilisés dans des énoncés où ce sont les hommes qui opèrent par *qaḍâ'* et se montrent capables d'actes discrétionnaires (4:65, 20:72, 28:28, 33:37…). Ce double jeu d'imputation n'est pas réservé au radical *qaḍâ* ; il est développé plus largement autour des notions de *irâda* (le vouloir), *mashî'a* (la volonté), *qaḍar* (le pouvoir), *'amr* (l'ordre), *'amal* (le faire), *fi'il* (l'agir) et *ṣinâ'a* (le faire-œuvre). Une telle composition a pour conséquence de fissurer la rigidité du décret divin et d'insinuer la

possibilité d'un acte humain agissant sur le plan mondain avec l'efficience d'une cause totale (cf. *Le Livre descendu* : t.1, pp.239-253).

[92] Pour ce faire (et pour s'en tenir aux seuls éléments que l'on a présentés), il suffirait de considérer que les décrets (*qaḍâ'*) lancés par les hommes ne sont valables que dans le monde rapproché, ou qu'ils ne s'imposent durablement que s'ils sont conformes aux exigences de l'alliance avec Dieu. Toute autre réalité générée par l'homme serait dissoute, défaite ou rectifiée par le décret en devenir et toujours souverain de Dieu. De même, on pourrait comprendre les questions que le Seigneur adresse à ses créatures sans remettre en cause son omniscience. En interrogeant Satan, les djinns ou les anges, Allah agit à la manière d'un juge qui entend forcer ceux qu'il questionne à faire un examen attentif d'eux-mêmes et à formuler d'éventuels aveux, avant de prononcer sa sentence. Si, en s'adressant à Moïse, Allah feint à nouveau l'ignorance, c'est pour attirer son attention, et la nôtre, sur l'objet qui lui servira aux moments critiques de sa mission, et mieux le surprendre par les signes prodigieux qu'il s'apprête à lui découvrir.

[93] Remarquons que le paradoxe permet d'éviter deux écueils également funestes. Sans vulnérabilité, il n'y aurait pas de communion possible avec Dieu, ni à proprement parler de place pour la responsabilité humaine : Dieu serait un maître impérieux, enfermé dans une transcendance impavide et inaccessible à toute relation. À l'inverse, sans attestation de la toute-puissance de Dieu, le témoignage des croyants risquerait de sombrer dans la présomption subjective, les crispations sacrificielles ou l'apologie de la faiblesse.

[94] Ainsi, il est vrai de considérer que Dieu est tout-puissant. Car s'il ne l'était pas, il ne serait pas l'unique Créateur de toutes choses, mais un Dieu amoindri, déchu au rang d'idole et frappé d'impuissance au même titre que les faux dieux. De même, il est vrai d'affirmer que Dieu est bon. C'est la condition même de la foi. Si Dieu n'était pas digne de confiance, et n'était pas source de réconfort et de salut, il n'y aurait pas de sens à parler de Dieu. Enfin, il est aussi vrai de dire que le mal ici-bas est terrible et injustifiable. Qu'il suffise de songer à la mort des enfants, à la souffrance des innocents et à l'effroyable barbarie humaine, pour ressentir à quel point le mal est radical.

[95] Le *Neşhânâ* est « une œuvre syriaque en prose nommée *Neşhânâ dîleh d-Aleksandôs*, autrement dit "les faits glorieux d'Alexandre" ou "la victoire d'Alexandre" » (Mortensen, 2019).

[96] Pour plus de détails sur l'interprétation du fragment, cf. *Le livre descendu* : t.1, pp. 285-293.

[97] À la lueur optimiste du progrès possible et de la bienveillance miséricordieuse de Dieu, il ne paraît plus absurde de penser que les différentes manières de vivre et les diverses formes du vivant puissent coexister ensemble dans un monde avenant (5:48, 49:13…). N'est-ce pas pour accueillir la multiplicité des êtres en une maison hospitalière unique que la terre a été étirée (13:3) et tissée en un vaste « tapis » (51:48), alors que le ciel a été élevé en guise de toit (21:32), puis orné de « luminaires » et d'une « lampe » éternelle (25:61, 71:15-6) ? Des feux célestes qui traversent le firmament, jusqu'aux agissements de la plus humble créature, tout peut être rendu cohérent et solidaire par le principe indubitable de l'analogie et la grande loi de l'amour.

[98] La tendance est d'autant plus prégnante que Muhammad se laisse saisir par l'angoisse, fait face à l'injustifiable ou se trouve en proie aux déchirements. Alors, tout lui semble plus vicié et plus noir. La matière, la vie et l'esprit ne lui paraissent plus former une hiérarchie juste (7:179), ni relever d'un ordre tendu vers un achèvement (39:21). Le monde lui semble déchiré par la diversité des compréhensions, l'antagonisme des désirs et la rivalité d'ambitions incompatibles (2:145, 57:20…). Loin de composer une harmonie, la multiplicité, l'altérité et la différence nourrissent la confusion morale, les conflits et la guerre (2:253, 5:64…). Pour un tel regard, la terre n'est plus un édifice lumineux : elle ressemble à un temple en ruine, ou à une maison dangereuse qui menace de s'écrouler sur ses habitants (32:9). C'est une création gangrénée par des forces corruptrices que l'homme, séduit par le Malin, aurait déchaînées à son insu (18:93-4). En somme, chaque argument que le Coran produit en faveur de l'unité et de l'amour se trouve apparié à un contre-argument qui met à nu les ruptures du monde et la multiplicité des êtres séparés.

[99] En contraste, les prédications qui prônent une conception morale de Dieu – à l'instar du christianisme officiel – excluent de lui attribuer des qualités négatives ayant trait à la tyrannie, au danger, à la violence ou à l'orgueil.

[100] Soulignons que la force à laquelle Alexandre recourt n'est pas oppressive, sectaire ou destructrice. Étant marquée par la faiblesse, ouverte aux besoins des autres, et mise au service d'une œuvre civilisatrice, elle est tragique, dynamique et porteuse de vie.

[101] Le Dâ'î ad-Du'ât, Abû Naṣr ibn Abi 'Imrân al-Mu'ayyad fi i-dîn, effectua, vers 1057, pour le compte du calife fatimide al-Mustanṣir, une mission dans le nord de la Syrie afin de rallier les chefs locaux contre les Seldjoukides récemment arrivés au pouvoir à Bagdad. C'est à cette occasion qu'il correspond avec al-Ma'arrî et s'oppose à lui.

[102] La thèse selon laquelle « Dieu ne fait que le bien » est défendue à l'époque d'al-Ma'arrî par les adeptes du mutazilisme. Les tenants de cette école théologique défendent la justice de Dieu et affirment l'existence d'une volonté humaine libre et autonome. À leurs yeux, le mal ne provient pas de Dieu, mais des erreurs des hommes et de leurs actes maléfiques.

[103] in Ma'arrî, *Les impératifs, poèmes de l'ascèse*, traduits de l'arabe et commentés par Hoa Hoi Vuong et Patrick Mégarbané, Arles, Actes Sud (2009), pp. 214-215. Pour l'ensemble de la correspondance, voir par exemple Abû al-'Alâ' al-Ma'arrî, *Rasâ'l al-Ma'arrî*, présentés par 'Abbâs Iḥsân, Beyrouth, Dâr al-shurûq (1982).

[104] « Au commencement était la Parole, et la Parole était auprès de Dieu, et la Parole était Dieu. Elle était au commencement en Dieu » (Prologue de l'Évangile de St Jean).

[105] Il faut aller ici contre les interprétations ayant cours aujourd'hui sur la crucifixion. L'Islam et l'orientalisme contemporains s'accordent pour dire que le Coran nie la passion du Christ. Ils appuient leur allégation sur les versets suivants : « [Les Juifs infidèles disent] : "Nous avons tué le Messie, Jésus fils de Marie, l'envoyé de Dieu !" Ils ne l'ont pas tué, ils ne l'ont pas crucifié, mais il leur a semblé ainsi (…) Ils ne l'ont pas tué en certitude. Mais Dieu l'éleva vers lui » (4:157-158). L'exégèse contemporaine reprend l'opinion de certains penseurs musulmans de l'époque médiévale (eux-mêmes influencés par des traditions chrétiennes apocryphes) ; elle comprend ce passage comme signifiant que les Juifs infidèles ont été trompés par un enchantement et qu'ils ont crucifié un autre homme qu'ils ont pris pour Jésus. Or le passage ne dit pas cela. Il confirme que Jésus a bien été « élevé », c'est-à-dire crucifié et

ressuscité. La métaphore de l'élévation est empruntée à l'Évangile de St Jean, où elle désigne à la fois, et de façon indissociable, la crucifixion et la résurrection (Jn 3:14, 8:12, 12:32-4). Si les Juifs infidèles sont alors dans l'illusion, c'est parce qu'ils pensent avoir anéanti Jésus et vaincu la parole d'amour qu'il incarnait, alors qu'en réalité, « ils ne l'ont pas tué », « ils ne l'ont pas crucifié », c'est de lui-même que Jésus s'est livré à Dieu qui l'a élevé auprès de lui. C'est par son sacrifice volontaire que Jésus rend visible la logique de la grâce propre à la rédemption – cette logique restant impénétrable aux Juifs aveuglés par leur mécréance (cf. sur ces points importants, *Le livre descendu* : t.3, pp.29-65).

[106] Bien entendu, on peut toujours interpréter le propos coranique de manière à ne retenir que l'une ou l'autre de ses composantes antinomiques. On pourrait faire valoir la surnaturalité de l'événement christique, en considérant que la publicité donnée à la calomnie contre la Vierge vise à dénoncer la perfidie des Juifs et leur médisance. Quant à l'apparence humaine revêtue par l'ange, elle témoignerait de la part de Dieu d'un souci d'intimité avec Marie et d'accommodation avec ses sens. Mais à l'inverse, on pourrait inscrire le fait christique dans le plan d'immanence de la nature, en comprenant l'action de l'Esprit Saint, la chasteté de Marie, et les miracles accomplis par Jésus, en un sens métaphorique, sans rien y mêler de surnaturel.

[107] La profession de foi chrétienne, promulguée lors du concile de Nicée de 325, et complétée avec le concile de Constantinople de 381, proclame que « Jésus-Christ [est] Fils unique de Dieu, né du Père avant tous les siècles, lumière de lumière, vrai Dieu de vrai Dieu ; engendré et non fait, consubstantiel au Père, par qui tout a été fait ».

[108] Il est difficile de savoir exactement à quel(s) groupe(s) le prophète s'en prend ici. Toutefois, nous savons que l'Ancien Testament utilise parfois l'expression « fils de Dieu » pour désigner les anges de la cour divine (Dt22:8 ; Ps29:1 ; Ps89:7 ; Jb1:6). Il n'est donc pas impossible que certaines communautés juives ou chrétiennes aient traduit ces formulations en croyances idolâtres.

[109] On ne peut manquer de penser ici au statut paradoxal que le Coran réserve à l'adoption (cf. *Le livre descendu* : t.3, pp.624-638).

[110] De nombreux passages coraniques insistent sur la véracité de Dieu et l'invariabilité de ses dispositions : « Tu ne trouveras pas de substitution

dans la ligne de conduite de Dieu ; tu ne trouveras pas de modification dans la ligne de conduite de Dieu » (35:43, 17:77…) ; « Sois donc patient, car la promesse d'Allah est vérité. Ne te laisse pas troubler par ceux qui ne croient pas fermement ! » (30:60) ; « Allah ne possède-t-il pas ce qui est dans le ciel et sur la terre ? La promesse d'Allah n'est-elle pas vraie ? » (10:55) ; « Et qui est plus véridique qu'Allah en parole ? » (4:122).

111 De très nombreuses déclarations coraniques proclament l'arbitraire de Dieu et son entière liberté de création : Allah « honore qui il veut, abaisse qui il veut » (3:26) ; « Il fait absolument ce qu'il veut » (11:107) ; « Tu ne sais pas si Allah ne suscitera pas après cela là un ordre nouveau ! » (65:1) ; « Ne voit-il pas comment Allah commence la création puis la refait ? » (29:19) ; « Dis : "Qui pourrait, de quelque façon que ce soit, retenir Dieu d'anéantir le Messie fils de Marie et sa mère, et les habitants de la terre jusqu'au dernier ? À Dieu appartient la royauté des cieux et de la terre, et de ce qui se trouve entre les deux. Il crée ce qu'il veut et il est de force à toute chose !" » (5:17).

112 L'ordre « Sois et cela advient » renverrait ici à l'événement de l'incarnation, par lequel Jésus devient fils de Dieu. Cet ordre prononcé *in illo tempore* est qualifié « d'ordre déjà accompli » (verset 21).

113 Le terme *'iddan* est ambivalent en arabe. Il désigne une chose « extraordinaire », « inouïe », qui peut être positive ou négative. Le mot peut signifier « victoire, avantage » ou au contraire « malheur, adversité ».

114 De même, le verset 36:69 déclare qu'il « ne convient pas (*mâ yanbaghî*) » au prophète de recourir à la poésie, alors même que ses sourates pullulent de métaphores et d'ingéniosités linguistiques.

115 Il n'est pas indifférent de noter que le qualificatif *ar-raḥîm* (le tout-miséricordieux) dérive de la même racine que *raḥim* (qui désigne en arabe la matrice de la femme). En soulignant ce lien, André Chouraqui propose de traduire *ar-raḥîm* par « le Matriciant », ce qui donne pour notre passage : « Ils disent : le Matriciant a pris un fils ! (…) Attribuer au Matriciant un fils. Ce n'est pas au Matriciant de prendre un fils ! ». Même si Chouraqui ne le comprend pas ainsi, l'utilisation du terme *ar-raḥîm* entend souligner qu'il n'est pas illogique pour Dieu d'avoir pris Jésus pour fils, même si cela semble extraordinaire et invraisemblable.

N'est-il pas dans la nature même du Dieu miséricordieux de prendre dans son giron maternel l'innocence persécutée, et de se lier donc de façon essentielle à Jésus qui en est la personnification ?

[116] Ce n'est pas seulement l'Évangile qui décerne le titre de « fils de Dieu » aux pacifiques (Mt 5:9), aux charitables (Lc 6:35) et aux justes ressuscités (Jn 3:18) ; l'Ancien Testament promet lui aussi aux justes d'être associés aux anges pour toujours, en « fils de Dieu » (Sg 5:5).

[117] Cette perversion avait été pourtant dénoncée par l'Évangile. En repoussant la tentation de Satan, Jésus avait invalidé l'idée selon laquelle être fils de Dieu, c'est être assuré de protection invulnérable ou de survie (Mt 4:1-8).

[118] Aux Chrétiens qui rétorqueraient que la gloire promise n'est pas de ce monde, Muhammad conseille de quitter au plus vite cette terre de désolation. Qu'ils rejoignent au plus tôt le jardin de lait et de miel qu'ils prétendent leur être réservé : « Dis : "Si l'ultime demeure auprès d'Allah est pour vous seuls, à l'exclusion des autres gens, souhaitez donc la mort si vous êtes véridiques !" Or ils ne la souhaiteront jamais, à cause de ce que leurs mains ont préparé » (2:94-5).

[119] Le Coran comporte quelques autres fragments sur la filialité que nous n'avons pas discutés (notamment 10:68, 21:26, 23:88-92 et 72:1-5). Ces fragments utilisent des procédés d'ambivalence similaires à ceux que l'on a mis en évidence, et le lecteur intéressé pourra aisément vérifier que ces passages sont aussi à double-entente.

[120] La révélation coranique s'offre elle-même en paradigme d'une affirmation que chacun est exhorté à reprendre et à confirmer. Si l'ère de la prophétie est par conséquent close, c'est dans la mesure où tous les hommes sont désormais appelés à revêtir la fonction de messager et à témoigner de Dieu. Aussi, Muhammad est gratifié d'être « le sceau des prophètes » (33:40), parce qu'il fournit l'instruction d'un tel programme, et formule l'idée du divin qui lui correspond.

[121] Si l'instinct définit le caractère essentiel de l'animal, alors que l'intelligence serait le propre de l'homme, et si l'une et l'autre créatures montrent, par ailleurs, des tendances fondamentales à la cruauté comme à la bonté, ne doit-on pas en conclure que la raison et l'instinct sont

ambivalents du point de vue de leurs conséquences éthiques, et que tous deux engagent également au bien et au mal, au salut comme à la perte ? Plus largement, il ne peut plus y avoir de répartition entre des affects, des inclinations ou des comportements qui seraient bons, utiles ou bénéfiques en soi, et d'autres qui seraient mauvais, nuisibles ou maléfiques en toutes occasions. En particulier, l'animalité, la force, la vivacité, la prédation, ne peuvent plus être assimilées à des dispositions exclusivement dégradantes ; elles perdent dans le Coran leur caractère négatif, pour recevoir une qualification ambivalente.

[122] Relevons que dans le récit génésiaque proposé par le Coran, l'élévation de l'homme est questionnée aussitôt qu'elle est proclamée : « Et quand ton Seigneur confia aux anges : "Je vais établir sur la terre un vicaire", ils dirent : "Vas-tu y désigner quelqu'un qui y mettra le désordre et répandra le sang, quand nous sommes là à te sanctifier et à te glorifier ?" Il dit : "Moi, je sais ce que vous ne savez pas !" » (2:30). Dieu ne récuse pas l'objection des anges : il reconnaît implicitement que l'homme est ingrat, enclin à la violence, fauteur d'anarchie, et qu'il peut paraître scandaleux d'en faire le régisseur et le fermier de la Terre. Cependant, il proclame que personne ne connaît vraiment les secrets de la création et de l'à-venir, laissant entendre que l'histoire qui s'ouvre est susceptible de connaître bien des péripéties, sans qu'il soit possible d'en connaître l'issue dernière.

[123] Salomon s'adresse en ces termes à son Seigneur : « Permets-moi Seigneur de rendre grâce pour le bienfait que tu m'as dispensé comme à mes père et mère, et que je fasse une œuvre bonne que tu agrées et fais-moi entrer, par ta miséricorde, parmi tes serviteurs vertueux » (27:19). Salomon espère concrétiser ses vœux dans des œuvres et des combats de valeur qui lui donneraient d'exprimer sa gratitude et de reconnaître l'agrément de Dieu à son égard. S'il place son engagement d'emblée dans l'horizon de la miséricorde, c'est qu'il sait être complice du mal et incapable par lui-même de faire émerger le monde libre et réconcilié pour lequel il lutte.

[124] Difficile de ne pas faire le rapprochement entre la stratégie d'intendance déployée par Salomon et certains traits de l'approche « diplomatique » décrite par Benjamin Morizot (2017, 2020). Cette dernière envisage les autres vivants comme des interlocuteurs et les traite comme des acteurs susceptibles d'être intégrés politiquement aux

existences des hommes et d'entrer avec eux dans « des usages, des pratiques et des modus vivendi "intrinsèquement diplomatiques" ».

[125] Le parallèle entre les anges et les oiseaux apparaît également si l'on compare les versets 16:49 et 24:41.

Bibliographie

Amir-Moezzi, M. A., & Dye, G. (2019). *Le Coran des historiens*. Les éditions du Cerf.

Assmann, J. (2001). *Moïse l'Égyptien, Un essai d'histoire de la mémoire*. Aubier.

Assmann, J. (2007). *Le prix du monothéisme.* Aubier.

Assmann, J. (2009). *Violence et monothéisme*. Bayard.

Benoît XVI (2007). *Discours du Pape Benoît XVI aux participants au congrès international sur la loi morale naturelle*, organisé par l'université du Latran.

Benoît XVI (2009). *Lettera Enciclica «Caritas in Veritate»*. Libreria Editrice Vaticana.

Berque, J. (2020). *Le Coran-Essai de traduction.* Albin Michel.

Bourg, D. (2019). Les débats théoriques ouverts par Lynn White. In White, L. (éd.), *Les racines historiques de notre crise écologique,* 51-80. Presses Universitaires de France.

Brazal, A. M. (2021). Ethics of Care in Laudato Si': A Postcolonial Ecofeminist Critique. *Feminist Theology*, 29(3), 220-233.

Clifford, A. (2017). Pope Francis' Laudato si,' on Care for Our Common Home: An Ecofeminist Response. *CTSA Proceedings,* 72/2017.

Comeau, G. & Younès, M. (2018). Bulletin de théologie des religions. Recherches de Science Religieuse, 106, 647-675.

Commission Théologique Internationale. (2009). *À la recherche d'une éthique universelle. Nouveau regard sur la loi naturelle*. Libreria Editrice Vaticana.

Commission Théologique Internationale. (2014). *Dieu Trinité, unité des hommes – le monothéisme chrétien contre la violence*. Libreria Editrice Vaticana.

Crone, P. & Cook, M. (1977). *Hagarism: The Making of the Muslim World*, Cambridge: Cambridge University Press.

Cuypers, M. (2007). *Le Festin. Une lecture de la sourate al-Mā'ida*. Lethielleux.

Cuypers, M. (2012a). *La composition du Coran*. Pendé, Gabalda.

Cuypers, M. (2012b). *L'analyse rhétorique face à la critique historique de J. Wansbrough et de G. Lüling*. In *The Coming of the Comforter: When, Where, and to Whom?* Studies on the Rise of Islam and Various Other Topics in Memory of John Wansbrough, 343–369. Lourié.

Farid, J. (1970). L'être et l'esprit dans la pensée arabe. *Studia Islamica,* 32, 169-180.

Fédou, M. (1991). Le christianisme et le problème du mal. *Nouvelle Revue Théologique*, 113, 6-1991, 824-838.

Florès d'Arcais, P., & Ratzinger, J. (2006). *Est-ce que Dieu existe ?* Dialogue sur la vérité, la foi, l'athéisme. Payot

Forster, P., & Donoughue, B. (2015) The Papal Encyclical, A critical Christian response, *The Global Warming Policy Foundation,* Briefing 20.

François. (2015). *Laudato si'*. Lettre encyclique sur la sauvegarde de la maison commune. Libreria Editrice Vaticana.

François (2016). *Soif de paix. Religions et cultures en dialogue.* Visite du Pape François à Assise pour la journée mondiale de prière pour la paix, Assise, 20 septembre 2016. Libreria Editrice Vaticana.

François (2023). *Exhortation Apostolique Laudate Deum, à toutes les personnes de bonne volonté sur la crise climatique* (4 oct.). Libreria Editrice Vaticana.

Gesché, A. (1986). Topiques de la question du mal. *Revue théologique de Louvain*, 17(4), 393-418.

Grey, C.T. (2020). 'The Only Creature God Willed for Its Own Sake': Anthropocentrism in Laudato Si' and Gaudium et Spes. *Modern Theology*, 36(4), 865-883.

Hénaff, M. (2000). L'éthique catholique et l'esprit du non-capitalisme. *Revue du MAUSS semestrielle*, 15, 35-66.

Hottois, G. (1984). *Le signe et la technique.* La philosophie à l'épreuve de la technique, Aubier.

Hyun-Chul, C. (2004). *An Ecological Vision of the World*: Toward a Christian Ecological Theology for Our Age. PUG.

Jamieson D. (2015) Why Laudato si' Matters. *Environment: Science and Policy for Sustainable Development*, 57:6, 19-20.

Jean-Paul II (1994). *Pro-memoria di Giovanni Paolo II* al V Concistoro Straordinario du 13-14 juin 1994. Libreria Editrice Vaticana.

Kasper, W. (2010). *Jésus le Christ*. Cerf.

Lasida, E. (2018). L'écologie, une culture de la relation. *Revue d'éthique et de théologie morale*, H, 85-101.

Lefort, C. (1981). *L'invention démocratique*: les limites de la domination totalitaire. Fayard.

Lloyd, G. (1984). *The Man of Reason*: "Male" and "Female" in Western Philosophy. University of Minnesota Press.

Mortensen Mette, B. (2019). Sourate 18, Al-Kahf (la caverne). In *Le Coran des Historiens*, II, 721-726. Les éditions du Cerf.

Nancy, J.L. (2017). Exclu le Juif en soi. *L'Esprit créateur*, 57(4), 83–97.

Paul VI (1968). Message de sa sainteté Paul VI pour la célébration d'une « journée de la paix », Janvier 1968. Libreria Editrice Vaticana.

Radford Ruether, R. (2009). *Christianity and Social Systems*: Historical Constructions and Ethical Challenges. Rowman and Littlefield Publishers.

Reimer-Barry, E. (2015). On Naming God: Gendered God-Talk in Laudato Si'. *Catholic Moral Theology*.

Reno, R.R. (2015). The return of Catholic anti-modernism. *First Things*, 18, 06-15.

Ricœur, P. (1969). *Le conflit des interprétations*. Essais d'herméneutique, Seuil.

Ricœur, P. (2010). Le mal : un défi à la philosophie et à la théologie. Labor et fides.

Roblin, L. (2019). L'écologie chrétienne de l'encyclique Laudato si'. *Ecologie & politique*, (1), 151-168.

Rognon, F. (2020). *Le défi de la non-puissance*. L'écologie de Jacques Ellul et Bernard Charbonneau. Olivétan.

Ruether, R.R. (1993). *Sexism and God talk*: Toward a feminist theology. Beacon Press.

Sajaloli, B., & Grésillon, É. (2016). L'Église catholique, l'écologie et la protection de l'environnement : chronique d'une conversion théologique et politique. *Géoconfluences*.

Santmire, H.P. (2000), *Nature Reborn*: The Ecological and Cosmic Purpose of Christian Theology. Fortress Press.

Schopenhauer, A. (1906). *Parerga et Paralipomena* : sur la Religion. F. Alcan.

Toldy, T. (2017). Someone is missing in the common house: The empty place of women in the Encyclical Letter 'Laudato Si'. *Journal of the European Society of Women in Theological Research*, 25, 167-189.

Vatican II. (1965). *Constitution pastorale sur l'Église dans le monde de ce temps–Gaudium et Spes*. Paul-Aimé MARTIN (éd.), Vatican II. Les seize documents conciliaires.

Warren, K. (2009). Le pouvoir et la promesse de l'écoféminisme. *Multitudes*, 36, 170-176.

Williams, S.N. (2020). Laudato Si' and the Environmental Imperative: a Compelling Theology for our Times? *European Journal of Theology*, 28(2), 144-153.

Table des matières